高职高专项目化课程改革"十三五"规划教材

液压与气压传动案例教程

（第二版）

主　编　梁洪洁　胡云林　宋爱民

副主编　李　栋　马文倩

参　编　党智乾　王俊雄　李小燕

主　审　刘甫勇

西安电子科技大学出版社

内 容 简 介

本书采用任务驱动、项目导向的教学设计,遵循"确定项目、自主学习、制定方案、项目实施、反馈评价"的五步教学法,为全面提升学生的实操能力和学生的岗位适应能力奠定了坚实的基础。

本书共 4 个项目,分 28 个模块讲述,主要介绍液压与气压传动技术基本知识,液压流体力学基础,各类液压和气压传动元件的功用、结构、工作原理、特性和应用,液压与气压传动基本回路,典型液压与气压传动系统的功用、原理、特点、常见故障及其排除方法等内容。

本书每个模块后均安排有思考题,以便教师教学与读者自学。

本书既可作为高职高专院校液压与气压传动技术课程的教材,也可作为成人教育机电类、机械类、汽车类专业教材,还可供从事液压与气压传动技术的工程技术人员与设备维护人员学习参考。

图书在版编目(CIP)数据

液压与气压传动案例教程/梁洪洁,胡云林,宋爱民主编. —2 版.

—西安:西安电子科技大学出版社,2015.7(2017.6 重印)

高职高专项目化课程改革"十三五"规划教材

ISBN 978 - 7 - 5606 - 3702 - 0

Ⅰ. ① 液… Ⅱ. ① 梁… ② 宋… Ⅲ. ① 液压传动—高等职业教育—教材 ② 气压传动—高等职业教育—教材 Ⅳ. ① TH137 ② TH138

中国版本图书馆 CIP 数据核字(2015)第 131327 号

策   划   毛红兵

责任编辑   阎 彬   张桂金

出版发行   西安电子科技大学出版社(西安市太白南路 2 号)

电   话   (029)88242885 88201467   邮 编   710071

网   址   www.xduph.com   电子邮箱   xdupfxb001@163.com

经   销   新华书店

印刷单位   陕西天意印务有限责任公司

版   次   2015 年 7 月第 2 版 2017 年 6 月第 5 次印刷

开   本   787 毫米×1092 毫米   1/16   印 张   14

字   数   329 千字

印   数   12 001～15 000 册

定   价   29.00 元

ISBN 978 - 7 - 5606 - 3702 - 0/TH

XDUP 3994002 - 5

前　言

　　液压与气压传动技术是一种产生较早、发展成熟、应用极其广泛的技术。近年来与微电子技术、计算机技术的结合，使液压与气压传动技术进入了一个崭新的历史阶段。液压与气压传动技术已成为包括传动、控制、检测在内的，对现代化机械装备技术进步有重要影响的基础技术。由于液压与气压传动技术独特的原理与性能，其应用遍布国民经济各个领域，如在机床、汽车、工程机械、交通运输、冶金机械、农业机械、塑料机械、锻压机械、航空、航天、航海、兵器、石油与煤炭等领域都有广泛应用。由于液压与气压传动技术的应用对机电产品的质量和水平提高起到了极大的促进和保证作用，因此采用液压与气压传动技术的程度已成为衡量一个国家工业水平的重要标志。

　　本书紧紧围绕"教、学、做"一体化的教学模式，充分体现了高职教育的实质即教学过程的实践性。本书共 4 个项目，分 28 个模块来讲述，主要介绍液压与气压传动技术基本知识，液压流体力学基础，各类液压和气压传动元件的功用、结构、工作原理、特性和应用，液压与气压传动基本回路，典型液压与气压传动系统的功用、原理、特点、常见故障及其排除方法等内容。同时，书中所涉及的多个工程实际案例具有很强的实用性，有利于提高学生分析问题和解决问题的能力。

　　本书在编写过程中，主要体现了以下特点：

　　1. 特色鲜明

　　本书在编写时，力求基础理论以应用为目的，以理论够用为度，以掌握概念强化应用为教学重点，增加生产现场的应用性知识，具有明显的高等职业教育特色，有利于高素质技能型人才的培养。

　　2. 内容适当，应用性强

　　在本书的编写过程中，始终贯彻理论联系实际的原则，注重基本概念和原理的阐述，突出理论知识的应用，加强针对性和实用性。本书所介绍内容既兼顾了现有液压与气压传动元件，又反映了液压与气压传动技术的新发展；既兼顾了常规液压与气压传动技术的应用特点，又反映了航空、汽车液压与气压传动技术的应用。因此，本书具有内容适当、浅显易懂、实用性强的特点。

　　本书由西安航空职业技术学院梁洪洁和襄阳汽车职业技术学院胡云林、宋爱民任主编，由西安航空职业技术学院李栋、马文倩任副主编，参加编写的还有西安航空职业技术学院党智乾和襄阳汽车职业技术学院王俊雄、李小燕。本书由襄阳汽车职业技术学院机械汽车工程系主任刘甫勇主审。

　　本书在第一版使用过程中得到了襄阳汽车职业技术学院等院校的大力支持，李剑、杨关权、王敏、魏红品、李伟新等同志对本书的修订提出了许多宝贵意见和建议，在此一并表示感谢！

　　由于编者水平有限，疏漏之处在所难免，欢迎广大读者批评指正。

编　者

2015 年 3 月

目　　录

项目 1 液压系统基本知识认知

模块 1.1 基本液压系统分析

任务 1.1.1 液压千斤顶工作状态分析

早在 18 世纪末英国就制造了世界上第一台水压机,但直到 20 世纪 30 年代液压传动技术才较普遍地用于起重机、机床及工程机械。在第二次世界大战期间,由于战争需要,出现了由响应迅速、精度高的液压控制机构所装备的各种军事武器。第二次世界大战结束后,液压技术迅速转向民用工业,不断应用于各种自动机及自动生产线。

20 世纪 60 年代以后,液压技术随着原子能、空间技术、计算机技术的发展而迅速发展。当前液压技术正向迅速、高压、大功率、高效、低噪声、经久耐用、高度集成化的方向发展。同时,新型液压元件和液压系统的计算机辅助设计(CAD)、计算机辅助测试(CAT)、计算机直接控制(CDC)、机电一体化技术、可靠性技术等方面也是当前液压传动及控制技术发展和研究的方向。

我国的液压技术最初应用于机床和锻压设备上,后来又用于拖拉机和工程机械。如今,随着从国外引进一些液压元件、生产技术以及进行自行设计,我国的液压元件现已形成了自己的系列,并在各种机械设备上得到了广泛的使用。

液压传动的工作原理可以用一个液压千斤顶的工作原理来说明。

图 1-1-1 是液压千斤顶的工作原理图。大油缸 9 和大活塞 8 组成举升液压缸,杠杆手柄 1、小油缸 2、小活塞 3、单向阀 4 和 7 组成手动液压泵。如提起手柄使小活塞向上移动,小活塞下端油腔容积增大,形成局部真空,这时单向阀 4 打开,通过吸油管 5 从油箱12 中吸油;用力压下手柄,小活塞下移,小活塞下腔压力升高,单向阀 4 关闭,单向阀 7

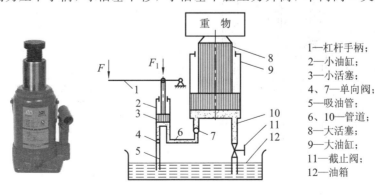

1—杠杆手柄;
2—小油缸;
3—小活塞;
4、7—单向阀;
5—吸油管;
6、10—管道;
8—大活塞;
9—大油缸;
11—截止阀;
12—油箱

图 1-1-1 液压千斤顶的工作原理图

打开,下腔的油液经管道 6 输入举升油缸 9 的下腔,迫使大活塞 8 向上移动,顶起重物。再次提起手柄吸油时,单向阀 7 自动关闭,使油液不能倒流,从而保证了重物不会自行下落。不断地往复扳动手柄,就能不断地把油液压入举升油缸下腔,使重物逐渐地升起。如果打开截止阀 11,举升油缸下腔的油液通过管道 10、截止阀 11 流回油箱,重物就向下移动。这就是液压千斤顶的工作原理。

通过对上面液压千斤顶工作过程的分析,可以初步了解到液压传动的基本工作原理。液压传动是利用有压力的油液作为传递动力的工作介质。压下杠杆时,小油缸 2 输出压力油,可将机械能转换成油液的压力能,压力油经过管道 6 及单向阀 7,推动大活塞 8 举起重物,是将油液的压力能又转换成机械能。大活塞 8 举升的速度取决于单位时间内流入大油缸 9 中油容积的多少。由此可见,液压传动是一个不同能量转换的过程。

任务 1.1.2 液压工作台工作状态分析

1. 典型液压系统分析

图 1-1-2(a)所示的是一种半结构式的液压系统工作原理图。机床工作台的液压系统由油箱、滤油器、液压泵、溢流阀、开停阀、节流阀、换向阀、液压缸以及连接这些元件的油管、接头组成。

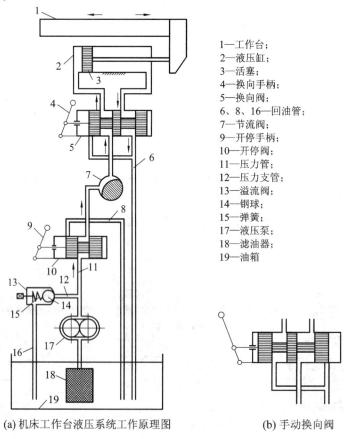

1—工作台;
2—液压缸;
3—活塞;
4—换向手柄;
5—换向阀;
6、8、16—回油管;
7—节流阀;
9—开停手柄;
10—开停阀;
11—压力管;
12—压力支管;
13—溢流阀;
14—钢球;
15—弹簧;
17—液压泵;
18—滤油器;
19—油箱

(a)机床工作台液压系统工作原理图   (b)手动换向阀

图 1-1-2 半结构式液压系统

其工作原理如下：

液压泵由电动机驱动后，从油箱中吸油，油液经滤油器进入液压泵，油液在泵腔中从入口低压到泵出口高压，在图 1-1-2(a)所示状态下，通过开停阀、节流阀、换向阀进入液压缸左腔，推动活塞，使工作台向右移动，这时，液压缸右腔的油经换向阀和回油管 6 排回油箱。

如果将换向阀手柄转换成图 1-1-2(b)所示状态，则压力管中的油将经过开停阀、节流阀和换向阀进入液压缸右腔，推动活塞，使工作台向左移动，并使液压缸左腔的油经换向阀和回油管 6 排回油箱。

工作台的移动速度是通过节流阀来调节的。当节流阀开大时，进入液压缸的油量增多，工作台的移动速度增大；当节流阀关小时，进入液压缸的油量减小，工作台的移动速度减小。为了克服移动工作台时所受到的各种阻力，液压缸必须产生一个足够大的推力，这个推力是由液压缸中的油液压力所产生的。要克服的阻力越大，缸中的油液压力就越高；反之压力就越低。这种现象正说明了液压传动的一个基本原理——压力决定于负载。

从机床工作台液压系统的工作过程可以看出，一个完整的、能够正常工作的液压系统，应该由以下五个主要部分来组成：

（1）能源装置。它是供给液压系统压力油，把机械能转换成液压能的装置。最常见的形式是液压泵。

（2）执行装置。它是把液压能转换成机械能的装置。其形式有作直线运动的液压缸，有作回转运动的液压马达，又称为执行元件。

（3）控制调节装置。它是对系统中的压力、流量或流动方向进行控制或调节的装置，如溢流阀、节流阀、换向阀、开停阀等。

（4）辅助装置。上述三部分之外的其他装置就是辅助装置，如油箱、滤油器、油管等。辅助装置对保证系统正常工作是必不可少的。

（5）工作介质。工作介质为传递能量的流体，即液压油等。

2. 液压传动系统图的图形符号

半结构式的液压系统具有直观性强、容易理解的优点。当液压系统发生故障时，检查十分方便，但图形比较复杂，绘制比较麻烦。在我国制订的《液压及气动图形符号(GB786.1—1993)》中，有以下几条基本规定：

（1）符号只表示元件的职能、连接系统的通路，不表示元件的具体结构和参数，也不表示元件在机器中的实际安装位置。

（2）元件符号内的油液流动方向用箭头表示，线段两端都有箭头的，表示流动方向可逆。

（3）符号均以元件的静止位置或中间零位置表示，当系统的动作另有说明时，可作例外。

图 1-1-3 所示为图 1-1-2(a)系统采用《液压系统图图形符号(GB786.1—1993)》绘制的工作原理图。使用这些图形符号可使液压系统图简单明了，且便于绘图。

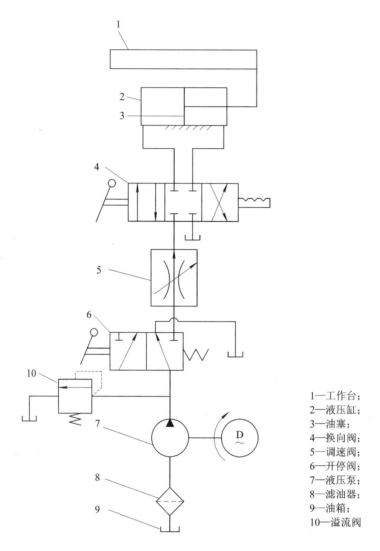

1—工作台；
2—液压缸；
3—油塞；
4—换向阀；
5—调速阀；
6—开停阀；
7—液压泵；
8—滤油器；
9—油箱；
10—溢流阀

图 1-1-3 机床工作台液压系统的图形符号图

3. 液压传动的优缺点

1）液压传动的优点

液压传动之所以能得到广泛的应用，是由于它具有以下的主要优点：

（1）由于液压传动是油管连接，所以借助油管的连接可以方便灵活地布置传动机构，这是比机械传动优越的地方。例如，在井下抽取石油的泵可采用液压传动来驱动，以克服长驱动轴效率低的缺点。由于液压缸的推力很大，又加之极易布置，在挖掘机等重型工程机械上，已基本取代了老式的机械传动，不仅操作方便，而且外形美观大方。

（2）液压传动装置的重量轻、结构紧凑、惯性小。例如，相同功率液压马达的体积为电动机的 $12\%\sim13\%$。目前液压泵和液压马达单位功率的重量指标是发电机和电动机的 $1/10$，液压泵和液压马达可小至 0.0025 N/W（牛/瓦），发电机和电动机则约为 0.03 N/W。

（3）液压传动可在大范围内实现无级调速。借助阀或变量泵、变量马达，可以实现无级调速，调速范围可达 1：2000，并可在液压装置运行的过程中进行调速。

（4）液压传动均匀平稳，负载变化时速度较稳定。正因为此特点，金属切削机床中的磨床传动现在几乎都采用液压传动。

（5）液压装置易于实现过载保护。借助于溢流阀等装置，过载保护的实现较为简单，液压件能自行润滑，因此使用寿命长。

（6）液压传动容易实现自动化。借助于各种控制阀，特别是将液压控制和电气控制结合使用时，能很容易地实现复杂的自动工作循环，而且可以实现遥控。

（7）液压元件已实现了标准化、系列化和通用化，便于设计、制造和推广使用。

2）液压传动的缺点

液压传动的缺点主要体现在以下几个方面：

（1）液压系统中的漏油等因素，影响运动的平稳性和正确性，使得液压传动不能保证严格的传动比。

（2）液压传动对油温的变化比较敏感，温度变化时，液体黏性变化，引起运动特性的变化，使得工作的稳定性受到影响，所以它不宜在温度变化很大的环境条件下工作。

（3）为了减少泄漏，以及为了满足某些性能上的要求，液压元件的配合件制造精度要求较高，加工工艺较复杂。

（4）液压传动要求有单独的能源，不像电源那样使用方便。

（5）液压系统发生故障不易检查和排除。

总之，液压传动的优点是主要因素，随着设计制造和使用水平的不断提高，有些缺点正在逐步被克服。液压传动有着广阔的发展前景。

4. 液压传动在机械中的应用

驱动机械运动的机构以及各种传动和操纵装置有多种形式。根据所用的部件和零件，可分为机械的、电气的、气动的、液压的传动装置，实际中经常还将不同的形式组合起来运用——四位一体。由于具有很多优点，液压传动技术发展得很快。

在机床上，液压传动常应用在以下装置中：

（1）进给运动传动装置：磨床砂轮架和工作台的进给运动；车床、六角车床、自动车床的刀架或转塔刀架；铣床、刨床、组合机床的工作台等的进给运动。这些部件有的要求快速移动，有的要求慢速移动，有的则既要求快速移动，也要求慢速移动。这些运动多半要求有较大的调速范围，要求在工作中无级调速，有的要求持续进给，有的要求间歇进给，有的要求在负载变化下速度恒定，有的要求有良好的换向性能等。所有这些要求都是可以用液压传动来实现的。

（2）往复主体运动传动装置：龙门刨床的工作台、牛头刨床或插床的滑枕。由于这些装置要求作高速往复直线运动，并且要求换向冲击小、换向时间短、能耗低，因此都可以采用液压传动。

（3）仿形装置：车床、铣床、刨床上的仿形加工，可以采用液压伺服系统来完成，其精度可达 0.01～0.02 mm。此外，磨床上的成形砂轮修正装置亦可采用这种系统。

（4）辅助装置：机床上的夹紧装置、齿轮箱变速操纵装置、丝杆螺母间隙消除装置、垂直移动部件平衡装置、分度装置、工件和刀具装卸装置、工件输送装置等。在这些装置中采用液压传动有利于简化机床结构，提高机床自动化程度。

（5）静压支承：重型机床、高速机床、高精度机床上的轴承、导轨、丝杠螺母机构等。

这些装置采用液体静压支承后，可以提高工作平稳性和运动精度。

液压传动在各类机械行业中的应用情况见表 1-1-1 所示。

表 1-1-1　液压传动在各类机械行业中的应用实例

行业名称	应用场所举例
工程机械	挖掘机、装载机、推土机、压路机、铲运机等
起重运输机械	汽车吊、港口龙门吊、叉车、装卸机械、皮带运输机等
矿山机械	凿岩机、开掘机、开采机、破碎机、提升机、液压支架等
建筑机械	打桩机、液压千斤顶、平地机等
农业机械	联合收割机、拖拉机、农具悬挂系统等
冶金机械	电炉炉顶及电极升降机、轧钢机、压力机等
轻工机械	打包机、注塑机、校直机、橡胶硫化机、造纸机等
汽车工业	自卸式汽车、平板车、高空作业车、汽车中的转向器、减振器等
智能机械	折臂式小汽车装卸器、数字式体育锻炼机、模拟驾驶舱、机器人等

❖ **思考题**

1. 什么是液压传动？
2. 简述液压系统的组成。
3. 简述液压传动系统优缺点。

模块 1.2　液压系统工作介质选择

任务 1.2.1　液压系统工作介质性质分析

液压油是液压传动系统中的传动介质，还对液压装置的机构、零件起着润滑、冷却和防锈作用。由于液压传动系统的压力、温度和流速在很大的范围内变化，因此液压油的质量优劣直接影响液压系统的工作性能。合理的选用液压油是很重要的。

1. 黏性

液体在外力作用下流动(或有流动趋势)时，分子间的内聚力要阻止分子相对运动而产生一种内摩擦力。这种阻碍液体分子之间相对运动的性质叫做液体的黏性。黏性使流动液体内部各处的速度不相等，若两平行平板间充满液体，下平板不动，而上平板以速度 u_0 向右平动。由于液体的黏性，紧靠下平板和上平板的液体层速度分别为 0 和 u_0，而中间各液层的速度则从下到上逐渐递增。当两平行平板之间的距离较小时，各液层间的速度呈线性规律变化。

液体黏性的大小用黏度来衡量，有以下几种定义：

1) 动力黏度

液体的黏度用 μ 来表示，是指液压在单位速度梯度下流动时单位面积上产生的内摩擦力。由于 μ 与力有关，所以 μ 又称动力黏度，或绝对黏度。它的法定计量单位为 Pa·s，以前沿用的单位为 P(泊，dyn·s/cm^2，1 Pa·s＝10 P＝10^3 cP(厘泊)。

2）运动黏度

动力黏度与液体密度的比值，称为液体的运动黏度，以 ν 表示，即

$$\nu = \frac{\mu}{\rho}　　　　　　　　　　(1-2-1)$$

运动黏度没有明确的物理意义，只是在分析和计算中经常用到 μ 与 ρ 的比值，才引入这个物理量，又由于它的量刚只与长度和时间有关，所以称之为运动黏度。运动黏度的法定计量单位为 m^2/s，以前沿用的单位为 St(斯)和 cst(厘斯)(1 m^2/s＝10^4 St＝10^6 cst)。

3）相对黏度

相对黏度又称条件黏度，它是按一定的测量条件制定的，然后再根据关系式换算出动力黏度或运动黏度。各国采用的测量条件是不同的，中国、德国等国采用恩氏黏度(E)，美国用赛氏黏度(SSU)，英国用雷氏黏度(R)等。

2. 液压油的分类

1）石油型液压油

石油型液压油是以石油的精炼物为基础，加入抗氧化或抗磨剂等混合而成的液压油，不同性能、不同品种、不同精度则加入不同的添加剂。具体又分为普通液压油、专用液压油、抗磨液压油、高黏度指数液压油几类。

2）难燃液压油

难燃液压油可分为合成液压油和含水液压油两类。合成液压油也称磷酸酯液压油；含水液压油包括两种，即水—乙二醇液压油与乳化液(包括油包水乳化液和水包油乳化液)。

3. 液压系统对液压油的要求

液压油是液压传动系统的重要组成部分，是用来传递能量的工作介质。除了传递能量外，它还起着润滑运动部件和保护金属不被锈蚀的作用。液压油的质量及其各种性能将直接影响液压系统的工作。液压系统使用的油液需满足下面几点要求：

(1) 适宜的黏度和良好的粘温性能。

(2) 润滑性能好。在液压传动机械设备中，除液压元件外，其他一些有相对滑动的零件也要用液压油来润滑，因此，液压油应具有良好的润滑性能。为了改善液压油的润滑性能，可加入添加剂以增加其润滑性能。

(3) 良好的化学稳定性，即对热、氧化、水解、相容都具有良好的稳定性。

(4) 对液压装置及相对运动的元件具有良好的润滑性。

(5) 对金属材料具有防锈性和防腐性。

(6) 比热、热传导率大，热膨胀系数小。

(7) 抗泡沫性好，抗乳化性好。

(8) 油液纯净，含杂质量少。

(9) 流动点和凝固点低，闪点(明火能使油面上油蒸气内燃，但油本身不燃烧的温度)和燃点高。

此外，对油液的无毒性、价格便宜等，也应根据不同的情况有所要求。

任务 1.2.2　液压油的选用

1. 液压油的选用

正确而合理地选用液压油,是保证液压设备高效率正常运转的前提。

选用液压油时,可根据液压元件生产厂样本和说明书所推荐的品种号数来选用液压油,或者根据液压系统的工作压力、工作温度、液压元件种类及经济性等因素全面考虑,一般是先确定适用的黏度范围,再选择合适的液压油品种。同时还要考虑液压系统工作条件的特殊要求,如在寒冷地区工作的系统则要求油的黏度指数高、低温流动性好、凝固点低;伺服系统则要求油质纯、压缩性小;高压系统则要求油液抗磨性好。在选用液压油时,黏度是一个重要的参数。黏度的高低将影响运动部件的润滑、缝隙的泄漏以及流动时的压力损失、系统的发热温升等。所以,在环境温度较高,工作压力高或运动速度较低时,为减少泄漏,应选用黏度较高的液压油,否则相反。

常见液压油系列品种见表 1-2-1,液压油的牌号(即数字)表示在 40℃下油液运动黏度的平均值(单位为 cSt)。原名内为过去的牌号,其中的数字表示在 50℃时油液运动黏度的平均值。

表 1-2-1　常见液压油系列品种

种　类	牌　号		原　名	用　途
	油名	代号		
普通液压油	N_{32} 号液压油 N_{68} G 号液压油	YA－N_{32} YA－N_{68}	20 号精密机床液压油 40 号液压—导轨油	在环境温度为 0～45℃条件下工作的各类液压泵的中、低压液压系统
抗磨液压油	N_{32} 号抗磨液压油 N_{150} 号抗磨液压油 N_{168} K 号抗磨液压油	YA－N_{32} YA－N_{150} YA－N_{168} K	20 抗磨液压油 80 抗磨液压油 40 抗磨液压油	在环境温度为 －10～40℃条件下工作的高压柱塞泵或其他泵的中、高压液压系统
低温液压油	N_{15} 号低温液压油 N_{46} D 号低温液压油	YA－N_{15} YA－N_{46} D	低凝液压油 工程液压油	在环境温度低于 －20℃或高于 40℃条件下工作的各类高压油泵系统
高黏度指数液压油	N_{32} H 号高黏度指数液压油	YD－N_{32} D	—	用于温度变化不大且对粘温性能要求更高的液压系统

总的来说,应尽量选用较好的液压油,虽然初始成本要高些,但由于优质油使用寿命长,对元件损害小,所以从整个使用周期看,其经济性要比选用劣质油好些。

2. 液压油的污染与防护

液压油是否清洁,不仅影响液压系统的工作性能和液压元件的使用寿命,而且直接关系到液压系统是否能正常工作。液压系统多数故障与液压油受到污染有关,因此控制液压油的污染是十分重要的。

1）液压油被污染的原因

液压油被污染的原因主要有以下几方面：

（1）液压系统的管道及液压元件内的型砂、切屑、磨料、焊渣、锈片、灰尘等污垢在系统使用前冲洗时未被洗干净，在液压系统工作时，这些污垢就进入到液压油里。

（2）外界的灰尘、砂粒等。在液压系统工作过程中通过往复伸缩的活塞杆，流回油箱的漏油等进入液压油里。另外，在检修时，稍不注意也会使灰尘、棉绒等进入液压油里。

（3）液压系统本身也不断地产生污垢，而直接进入液压油里。如金属和密封材料的磨损颗粒，过滤材料脱落的颗粒或纤维及油液因油温升高氧化变质而生成的胶状物等。

2）油液污染的危害

液压油污染严重时，直接影响液压系统的工作性能，不仅使液压系统经常发生故障，还会使液压元件寿命缩短。造成这些危害的原因主要是污垢中的颗粒。对于液压元件来说，由于这些固体颗粒进入到元件里，会使元件的滑动部分磨损加剧，并可能堵塞液压元件里的节流孔、阻尼孔，或使阀芯卡死，从而造成液压系统的故障。水分和空气的混入使液压油的润滑能力降低并使它加速氧化变质，产生气蚀，使液压元件加速腐蚀，使液压系统出现振动、爬行等。

3）防止污染的措施

造成液压油污染的原因多而复杂，液压油自身又在不断地产生脏物，因此要彻底解决液压油的污染问题是很困难的。为了延长液压元件的寿命，保证液压系统可靠地工作，将液压油的污染度控制在某一限度以内是较为切实可行的办法。对液压油的污染控制工作主要是从两个方面着手：一是防止污染物侵入液压系统；二是把已经侵入的污染物从系统中清除出去。污染控制要贯穿于整个液压装置的设计、制造、安装、使用、维护和修理等各个阶段。

为防止油液污染，在实际工作中应采取如下措施：

（1）使液压油在使用前保持清洁。液压油在运输和保管过程中都会受到外界污染，新买来的液压油看上去很清洁，其实很"脏"，必须将其静放数天后经过滤加入液压系统中使用。

（2）使液压系统在装配后、运转前保持清洁。液压元件在加工和装配过程中必须清洗干净，液压系统在装配后、运转前应彻底进行清洗，最好用系统工作中使用的油液清洗，清洗时油箱除通气孔（加防尘罩）外必须全部密封，密封件不可有飞边、毛刺。

（3）使液压油在工作中保持清洁。液压油在工作过程中会受到环境污染，因此应尽量防止工作中空气和水分的侵入，为完全消除水、气和污染物的侵入，采用密封油箱，通气孔上加空气滤清器，防止尘土、磨料和冷却液侵入，经常检查并定期更换密封件和蓄能器中的胶囊。

（4）采用合适的滤油器，是控制液压油污染的重要手段。应根据设备的要求，在液压系统中选用不同的过滤方式，采用不同的精度和不同的结构的滤油器，并要定期检查和清洗滤油器和油箱。

（5）定期更换液压油。更换新油前，油箱必须先清洗一次，系统较脏时，可用煤油清洗，排尽后注入新油。

（6）控制液压油的工作温度。液压油的工作温度过高对液压装置不利，液压油本身也会加速化变质，产生各种生成物，缩短它的使用期限，一般液压系统的工作温度最好控制在 65℃以下，机床液压系统则应控制在 55℃以下。液压系统如果依靠自然冷却仍不能使油温控制在上述范围内，就须安装冷却器；反之，如果环境温度太低无法使液压泵启动或正常运转，就须安装加热器。

液压系统中的冷却器机构有多种，最简单的是蛇形管冷却器（见图 1-2-1），它直接装在油箱内，冷却水从蛇形管内部通过，带走油液中热量。这种冷却器结构简单，但冷却效率低，耗水量大。

液压系统中用得较多的冷却器是强制对流式多管冷却器（见图 1-2-2）。油液从进油口 5 流入，从出油口 3 流出；冷却水从进水口 7 流入，通过多根水管后由出水口 1 流出。油液在水管外部流动时，它的行进路线因冷却器内设置了隔板而加长，因而

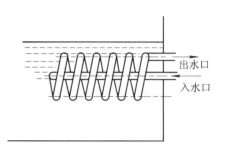

图 1-2-1　蛇形管冷却器

增加了热交换效果。近来出现一种翅片管式冷却器，水管外面增加了许多横向或纵向的散热翅片，大大扩大了散热面积和热交换效果。图 1-2-3 所示为翅片管式冷却器的一种形式，它是在圆管或椭圆管外嵌套上许多径向翅片，其散热面积可达光滑管的 8～10 倍。椭圆管的散热效果一般比圆管更好。

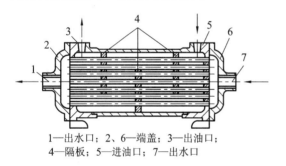

1—出水口；2、6—端盖；3—出油口；
4—隔板；5—进油口；7—出水口

图 1-2-2　多管式冷却器

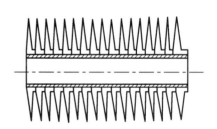

图 1-2-3　翅片管式冷却器

液压系统亦可以用汽车上的风冷式散热器来进行冷却。这种用风扇鼓风带走流入散热器内油液热量的装置不须另设通水管路，结构简单，价格低廉，但冷却效果较水冷式差。

冷却器一般应安放在回油管或低压管路上，如溢流阀的出口。

冷却器所造成的压力损失一般约为 0.01～0.1 MPa。

液压系统的加热一般常采用结构简单、能按需要自动调节最高和最低温度的电加热器。这种加热器的安装方式是，用法兰盘横装在箱壁上，发热部分全部浸在油液内。加热器应安装在箱内油液流动处，以有利于热量的交换。由于油液是热的不良导体，单个加热器的功率容量不能太大，以免其周围油液过度受热后发生变质现象。

❖ **思考题**

1. 液压油的种类有哪些？

2. 液压系统对液压油的要求有哪些？

3. 液压油如何选用？

模块 1.3　液体静力学分析

液压传动是以液体作为工作介质进行能量传递的，因此要研究液体处于相对平衡状态下的力学规律及其实际应用。所谓相对平衡，是指液体内部各质点间没有相对运动，液体本身完全可以和容器一起如同刚体一样做各种运动。因此，液体在相对平衡状态下不呈现黏性，不存在切应力，只有法向的压应力，即静压力。

任务 1.3.1　液体静压力分析

1. 液体静压力的产生

作用在液体上的力有两种类型：一种是质量力，另一种是表面力。

质量力作用在液体所有质点上，它的大小与质量成正比，属于这种力的有重力、惯性力等。单位质量液体受到的质量力称为单位质量力，在数值上等于重力加速度。

表面力作用于所研究液体的表面上，如法向力、切向力。表面力可以是其他物体（例如活塞、大气层）作用在液体上的力，也可以是一部分液体间作用在另一部分液体上的力。对于液体整体来说，其他物体作用在液体上的力属于外力，而液体间作用力属于内力。由于理想液体质点间的内聚力很小，液体不能抵抗拉力或切向力，即使是微小的拉力或切向力都会使液体发生流动。因为静止液体不存在质点间的相对运动，也就不存在拉力或切向力，所以静止液体只能承受压力。

所谓静压力，是指静止液体单位面积上所受的法向力，用 p 表示。

液体内某质点处的法向力 ΔF 对其微小面积 ΔA 的极限称为压力 p，即

$$p = \lim_{\Delta A \to 0} \frac{\Delta F}{\Delta A} \tag{1-3-1}$$

静压力具有下述两个重要特征：

（1）液体静压力垂直于作用面，其方向与该面的内法线方向一致。

（2）静止液体中，任何一点所受到的各方向的静压力都相等。

2. 液体静压力的分析

静止液体内部受力情况可用图 1-3-1(a)来说明。设容器中装满液体，在任意一点 A 处取一微小面积 dA，该点距液面深度为 h，距坐标原点高度为 Z，容器液平面距坐标原点为 Z_0。为了求得任意一点 A 的压力，可取 $dA \cdot h$ 这个液柱为分离体（如图 1-3-1(b)所示）。根据静压力的特性，作用于这个液柱上的力在各方向上都呈平衡，现求各作用力在 Z 方向上的平衡方程。

微小液柱顶面上的作用力为 $p_0 dA$（方向向下），液柱本身的重力 $G = \gamma h dA$（方向向下），液柱底面对液柱的作用力为 $p dA$（方向向上），则平衡方程为

$$p dA = p_0 dA + \gamma h dA \tag{1-3-2}$$

由式(1-3-2)可知：

（1）静止液体内任一点处的压力由两部分组成：一部分是液面上的压力 p_0，另一部分

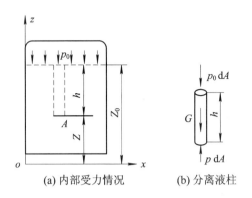

(a) 内部受力情况　　　(b) 分离液柱

图 1 - 3 - 1　静止液体的压力分布

是自重产生的压力 $\rho g h$。当液面上只受大气压力 p_0 作用时，则液体内任意一点处的静压力为

$$p = p_0 + \rho g h \qquad (1 - 3 - 3)$$

（2）静止液体内的压力随液体深度呈线性分布。

（3）在液面深度相同处各点的压力相等。压力相等的所有点组成的面叫做等压面。因此，在重力作用下静止液体中的等压面是水平面。

可通过下述三种方式使液面产生压力：

（1）通过固体壁面（如活塞）使液面产生压力。

（2）通过气体使液面产生压力。

（3）通过不同质的液体使液面产生压力。

3. 液体压力的表示方法

液压系统中的压力就是指压强，液体压力通常有绝对压力、相对压力（也称表压力）、真空度三种表示方法。因为在地球表面上，一切物体都受大气压力的作用，而且是自成平衡的，即大多数测压仪表在大气压下并不动作，这时它所表示的压力值为零，因此，它们测出的压力是高于大气压力的那部分压力。也就是说，它是相对于大气压（即以大气压为基准零值时）所测量到的一种压力，因此称它为相对压力或表压力。

另一种是以绝对真空为基准零值时所测得的压力，我们称它为绝对压力。当绝对压力低于大气压时，习惯上称为出现真空。因此，某点的绝对压力比大气压小的那部分数值叫作该点的真空度。如某点的绝对压力为 4.052×10^4 Pa（0.4 大气压），则该点的真空度为 6.078×10^4 Pa（0.6 大气压）。

绝对压力、相对压力（表压力）和真空度的关系如图 1 - 3 - 2 所示。

由图 1 - 3 - 2 可知，绝对压力总是正值，表压力则可正可负，负的表压力就是真空度，如真空度为 4.052×10^4 Pa（0.4 大气压），其表压力为 -4.052×10^4 Pa（-0.4 大气压）。我们把下端开口，上端具有阀门的玻璃管插入密度为 ρ 的液体中，如图 1 - 3 - 3 所示。如果在上端抽出一部分封入的空气，使管内压力低于大气压力 p，则在外界的大气压力的作用下，管内液体将上升至 h_0，这时管内液面压力为 p_0，由流体静力学基本公式可知：$p = p_0 + \rho g h_0$。显然，$\rho g h_0$ 就是管内液面压力 p_0 不足大气压力的部分，因此它就是管内液面上的真空度。由此可见，真空度的大小往往可以用液柱高度 $h_0 = (p - p_0)/\rho g$ 来表示。在理论上，

当 $p_0=0$，即管中呈绝对真空时，h_0 达到最大值。在标准大气压下，最大真空度可达 10.33 米水柱或 760 毫米汞柱。根据上述归纳如下：

（1）绝对压力＝大气压力＋表压力。

（2）表压力＝绝对压力－大气压力。

（3）真空度＝大气压力－绝对压力。

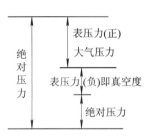

图 1-3-2　绝对压力与表压力的关系

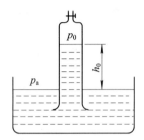

图 1-3-3　真空

压力的常用单位为帕斯卡，简称帕，符号为 Pa，$1\ Pa=1\ N/m^2$。由于此单位很小，工程上使用不便，因此常采用它的倍数单位，即兆帕，符号 MPa，$1\ MPa=10^6\ Pa$。

任务 1.3.2　液体静力学计算

1. 帕斯卡原理及应用

密封容器内的静止液体，当边界上的压力 p_0 发生变化时，例如增加 Δp，则容器内任意一点的压力将增加同一数值，即 Δp。也就是说，在密封容器内施加于静止液体任一点的压力将以等值传到液体各点。这就是帕斯卡原理或静压传递原理。

在液压传动系统中，通常是外力产生的压力要比液体自重（γh）所产生的压力大得多。

图 1-3-4 是应用帕斯卡原理的实例。图中垂直液压缸（负载缸）的截面积为 A_1，水平液压缸截面积为 A_2，两个活塞上的外作用力分别为 F_1、F_2，则缸内压力分别为 $p_1=F_1/A_1$、$p_2=F_2/A_2$。由于两缸充满液体且互相连接，根据帕斯卡原理有 $p_1=p_2$，因此有：

$$F_1=\frac{F_2 A_1}{A_2}\qquad(1-3-4)$$

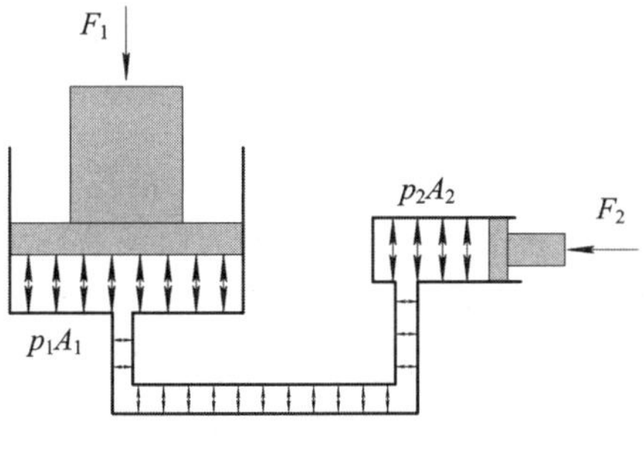

图 1-3-4　帕斯卡原理应用实例

上式表明，只要 A_1/A_2 足够大，用很小的力 F_2 就可产生很大的力 F_1。液压千斤顶和水压机就是按此原理制成的。

2. 帕斯卡原理的几点说明

（1）根据帕斯卡原理和静压力的特性，液压传动不仅可以进行力的传递，而且还能将力放大和改变力的方向。

（2）如果垂直液压缸的活塞上没有负载，即 $F_1=0$，则当略去活塞重量及其他阻力时，不论怎样推动水平液压缸的活塞也不能在液体中形成压力。这说明液压系统中的压力是由外界负载决定的，这是液压传动的一个基本概念。

（3）在液压传动中，略去液体自重产生的压力，液体中各点的静压力是均匀分布的，且垂直作用于受压表面。因此，当承受压力的表面为平面时，液体对该平面的总作用力 F 为液体的压力 p 与受压面积 A 的乘积，其方向与该平面相垂直。如果压力油作用在直径为 D 的柱塞上，则有 $F = pA = p\pi D^2/4$。

（4）当承受压力的表面为曲面时，由于压力总是垂直于承受压力的表面，所以作用在曲面上各点的力不平行但相等。由数学可以证明：液体作用于曲面某一方向上的分力等于压力与曲面在该方向投影面积的乘积，如图 1-3-5 所示。

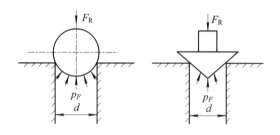

图 1-3-5 承受压力的表面为曲面时面积计算

（5）静止液体和固体壁面接触时，固体壁面上各点在某一方向上所受静压力的总和就是液体在这一方向上作用于固体壁面上的总压力。

❖ **思考题**

1. 液体压力有哪几种表示方式？
2. 液体静力学如何计算？

模块 1.4   液体动力学分析

在液压传动系统中，液压油总是在不断的流动中，因此要研究液体在外力作用下的运动规律和作用在流体上的力以及这些力和流体运动特性之间的关系。对液压流体力学，我们只关心和研究平均作用力和运动之间的关系。本节主要讨论三个基本方程式，即液流的连续性方程、伯努力方程和动量方程。它们是刚体力学中的质量守恒、能量守恒及动量守恒原理在流体力学中的具体应用。前两个方程描述了压力、流速与流量之间的关系，以及液体能量相互间的变换关系，后者描述了流动液体与固体壁面之间作用力的情况。液体是有黏性的，并在流动中表现出来，因此，在研究液体运动规律时，不但要考虑质量力和压力，还要考虑黏性摩擦力的影响。此外，液体的流动状态还与温度、密度、压力等参数有关。

任务 1.4.1   液体动力学基础

1. 液体流动分析参数选择

液体具有黏性，并在流动时表现出来，因此研究流动液体时就要考虑其黏性，而液体的黏性阻力是一个很复杂的问题，这就使我们对流动液体的研究变得复杂。因此，我们引入理想液体的概念。理想液体就是指没有黏性、不可压缩的液体。首先对理想液体进行研究，然后再通过实验验证的方法对所得的结论进行补充和修正。这样，不仅使问题简单化，而且得到的结论在实际应用中具有足够的精确性。我们把既具有黏性又可压缩的液体称为实际液体。

1）模型建立

当液体流动时，可以将流动液体中空间任一点上质点的运动参数，压力 p、流速 v 及密度 ρ 表示为空间坐标和时间的函数，例如：

$$压力 \ p = p(x, y, z, t)$$
$$速度 \ v = v(x, y, z, t)$$
$$密度 \ \rho = \rho(x, y, z, t)$$

如果空间上的运动参数 p、v 及 ρ 在不同的时间内都有确定的值（如图 1-4-1（a）所示），即它们只随空间点坐标的变化而变化，不随时间 t 变化，对液体的这种运动称为定常流动或恒定流动，可表示为

$$\frac{\partial p}{\partial t} = 0, \ \frac{\partial v}{\partial t} = 0, \ \frac{\partial \rho}{\partial t} = 0$$

在流体的运动参数中，只要有一个运动参数随时间而变化，液体的运动就是非定常流动或非恒定流动，如图 1-4-1 所示。

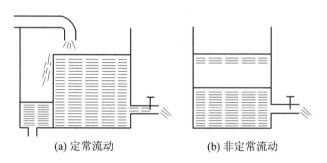

(a) 定常流动　　　　　　　　**(b) 非定常流动**

图 1-4-1　定常流动与非定常流动

在图 1-4-1(a)中，我们对容器出流的流量给予补偿，使其液面高度不变，这样，容器中各点的液体运动参数 p、v、ρ 都不随时间而变，这就是定常流动。在图 1-4-1(b)中，我们不对容器的出流给予流量补偿，则容器中各点的液体运动参数将随时间而改变，因此，这种流动为非定常流动。

2）迹线、流线、流管、流束和通流截面

（1）迹线：迹线是流场中液体质点在一段时间内运动的轨迹线。

（2）流线：流线是流场中液体质点在某一瞬间运动状态的一条空间曲线。在该线上各点的液体质点的速度方向与曲线在该点的切线方向重合。在非定常流动时，因为各质点的速度可能随时间改变，所以流线形状也随时间改变。在定常流动时，因流线形状不随时间而改变，所以流线与迹线重合。由于液体中每一点只能有一个速度，所以流线之间不能相交也不能折转，如图 1-4-2(a)所示。

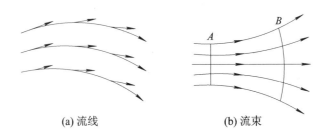

(a) 流线　　　　　　　(b) 流束

图 1-4-2　流线和流束

（3）流管：某一瞬时 t 在流场中画一封闭曲线，经过曲线的每一点作流线，由这些流线组成的表面称流管。

（4）流束：充满在流管内的流线的总体，称为流束，如图 1-4-2(b)所示。

（5）通流截面：垂直于流束的截面称为通流截面。

3）流量和平均流速

（1）流量：单位时间内通过通流截面液体的体积称为流量，用 q 表示，流量的常用单位为升/分（L/min）。

对微小流束，通过 dA 上的流量为 dq，其表达式为

$$dq = u dA$$

$$q = \int_A u dA \qquad (1-4-1)$$

当已知通流截面上的流速 u 的变化规律时，可以由上式求出实际流量。

（2）平均流速：在实际液体流动中，由于黏性摩擦力的作用，通流截面上流速 u 的分布规律难以确定，因此引入平均流速的概念，即认为通流截面上各点的流速均为平均流速，用 v 来表示，则通过通流截面的流量就等于平均流速乘以通流截面积。令此流量与上述实际流量相等，得

$$v = \frac{\int_A u dA}{A} = \frac{q}{A} \qquad (1-4-2)$$

2. 液体流动状态分析

实际液体具有黏性，是产生流动阻力的根本原因。然而流动状态不同，阻力大小也是不同的。所以先研究两种不同的流动状态——层流和紊流。

试验装置如图 1-4-3 所示，试验时保持水箱中水位恒定并且尽可能平静，然后将阀门 A 微微开启，使少量水流流经玻璃管，即玻璃管内平均流速 v 很小。这时，如将彩色水容器的阀门 B 也微微开启，使彩色水也流入玻璃管内，我们可以在玻璃管内看到一条细直而鲜明的彩色流束，而且不论彩色水放在玻璃管内的任何位置，它都能呈直线状，这说明管中水流都是安定地沿轴向运动，液体质点没有垂直于主流方向的横向运动，所以彩色水和周围的液体没有混杂。如果把 A 阀缓慢开大，管中流量和它的平均流速 v 也将逐渐增大，直至平均流速增加至某一数值，彩色流束开始弯曲颤动，这说明玻璃管内液体质点不再保持安定，开始发生脉动，这种脉动不仅具有横向的脉动速度，也具有纵向脉动速度。如果 A 阀继续开大，脉动加剧，彩色水就完全与周围液体混杂而不再维持流束状态。

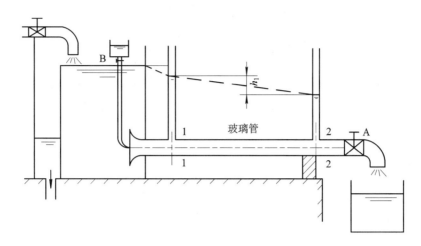

图 1 - 4 - 3　雷诺试验

（1）层流。在液体运动时，如果质点没有横向脉动，就不会引起液体质点混杂，而是层次分明，且能够维持安定的流束状态，这种流动称为层流。

（2）紊流。如果液体流动时质点具有脉动速度，就会引起流层间质点相互错杂交换，这种流动称为紊流或湍流。

液体流动时究竟是层流还是紊流，需用雷诺数（Re）来判别。

实验证明，液体在圆管中的流动状态不仅与管内的平均流速 v 有关，还和管径 d、液体的运动黏度 v 有关。但是，真正决定液流状态的，却是这三个参数所组成的一个称为雷诺数 Re 的无量纲纯数：

$$Re = \frac{vd}{v} \tag{1-4-3}$$

由式（1 - 4 - 3）可知，若液流的雷诺数相同，它的流动状态也相同。当液流的雷诺数 Re 小于临界雷诺数 Re_{cr} 时，液流为层流；反之为紊流。常见的液流管道的临界雷诺数见表 1 - 4 - 1。

表 1 - 4 - 1　常见液流管道的临界雷诺数

管道的材料与形状	Re_{cr}	管道的材料与形状	Re_{cr}
光滑的金属圆管	2000～2320	带槽装的同心环状缝隙	700
橡胶软管	1600～2000	带槽装的偏心环状缝隙	400
光滑的同心环状缝隙	1100	圆柱形滑阀阀口	260
光滑的偏心环状缝隙	1000	锥状阀口	20～100

对于非阀截面的管道来说，Re 可用下式计算

$$Re = \frac{4vr}{v} \tag{1-4-4}$$

式中：r 为流截面的水力半径，它等于液流的有效截面积 A 和它的湿周（有效截面的周界长度）x 之比，即

$$R = \frac{A}{x} \tag{1-4-5}$$

直径为 D 的圆柱截面管道的水力半径为 $r=\dfrac{A}{x}=\dfrac{D}{4}$。

正方形的管道，边长为 b，则湿周为 $4b$，因而水力半径为 $r=\dfrac{b}{4}$。

水力半径的大小，对管道的通流能力影响很大。水力半径大，表明流体与管壁的接触少，同流能力强；水力半径小，表明流体与管壁的接触多，同流能力差，容易堵塞。

任务 1.4.2 液体动力学计算

1. 连续性方程的计算

质量守恒是自然界的客观规律，不可压缩液体的流动过程也遵守能量守恒定律。在流体力学中这个规律用称为连续性方程的数学形式来表示。

任取一段流管，如图 1-4-4 所示，其中不可压缩流体作定常流动的连续性方程为

$$v_1 A_1 = v_2 A_2 = q = 常数$$

(1-4-6)

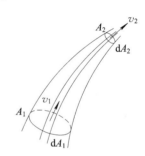

式中：v_1、v_2 分别是流管通流截面 A_1 及 A_2 上的平均流速。

式(1-4-6)表明通过流管内任一通流截面上的流量相等。则有任一通流断面上的平均流速为

图 1-4-4 液体的微小流束连续性流动示意图

$$v_i = \frac{q}{A_i}$$

(1-4-7)

2. 伯努利方程的计算

能量守恒是自然界的客观规律，流动液体也遵守能量守恒定律，这个规律是用伯努利方程的数学形式来表达的。

1）理想液体微小流束的伯努利方程

由图 1-4-5 可得，理想液体微小流束的伯努利方程为

$$\frac{p_1}{\rho g}+z_1+\frac{v_1^2}{2g}=\frac{p_2}{\rho g}+z_2+\frac{v_2^2}{2g}$$

(1-4-8)

式中：$\dfrac{p}{\rho g}$ 为单位重量液体所具有的压力能，称为比压能，也叫作压力水头；z 为单位重量液体所具有的势能，称为比位能，也叫作位置水头；$\dfrac{v^2}{2g}$ 为单位重量液体所具有的动能，称为比动能，也叫作速度水头。

对伯努利方程可作如下的理解：

（1）伯努利方程式是一个能量方程式，它表明在空间各相应通流断面处流通液体的能量守恒。

（2）理想液体的伯努利方程只适用于重力作用下的理想液体作流常活动的情况。

（3）任一微小流束都对应一个确定的伯努利方程式，即对于不同的微小流束，它们的常量值不同。

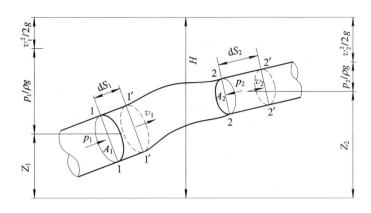

图 1-4-5　液流能量方程关系转换图

理想伯努利方程的物理意义为：在密封管道内作定常流动的理想液体在任意一个通流截面上具有三种形成的能量，即压力能、势能和动能。三种能量的总和是一个恒定的常量，而且三种能量之间是可以相互转换的，即在不同的通流截面上，同一种能量的值是不同的，但各截面上的总能量值都是相同的。

2）实际液体微小流束的伯努利方程

由于液体存在着黏性，其黏性力在起作用，并表示为对液体流动的阻力，实际液体的流动要克服这些阻力，表示为机械能的消耗和损失，因此，当液体流动时，液流的总能量或总比能在不断地减少。所以，实际液体微小流束的伯努利方程为

$$\frac{p_1}{\rho g} + z_1 + \frac{v_1^2}{2g} = \frac{p_2}{\rho g} + z_2 + \frac{v_2^2}{2g} + h_w \qquad (1-4-9)$$

3）实际液体的伯努利方程

$$\frac{p_1}{\rho g} + z_1 + \frac{\alpha_1 v_1^2}{2g} = \frac{p_2}{\rho g} + z_2 + \frac{\alpha_2 v_2^2}{2g} + h_w \qquad (1-4-10)$$

式中：α_1、α_2 分别为动能修正系数，层流时约为 2，紊流时约为 1。

实际液体伯努利方程的适用条件为

（1）稳定流动的不可压缩液体，即密度为常数。

（2）液体所受质量力只有重力，忽略惯性力的影响。

（3）所选择的两个通流截面必须在同一个连续流动的流场中是渐变流（即流线近于平行线，有效截面近于平面），而不考虑两截面间的流动状况。

3. 动量方程的计算

动量方程是动量定理在流体力学中的具体应用。流动液体的动量方程是流体力学的基本方程之一，它是研究液体运动时作用在液体上的外力与其动量的变化之间的关系。在液压传动中，计算液流作用在固体壁面上的力时，应用动量方程去解决就比较方便。

由图 1-4-6 得出流动液体的动量方程为

$$\sum F = \rho q (\beta_2 v_2 - \beta_1 v_1) \qquad (1-4-11)$$

上式是一个矢量表达式，液体对固体壁面的作用力 F 与液体所受外力大小相等、方向相反。

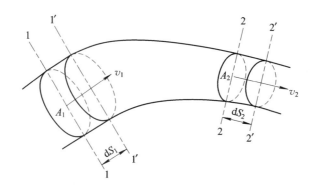

图 1 - 4 - 6 动量变化

❖ **思考题**

1. 如何区分层流和紊流？
2. 液体连续性方程如何表示？
3. 理想液体伯努利方程如何表示？

模块 1.5 管道内压力损失的计算

实际黏性液体在流动时存在阻力，为了克服阻力就要消耗一部分能量，这样就存在着能量损失。在液压传动中，能量损失主要表现为压力损失（h_w）。液压系统中的压力损失分为两类：一类是沿程压力损失，另一类是局部压力损失。

压力损失过大也就使液压系统中功率损耗的增加，这将导致油液发热加剧，泄漏量增加，效率下降和液压系统性能受损。

1. 沿程压力损失

液体在直管中流动时的压力损失是由液体流动时的摩擦引起的，称之为沿程压力损失，它主要取决于管路的长度、内径、液体的流速和黏度等。液体的流态不同，沿程压力损失也不同。液体在圆管中层流流动在液压传动中最为常见，因此，在设计液压系统时，常希望管道中的液流保持层流流动的状态。

1）层流时的压力损失

在液压传动中，液体的流动状态多数是层流流动，在这种状态下液体流经直管的压力损失可以通过理论计算求得。

（1）液体在流通截面上的速度分布规律。图 1 - 5 - 1 所示为液体在半径为 R 的水平圆管中作稳定层流时的情况。在图中的管内取出一段半径为 r，长度为 l，与管轴相重合的微小圆柱体，作用在其两端面上的压力为 p_1 和 p_2，作用在侧面上的内摩擦力为

$$(p_1 - p_2)\pi r^2 - F_f = 0 \tag{1 - 5 - 1}$$

由数学工具可以求得速度分布表达式为

$$u = \frac{\Delta p_{沿}}{4\mu l}(R^2 - r^2) \tag{1 - 5 - 2}$$

式中：l 为管道长度（m）；μ 为管道中流动的液体的动力黏度（Pa·s）；$\Delta p_{沿}$ 为管道 l 长度上

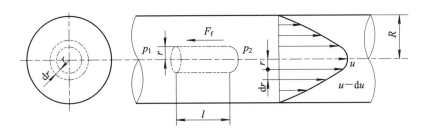

图 1 - 5 - 1　圆管中的层流

的压力降(N/m^2)，$\Delta p_沿 = p_1 - p_2$。

由式(1 - 5 - 2)可以看出，液体在管中作层流流动时，速度对称于管路轴线，并按抛物线规律分布。最大速度发生在轴线上，即 $r = 0$ 处速度最大，有

$$u_{max} = \frac{\Delta p_沿}{4\mu l}R^2 = \frac{\Delta p_沿}{16\mu l}d^2 \qquad (1 - 5 - 3)$$

(2) 通过管道的流量。在半径 r 处取一厚度为 dr 的微小圆环面积，则通过圆管的流量为

$$q = \int_A u\,dA = \int_0^R \frac{\Delta p_沿}{4\mu l}(R^2 - r^2)2\pi r\,dr$$
$$= \frac{\pi R^4}{8\mu l}\Delta p_沿 = \frac{\pi d^4}{128\mu l}\Delta p_沿 \qquad (1 - 5 - 4)$$

(3) 管道内的平均流速。管道内的平均流速可表示为

$$v = \frac{q}{A} = \frac{\frac{\pi R^4}{8\mu l}\Delta P}{\pi R^2} = \frac{1}{2}\frac{\Delta P}{4\mu l}R^2 = \frac{1}{2}u_{max} \qquad (1 - 5 - 5)$$

由式(1 - 5 - 5)可知，平均流速为管子中心线上最大流速的一半。

(4) 沿程压力损失。若管中是层流流动，由式(1 - 5 - 4)式(1 - 5 - 5)可得到

$$\Delta p_沿 = \frac{128\mu l}{\pi d^4}q = \frac{32\mu l}{d^2}v \qquad (1 - 5 - 6)$$

将式(1 - 5 - 6)经适当变换可得到

$$\Delta p_沿 = \frac{32vl}{d^2}v = \frac{32v\rho l}{d^2}\frac{l}{dv}v^2 = \frac{64}{Re}\frac{l}{d}\frac{\rho v^2}{2} = \lambda\frac{l}{d}\frac{\rho v^2}{2} \qquad (1 - 5 - 7)$$

式中：$\lambda = 64/Re$ 为沿程阻力损失系数。实际情况下，由于管壁附近的液体层因冷却作用而引起局部黏性系数增多，从而使摩擦阻力加大，因此液压油在金属圆管中流动时常取 $\lambda = 75/Re$；如果管道是橡胶软管，由于管中流动状况易受扰动，则常取 $\lambda = 80/Re$。

2) 紊流时的压力损失

紊流的重要特性之一是液体各质点不再是有规则的轴向运动，而是在运动过程中互相渗混和脉动。这种极不规则的运动，引起质点间的碰撞，并形成旋涡，使紊流能量损失比层流大得多。

由于紊流流动现象的复杂性，完全用理论方法研究，至今尚未获得令人满意的成果，故仍用实验的方法加以研究，再辅以理论解释，因而紊流状态下液体流动的压力损失仍用式(1 - 5 - 7)来计算，式中的 λ 值与雷诺数 Re 有关，具体的 λ 值与管壁表面粗糙度 Δ 见表 1 - 5 - 1。

表 1 - 5 - 1　圆管紊流时的 λ 值

雷诺数 Re		λ 值计算公式
$Re < 22\left(\dfrac{d}{\Delta}\right)^{\frac{8}{7}}$	$3000 < Re < 10^5$	$\lambda = \dfrac{0.3164}{Re^{0.25}}$
	$10^5 < Re < 10^8$	$\lambda = \dfrac{0.308}{(0.842 - \lg Re)^2}$
$32\left(\dfrac{d}{\Delta}\right)^{\frac{8}{7}} < Re < 597\left(\dfrac{d}{\Delta}\right)^{\frac{9}{8}}$		$\lambda = \left[1.14 - 2\lg\left(\dfrac{d}{\Delta} + \dfrac{21.25}{Re^{0.9}}\right)\right]^{-2}$
$Re > 597\left(\dfrac{d}{\Delta}\right)^{\frac{9}{8}}$		$\lambda = 0.11\left(\dfrac{d}{\Delta}\right)^{0.25}$

2. 局部压力损失

局部压力损失是液体流经阀口、弯管、通流截面变化等所引起的压力损失。液流通过这些地方时，由于液流方向和速度均发生变化，形成旋涡（如图 1 - 5 - 2），使液体的质点间相互撞击，从而产生较大的能量损耗。

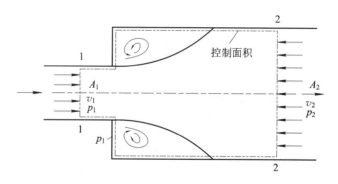

图 1 - 5 - 2　突然扩大处的局部损失

局部压力损失的计算如下：

$$\Delta p_{局} = \xi \frac{\rho v^2}{2} \qquad (1 - 5 - 8)$$

式中：ξ 为局部阻力系数，其值仅在液流流经突然扩大的截面时可以用理论推导方法求得，其他情况均须通过实验来确定；v 为液体的平均流速，一般情况下指局部阻力下游处管的流速。

3. 管路系统中的总压力损失

管路系统的总压力损失等于所有沿程压力损失和所有局部压力损失之和，即

$$\Delta p = \sum \Delta p_{沿} + \sum \Delta p_{局} = \lambda \frac{l}{d} \frac{\rho v^2}{2} + \xi \frac{\rho v^2}{2} \qquad (1 - 5 - 9)$$

❖ **思考题**

1. 液体在直管中流动时的压力损失有哪些？

2. 层流和紊流时压力损失如何计算？

模块1.6 液压冲击及空穴现象分析

1. 液压冲击现象分析

在液压系统中，当快速地换向或关闭液压回路时，会使液流速度急速地改变（变向或停止）。由于流动液体的惯性或运动部件的惯性，会使系统内的压力发生突然升高或降低，这种现象称为液压冲击（水力学中称为水锤现象）。在研究液压冲击时，必须把液体当作弹性物体，同时还须考虑管壁的弹性。

首先讨论一下水锤现象的发展过程。如图1-6-1所示，为某液压传动油路的一部分。管路A的入口端装有蓄能器，出口端装有快速电磁换向阀。当换向阀打开时，管中液体的流速为v_0，压力为p_0，现在来研究当阀门突然关闭时，阀门前及管中压力变化的规律。

当阀门突然关闭时，如果认为液体是不可压缩的，则管中整个液体将如同刚体一样同时静止下来。但实验证明并非如此，事实上只有紧邻着阀门的一层厚度为Δl的液体于Δt时间内首先停止流动。之后，液体被压缩，压力增高Δp，同时管壁亦发生膨胀，如图1-6-2所示。在下一个无限小时间Δt段后，紧邻着的第二层液体层又停止下来，其厚度亦为Δl，也受压缩，同时这段管子也发生了膨胀。依此类推，第三层、第四层液体逐层停止下来，并产生增压。这样就形成了一个高压区和低压区分界面（称为增压波面），它以速度c从阀门处开始向蓄能器方向传播。我们称c为水锤波的传播速度，它实际上等于液体中的声速。

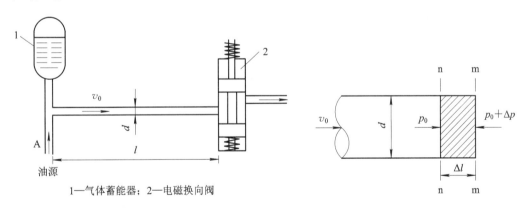

1—气体蓄能器；2—电磁换向阀

图1-6-1 液压冲击的液压传动油路分析　　图1-6-2 阀门突然关闭时的受力分析

在阀门关闭$t_1 = l/c$时刻后，如图1-6-3所示，水锤压力波面到达管路入口处。这时，在管长l中全部液体都已依次停止了流动，而且液体处在压缩状态下。这时来自管内方面的压力较高，而在蓄能器内的压力较低。显然这种状态是不能平衡的，可见管中紧邻入口处第一层的液体将会以速度v_0冲向蓄能器中。与此同时，第一层液体层结束了受压状态，水锤压力Δp消失，恢复到正常情况下的压力，管壁也恢复了原状。这样，管中的液体高压区和低压区的分界面即减压波面，将以速度c自蓄能器向阀门方向传播。

在阀门关闭$t_2 = 2l/c$时刻后，全管长l内的液体压力和体积都已恢复了原状。

这时要特别注意，当在$t_2 = 2l/c$的时刻末，紧邻阀门的液体由于惯性作用，仍然企图

以速度 v_0 向蓄能器方向继续流动，就好像受压的弹簧，当外力取消后，弹簧会伸长得比原来还要长，因而处于受拉状态。这样就使得紧邻阀门的第一层液体开始受到"拉松"，因而使压力突然降低 Δp。同样第二层、第三层依次放松，这就形成了减压波面，仍以速度 c 向蓄能器方向传去。当阀门关闭 $t_3 = 3l/c$ 时刻后，减压波面到达水管入口处，全管长的液体处于低压而且是静止状态。这时蓄能器中的压力高于管中压力，当然不能保持平衡。在这一压力差的作用下，液体必然由蓄能器流向管路中去，使紧邻管路入口的第一层液体层首先恢复到原来正常情况下的速度和压力。这种情况依次一层一层地以速度 c 由蓄能器向阀门方向传播，直到经过 $t_4 = 4l/c$ 时传到阀门处。这时管路内的液体完全恢复到原来的正常情况，液流仍以速度 v_0 由蓄能器流向阀门。这种情况和阀门未关闭之前完全相同。因为现在阀门仍在关闭状态，故此后将重复上述四个过程。如此周而复始地传播下去，如果不是由于液压阻力和管壁变形消耗了一部分能量，这种情况将会永远继续下去。

图 1-6-3 是理想情况，表示在紧邻阀门前的压力随时间变化的图形。由图看出，该处的压力每经过 $2l/c$ 时间段，互相变换一次。

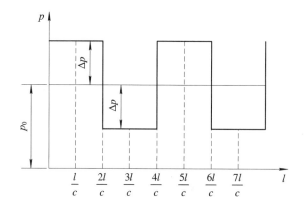

图 1-6-3　在理想情况下冲击压力的变化规律

实际上，由于液压阻力及管壁变形需要消耗一定的能量，因此它是一个逐渐衰减的复杂曲线，如图 1-6-4 所示。

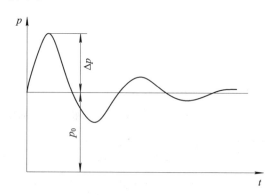

图 1-6-4　实际情况下冲击压力的变化规律

液压冲击的危害是很大的。发生液压冲击时管路中的冲击压力往往急增很多倍，会使按工作压力设计的管道破裂。此外，所产生的液压冲击波会引起液压系统的振动和冲击噪声。因此在液压系统设计时要考虑这些因素，应当尽量减少液压冲击的影响，为此，一般可采用如下措施：

（1）缓慢关闭阀门，削减冲击波的强度。

（2）在阀门前设置蓄能器，以减小冲击波传播的距离。

（3）应将管中流速限制在适当范围内，或采用橡胶软管，也可以减小液压冲击。

（4）在系统中装置安全阀，可起卸载作用。

2. 空穴现象分析

一般液体中溶解有空气，水中溶解有约2％体积的空气，液压油中溶解有（6％～12％）体积的空气。成溶解状态的气体对油液体积弹性模量没有影响，成游离状态的小气泡则对油液体积弹性模量产生显著的影响。空气的溶解度与压力成正比。当压力降低时，原先压力较高时溶解于油液中的气体成为过饱和状态，于是就要分解出游离状态微小气泡，其速率是较低的，但当压力低于空气分离压 p_g 时，溶解的气体就要以很高速度分解出来，成为游离微小气泡，并聚合长大，使原来充满油液的管道变为混有许多气泡的不连续状态，这种现象称为空穴现象。油液的空气分离压随油温及空气溶解度而变化，当油温 $t=50℃$ 时，$p_g<4\times10^6$ Pa（绝对压力）。

当管道中发生空穴现象时，气泡随着液流进入高压区时，体积急剧缩小，气泡又凝结成液体，形成局部真空，周围液体质点以极大速度来填补这一空间，使气泡凝结处瞬间局部压力可高达数百帕，温度可达近千度。在气泡凝结附近壁面，因反复受到液压冲击与高温作用，以及油液中逸出气体具有较强的酸化作用，使金属表面产生腐蚀。空穴产生的腐蚀，一般称为气蚀。通常，泵吸入管路连接、密封不严使空气进入管道，或回油管高出油面使空气冲入油中而被泵吸油管吸入油路以及泵吸油管道阻力过大，流速过高均是造成空穴的原因。

此外，当油液流经节流部位，流速增高，压力降低，在节流部位前后压差比 $p_1/p_2\geqslant3.5$ 时，将发生节流空穴。

空穴现象会引起系统的振动，产生冲击、噪音、气蚀使工作状态恶化，应采取如下预防措施：

（1）限制泵吸油口离面高度，泵吸油口要有足够的管径，滤油器压力损失要小，采用自吸能力差的泵辅助供油。

（2）管路密封要好，防止空气渗入。

（3）节流口压力降要小，一般控制节流口前后压差比 $p_1/p_2<3.5$。

❖ **思考题**

1. 什么是液压冲击现象？

2. 如何避免液压冲击？

3. 空穴现象如何产生？

习　　题

1. 某液压油的运动黏度为 32 mm²/s，密度为 900 kg/m³，其动力黏度是多少？

2. 已知某油液在 20℃时的运动黏度 $v_{20}=75\ \text{mm}^2/\text{s}$，在 80℃时为 $v_{80}=10\ \text{mm}^2/\text{s}$，试求温度为 60℃ 时的运动黏度。

3. 油在钢管中流动。已知管道直径为 50 mm，油的运动黏度为 40 mm^2/s，如果油液处于层流状态，那么可以通过的最大流量是多少？

4. 如题 1-4 图所示，油管水平放置，截面 1-1、2-2 处的内径分别为 $d_1=5\ \text{mm}$，$d_2=20\ \text{mm}$，在管内流动的油液密度 $\rho=900\ \text{kg/m}^3$，运动黏度 $\nu = 20\ \text{mm}^2/\text{s}$。若不计油液流动的能量损失，试解答：

(1) 截面 1-1 和 2-2 哪一处压力较高？为什么？

(2) 若管内通过的流量 $q_v=30\ \text{L/min}$，求两截面间的压力差 Δp 。

5. 液压泵安装如题 1-5 图所示，已知泵的输出流量 $q_v=25\ \text{L/min}$，吸油管直径 $d=25\ \text{mm}$，泵的吸油口距油箱液面的高度 $H=0.4\ \text{m}$。设油的运动黏度 $\nu=20\ \text{mm}^2/\text{s}$，密度 $\rho=900\ \text{kg/m}^3$。若仅考虑吸油管中的沿程损失，试计算液压泵吸油口处的真空度。

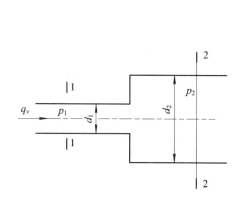

题 1-4 图

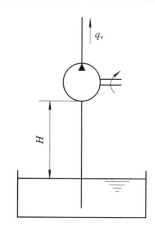

题 1-5 图

项目 2　基本回路分析

模块 2.1　换向回路分析

任务 2.1.1　液压泵

1. 液压泵工作过程分析

液压动力元件起着向系统提供动力源的作用，是系统不可缺少的核心元件。液压系统是以液压泵作为系统提供一定的流量和压力的动力元件，液压泵将原动机(电动机或内燃机)输出的机械能转换为工作液体的压力能，是一种能量转换装置。各类液压泵的符号表示如图 2-1-1 所示。

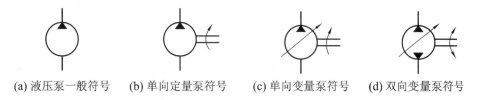

(a) 液压泵一般符号　　(b) 单向定量泵符号　　(c) 单向变量泵符号　　(d) 双向变量泵符号

图 2-1-1　液压泵的符号

液压泵都是依靠密封容积变化的原理来进行工作的，故一般称为容积式液压泵，图 2-1-2 所示的是一单柱塞液压泵的工作原理图。柱塞 2 装在缸体 3 中形成一个密封容积 a，柱塞在弹簧 4 的作用下始终压紧在偏心轮 1 上。原动机驱动偏心轮 1 旋转使柱塞 2 作往复运动，使密封容积 a 的大小发生周期性的交替变化。当 a 由小变大时就形成部分真空，使油箱中油液在大气压作用下，经吸油管顶开单向阀 6 进入油箱 a 而实现吸油；反之，当 a

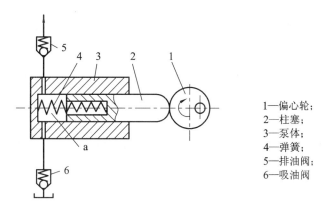

1—偏心轮；
2—柱塞；
3—泵体；
4—弹簧；
5—排油阀；
6—吸油阀

图 2-1-2　液压泵工作原理图

由大变小时，a 腔中吸满的油液将顶开单向阀 5 流入系统而实现压油。这样液压泵就将原动机输入的机械能转换成液体的压力能，原动机驱动偏心轮不断旋转，液压泵就不断地吸油和压油。

单柱塞液压泵具有一切容积式液压泵的基本特点，具体如下：

（1）具有若干个密封且又可以周期性变化的空间。液压泵输出流量与此空间的容积变化量和单位时间内的变化次数成正比，与其他因素无关。这是容积式液压泵的一个重要特性。

（2）油箱内液体的绝对压力必须恒等于或大于大气压力。这是容积式液压泵能够吸入油液的外部条件。因此，为保证液压泵正常吸油，油箱必须与大气相通，或采用密闭的充压油箱。

（3）具有相应的配流机构，将吸油腔和排液腔隔开，保证液压泵有规律地、连续地吸、排液体。液压泵的结构原理不同，其配油机构也不相同。容积式液压泵中的油腔处于吸油时称为压油腔。吸油腔的压力决定于吸油高度和吸油管路的阻力，吸油高度过高或吸油管路阻力太大，会使吸油腔真空度过高而影响液压泵的自吸能力，压油腔的压力则取决于外负载和排油管路的压力损失，从理论上讲排油压力与液压泵的流量无关。

容积式液压泵排油的理论流量取决于液压泵的有关几何尺寸和转速，而与排油压力无关。但排油压力会影响泵的内泄露和油液的压缩量，从而影响泵的实际输出流量，所以液压泵的实际输出流量随排油压力的升高而降低。

液压泵按其在单位时间内所能输出的油液的体积是否可调节而分为定量泵和变量泵两类；按结构形式可分为齿轮式、叶片式和柱塞式三大类。

2. 液压泵压力分析

1）工作压力

液压泵工作时实际的输出压力称为工作压力。工作压力的大小取决于外负载的大小和排油管路上的压力损失，而与液压泵的流量无关。

2）额定压力

液压泵在正常工作条件下，按试验标准规定连续运转的最高压力称为液压泵的额定压力。

3）最高允许压力

在超过额定压力的条件下，根据试验标准规定，允许液压泵短暂运行的最高压力值，称为液压泵的最高允许压力。

3. 液压泵排量和流量的计算

1）排量 V

液压泵每转一周，由其密封容积几何尺寸变化计算而得的排出液体的体积叫液压泵的排量。排量可调节的液压泵称为变量泵；排量为常数的液压泵则称为定量泵。

2）理论流量 q_i

理论流量是指在不考虑液压泵的泄漏流量的情况下，在单位时间内所排出的液体体积的平均值。显然，如果液压泵的排量为 V，其主轴转速为 n，则该液压泵的理论流量 q_i 为

$$q_i = Vn \tag{2-1-1}$$

3）实际流量 q

液压泵在某一具体工况下，单位时间内所排出的液体体积称为实际流量，它等于理论流量 q_i 减去泄漏流量 Δq，即

$$q = q_i - \Delta q \tag{2-1-2}$$

4）额定流量 q_n

液压泵在正常工作条件下，按试验标准规定（如在额定压力和额定转速下）必须保证的流量。

4. 功率和效率的计算

1）液压泵的功率损失

液压泵的功率损失有容积损失和机械损失两部分。

（1）容积损失。容积损失是指液压泵流量上的损失，液压泵的实际输出流量总是小于其理论流量。其主要原因是由于液压泵内部高压腔的泄漏、油液的压缩以及在吸油过程中由于吸油阻力太大、油液黏度大以及液压泵转速高等原因而导致油液不能全部充满密封工作腔。液压泵的容积损失用容积效率来表示，它等于液压泵的实际输出流量 q 与其理论流量 q_i 之比，即

$$\eta_V = \frac{q}{q_i} = \frac{q_i - \Delta q}{q_i} = 1 - \frac{\Delta q}{q_i} \tag{2-1-3}$$

因此液压泵的实际输出流量 q 为

$$q = q_i \eta_V = V n \eta_V \tag{2-1-4}$$

式中：V 为液压泵的排量（m^3/r）；n 为液压泵的转速（r/s）。

液压泵的容积效率随着液压泵工作压力的增大而减小，且随液压泵的结构类型不同而异，但恒小于 1。

（2）机械损失。机械损失是指液压泵在转矩上的损失。液压泵的实际输入转矩 T_0 总是大于理论上所需要的转矩 T_i，其主要原因是由于液压泵体内相对运动部件之间因机械摩擦而引起的摩擦转矩损失以及液体的黏性而引起的摩擦损失。液压泵的机械损失用机械效率表示，它等于液压泵的理论转矩 T_i 与实际输入转矩 T_0 之比，设转矩损失为 ΔT，则液压泵的机械效率为

$$\eta_m = \frac{T_i}{T_0} = \frac{1}{1 + \dfrac{\Delta T}{T_i}} \tag{2-1-5}$$

2）液压泵的功率

（1）输入功率 p_i。液压泵的输入功率是指作用在液压泵主轴上的机械功率，当输入转矩为 T_0，角速度为 ω 时，有

$$p_i = T_0 \omega \tag{2-1-6}$$

（2）输出功率 p_0。液压泵的输出功率是指液压泵在工作过程中的实际吸、压油口间的压差 Δp 和输出流量 q 的乘积，即

$$p_0 = \Delta p q \tag{2-1-7}$$

式中：Δp 为液压泵吸、压油口之间的压力差（N/m^2）；q 为液压泵的实际输出流量（m^3/s）；p_0 为液压泵的输出功率（$N \cdot m/s$ 或 W）。

液压泵的各个参数和压力之间的关系如图 2-1-3 所示。

在实际的计算中，若油箱通大气，液压泵吸、压油的压力差往往用液压泵出口压力 p 代入。

3）液压泵的总效率

液压泵的总效率是指液压泵的实际输出功率与其输入功率的比值，即

$$\eta = \frac{P_0}{P_i} = \frac{p q \eta_V}{2\pi n T_i} = \frac{pVn}{2\pi n T_i}\eta_V = \frac{PV}{2\pi n}\eta_V = \eta_m \eta_V$$

$$(2-1-8)$$

由式（2-1-8）可知，液压泵的总效率等于其容积效率与机械效率的乘积，所以液压泵的输入功率也可写成

$$p_i = \frac{\Delta p q}{\eta}$$

$$(2-1-9)$$

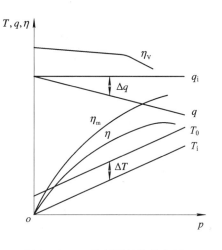

图 2-1-3　液压泵的特性曲线

任务 2.1.2　液压泵结构分析及参数计算

1. 齿轮泵结构分析及参数计算

齿轮泵是液压系统中广泛采用的一种液压泵，它一般做成定量泵，按结构不同，齿轮泵分为外啮合齿轮泵和内啮合齿轮泵，而以外啮合齿轮泵应用最广。下面以外啮合齿轮泵为例来剖析齿轮泵。

图 2-1-4 为外啮合齿轮泵工作原理图。在泵体内有一对外啮合齿轮，其齿数、宽度相等。两侧有端盖罩住，壳体、端盖和齿轮的各个齿间槽组成许多密封工作腔，又被啮合齿轮的啮合线和齿顶分隔成左右两个密封腔，即吸油和压油腔。当轮齿按图示方向转动时，右侧吸油腔内啮合轮齿逐渐退出啮合，使其容积逐渐增大，形成局部真空，在大气压力作用下，油箱里油液经管道进入吸油腔并进入齿槽随转动轮齿带到左侧压油容腔内。轮齿又很快进入啮合。压油腔密封容积逐渐减小，压油腔压力增大，齿槽内的油被强行挤出，油从压油口输入系统。工作中，轮齿不断地旋转，吸压油过程便连续进行。啮合线点处的齿面接线起分隔高、低压两腔的作用。因此，此类泵不需要专门配流装置，这也是齿轮泵与其他类型容积泵的区别。

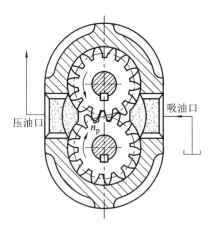

图 2-1-4　外啮合齿轮泵工作原理

图 2-1-5 是 CB-B 型齿轮泵结构图。它采用三片式结构。三片分别是前泵盖 8、后泵盖 4 和泵体 7。它们之间通过两个圆柱销 17 定位，六个螺钉 9 紧固。其中主动齿轮 6 用键 5 固定在传动轴 12 上，并与电动机相连而转动，带动啮合的从动齿轮旋转。在后端盖上开有吸油口和压油口，开口大的为吸油口，小的为压油口。两根传动轴 12 和从动轴 15 用

四个滚针轴承 3 分别装在前、后端盖上，油液通过轴向间隙润滑轴承，然后经泄油口 14 回吸油口。为使齿轮转动灵活，同时泄漏量最小，在齿轮端面留有轴向间隙；齿顶留有径向间隙。为防止齿顶与泵体相碰，间隙可稍大些。为防止油泄漏到泵外，减小泵体与端面之间的油压作用，减小螺钉紧固力，在泵体的两端面开有卸荷槽 16。

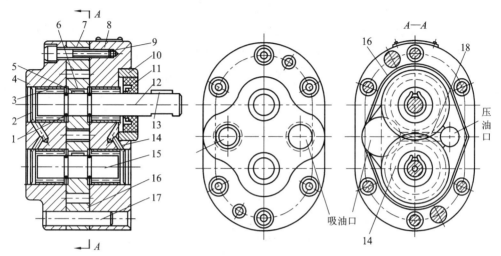

1—弹簧挡圈；2—轴承端盖；3—滚针轴承；4—后泵盖 5、13—键；6—齿轮；7—泵体；
8—前泵盖；9—螺钉；10—端盖；11—密封环；12—传动轴；14—泄油口；15—从动轴；
16—泄油槽；17—定位销；18—困油卸荷槽

图 2-1-5　CB—B 齿轮泵的结构

　　齿轮泵要能连续地供油，就要求齿轮啮合的重叠系数 $\varepsilon > 1$，也就是当一对齿轮尚未脱开啮合时，另一对齿轮已进入啮合，这样，就出现同时有两对齿轮啮合的瞬间，在两对齿轮的齿向啮合线之间形成了一个封闭容积，一部分油液也就被困在这一封闭容积中（见图 2-1-6(a)），齿轮连续旋转时，这一封闭容积便逐渐减小，到两啮合点处于节点两侧的对称位置时（见图 2-1-6(b)），封闭容积为最小，齿轮再继续转动时，封闭容积又逐渐增大，直到图 2-1-6(c)所示位置时，容积又变为最大。在封闭容积减小时，被困油液受到挤压，压力急剧上升，使轴承上突然受到很大的冲击载荷，泵会剧烈振动，这时高压油从一切可能泄漏的缝隙中挤出，造成功率损失，使油液发热等。当封闭容积增大时，由于没有油液补充，因此形成局部真空，使原来溶解于油液中的空气分离出来，形成了气泡，油液中产生气泡后，会引起噪声、气蚀等一系列恶果。这就是齿轮泵的困油现象。困油现象极为严重地影响着泵的工作平稳性和使用寿命。

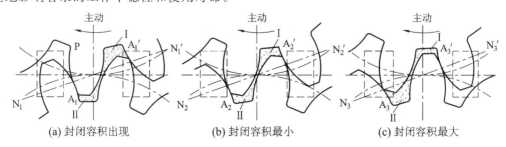

(a) 封闭容积出现　　　　　　(b) 封闭容积最小　　　　　　(c) 封闭容积最大

图 2-1-6　齿轮泵的困油现象

为了消除困油现象，在齿轮泵的泵盖上铣出两个困油卸荷凹槽，其几何关系如图 2-1-7 所示。卸荷槽的位置应该使困油腔由大变小时，能通过卸荷槽与压油腔相通；而当困油腔由小变大时，能通过另一卸荷槽与吸油腔相通。两卸荷槽之间的距离为 a，必须保证在任何时候都不能使压油腔和吸油腔互通。

按上述对称开的卸荷槽，当困油封闭腔由大变至最小时（图 2-1-7），由于油液不易从即将关闭的缝隙中挤出，故封闭油压仍将高于压油腔压力；齿轮继续转动，当封闭腔和吸油腔相通的瞬间，高压油又突然和吸油腔的低压油相接触，会引起冲击和噪声。于是齿轮泵将卸荷槽的位置整个向吸油腔侧平移了一个距离。这时封闭腔只有在由小变至最大时才和压油腔断开，油压没有突变，封闭腔和吸油腔接通时，封闭腔不会出现真空也没有压力冲击。这样改进后，使齿轮泵的振动和噪声得到了进一步改善。

齿轮泵工作时，在齿轮和轴承上承受径向液压力的作用。如图 2-1-8 所示，泵的右侧为吸油腔，左侧为压油腔。在压油腔内有液压力作用于齿轮上，沿着齿顶的泄漏油，具有大小不等的压力，就是齿轮和轴承受到的径向不平衡力。液压力越高，这个不平衡力就越大，其结果不仅加速了轴承的磨损，降低了轴承的寿命，甚至使轴变形，造成齿顶和泵体内壁的摩擦等。为了解决径向力不平衡问题，在有些齿轮泵上，采用开压力平衡槽的办法来消除径向不平衡力，但这将会带来泄漏增大，容积效率降低等问题。CB—B 型齿轮泵则采用缩小压油腔，以减少液压力对齿顶部分的作用面积来减小径向不平衡力，所以泵的压油口孔径比吸油口孔径要小。

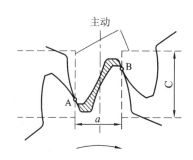 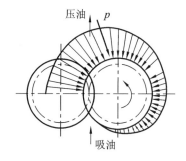

图 2-1-7　齿轮泵的困油卸荷槽图　　　　图 2-1-8　齿轮泵的径向不平衡力

齿轮泵的排量 V 相当于一对齿轮所有齿谷容积之和，假如齿谷容积大致等于轮齿的体积，那么齿轮泵的排量等于一个齿轮的齿谷容积和轮齿容积的总和，即相当于以有效齿高和齿宽构成的平面所扫过的环形体积，即

$$V = 2\pi m^2 ZB \qquad\qquad (2-1-10)$$

式中：B 为齿轮宽(cm)；m 为齿轮模数(cm)；Z 为齿数。

实际上，齿谷的容积要比轮齿的容积稍大，故上式中的 π 常以 3.33 代替，则式(2-1-10)可写成：

$$V = 6.66 m^2 ZB \qquad\qquad (2-1-11)$$

齿轮泵的流量 q(L/min) 为

$$q = 6.66 Z m^2 B n \eta_V \qquad\qquad (2-1-12)$$

式中：n 为齿轮泵转速(r/min)；η_V 为齿轮泵的容积效率。

实际上齿轮泵的输油量是有脉动的，故式(2-1-12)所表示的是泵的平均输油量。

从式(2-1-12)可以看出流量和几个主要参数的关系如下：

(1) 输油量与齿轮模数 m 的平方成正比。

(2) 在泵的体积一定时，齿数少，模数就大，故输油量增加，流量脉动大；齿数增加时，模数就小，输油量减少，流量脉动也小。用于机床上的低压齿轮泵，取 $Z=13\sim19$，而中高压齿轮泵，取 $Z=6\sim14$，齿数 $Z<14$ 时，要进行修正。

(3) 输油量和齿宽 B、转速 n 成正比。一般齿宽 $B=(6\sim10)$cm；转速 n 为 750 r/min、1000 r/min、1500 r/min，转速过高，会造成吸油不足，转速过低，泵也不能正常工作。一般齿轮的最大圆周速度不应大于 $5\sim6$ m/s。

2. 叶片泵结构分析及参数计算

叶片泵的工作压力较高，且流量脉动小，工作平稳，噪声较小，寿命较长。所以它被广泛应用于机械制造中的专用机床、自动线等中低液压系统中，但其结构复杂，吸油特性不太好，对油液的污染也比较敏感。

根据各密封工作容积在转子旋转一周吸、排油液次数的不同，叶片泵分为两类，即完成一次吸、排油液的单作用叶片泵和完成两次吸、排油液的双作用叶片泵。单作用叶片泵多为变量泵，工作压力最大为 7.0 MPa；双作用叶片泵均为定量泵，一般最大工作压力亦为 7.0 MPa。结构经改进的高压叶片泵最大的工作压力可达 $16.0\sim21.0$ MPa。

1) 单作用叶片泵分析

单作用叶片泵由转子 1、定子 2、叶片 3 和端盖等组成，如图 2-1-9 所示。定子具有圆柱形内表面，定子和转子间有偏心距。叶片装在转子槽中，并可在槽内滑动，当转子回转时，由于离心力的作用，使叶片紧靠在定子内壁，这样在定子、转子、叶片和两侧配油盘间就形成若干个密封的工作空间，当转子按图示的方向回转时，在图的右部，叶片逐渐伸出，叶片间的工作空间逐渐增大，从吸油口吸油，这是吸油腔；在图的左部，叶片被定子内壁逐渐压进槽内，工作空间逐渐缩小，将油液从压油口压出，这是压油腔。在吸油腔和压油腔之间，有一段封油区，把吸油腔和压油腔隔开。这种叶片泵在转子每转一周，每个工作空间完成一次吸油和压油，因此称为单作用叶片泵。转子不停地旋转，泵就不断地吸油和排油。

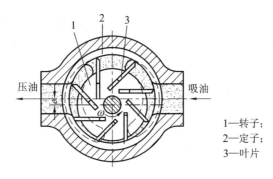

1—转子；
2—定子；
3—叶片

图 2-1-9 单作用叶片泵的工作原理

单作用叶片泵的排量为各工作容积在主轴旋转一周时所排出的液体的总和，如图 2-1-10 所示，两个叶片形成的一个工作容积 V 近似地等于扇形体积 V_1 和 V_2 之差，即

$$V = \pi\left[(R+e)^2 - (R-e)^2\right]B = 4\pi eRB \times 10^{-3} \qquad (2-1-13)$$

实际流量 q 单位为 L/min，计算公式为

$$q = Vn\eta_V = 4\pi eRBn\eta_V \times 10^{-6} \qquad (2-1-14)$$

式中：R 为定子内半径(mm)；e 为偏心距(mm)；B 为定子宽度(mm)；n 为转速(r/min)；η_V 为容积效率。

由上式可看出，只要改变偏心距 e 就能调节排量及流量，故单作用式叶片泵是变量泵，其容积变化的不均匀性，造成流量脉动。由实验可知当叶片数为单数时脉动量较小，通常取 13 个或 15 个。

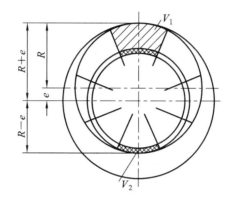

图 2-1-10　单作用叶片泵排量计算简图

单作用叶片泵的特点：

(1) 改变定子和转子之间的偏心便可改变流量。偏心反向时，吸油压油方向也相反。

(2) 处在压油腔的叶片顶部受到压力油的作用，该作用要把叶片推入转子槽内。为了使叶片顶部可靠地和定子内表面相接触，压油腔一侧的叶片底部要通过特殊的沟槽和压油腔相通。吸油腔一侧的叶片底部要和吸油腔相通，这里的叶片仅靠离心力的作用顶在定子内表面上。

(3) 由于转子受到不平衡的径向液压作用力，所以这种泵一般不宜用于高压。

(4) 为了更有利于叶片在惯性力作用下向外伸出，使叶片有一个与旋转方向相反的倾斜角，称后倾角。一般后倾角为 24°。

2) 双作用叶片泵分析

双作用叶片泵的工作原理如图 2-1-11 所示，泵也是由定子 1、转子 2、叶片 3 和配油盘(图中未画出)等组成。转子和定子中心重合，定子内表面近似为椭圆柱形，该椭圆形由两段长半径 R、两段短半径 r 和四段过渡曲线所组成。当转子转动时，叶片在离心力和根部压力油(建压后)的作用下，在转子槽内作径向移动而压向定子内表面，由叶片、定子的内表面、转子的外表面和两侧配油盘间形成若干个密封空间。当转子按图示方向旋转时，处在小圆弧上的密封空间经过渡曲线而运动到大圆弧的过程中，叶片外伸，密封空间的容积增大，要吸入油液；再从大圆弧经过渡曲线运动到小圆弧的过程中，叶片被定子内壁逐渐压进槽内，密封空间容积变小，将油液从压油口压出。因而，当转子每转一周，每个工作空间要完成两次吸油和压油，所以称之为双作用叶片泵。这种叶片泵由于有两个吸油腔和两个压油腔，并且各自的中心夹角是对称的，所以作用在转子上的油液压力相互平衡，因此双作用叶片泵又称为卸荷式叶片泵。为了要使径向力完全平衡，密封空间数(即叶片数)应当是双数。

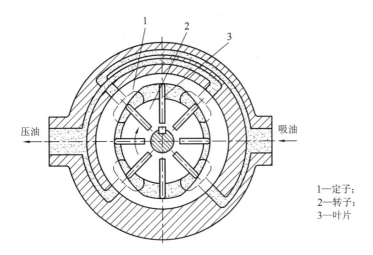

图 2 - 1 - 11　双作用叶片泵的工作原理

　　双作用叶片泵如不考虑叶片厚度，泵的输出流量是均匀的，但实际叶片是有厚度的，长半径圆弧和短半径圆弧也不可能完全同心，尤其是叶片底部槽与压油腔相通，因此泵的输出流量将出现微小的脉动，但其脉动率较其他形式的泵（螺杆泵除外）小得多，且在叶片数为 4 的整数倍时最小，为此，双作用叶片泵的叶片数一般为 12 或 16 片。

　　（1）配油盘。双作用叶片泵的配油盘如图 2 - 1 - 12 所示，在盘上有两个吸油窗口 2、4 和两个压油窗口 1、3，窗口之间为封油区，通常应使封油区对应的中心角 β 稍大于或等于两个叶片之间的夹角，否则会使吸油腔和压油腔连通，造成泄漏。当两个叶片间密封油液从吸油区过渡到封油区（长半径圆弧处）时，其压力基本上与吸油压力相同，但当转子再继续旋转一个微小角度时，使该密封腔突然与压油腔相通，使其中油液压力突然升高，油液的体积突然收缩，压油腔中的油倒流进该腔，使液压泵的瞬时流量突然减小，引起液压泵的流量脉动、压力脉动和噪声，为此在配油盘的压油窗口靠叶片从封油区进入压油区的一边开有一个截面形状为三角形的三角槽（又称眉毛槽），使两叶片之间的封闭油液在未进入压油区之前就通过该三角槽与压力油相连，其压力逐渐上升，因而缓减了流量和压力脉动，并降低了噪声。环形槽 5 与压油腔相通并与转子叶片槽底部相通，使叶片的底部作用有压力油。

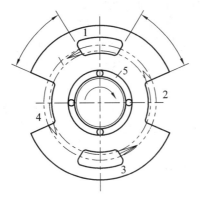

1、3—压油窗口；
2、4—吸油窗口；
5—环形槽

图 2 - 1 - 12　配油盘

（2）定子过渡曲线。定子的过渡曲线如图 2-1-13 所示，是由四段圆弧和四段过渡曲线组成的。过渡曲线应保证叶片贴紧在定子内表面上，保证叶片在转子槽中径向运动时速度和加速度的变化均匀，使叶片对定子的内表面的冲击尽可能小。

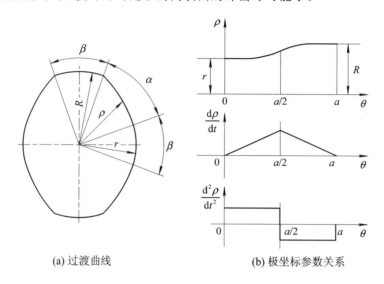

(a) 过渡曲线 (b) 极坐标参数关系

图 2-1-13　定子的过渡曲线

（3）叶片的倾角。叶片在工作过程中，受离心力和叶片根部压力油的作用，使叶片和定子紧密接触。当叶片转至压油区时，定子内表面迫使叶片推向转子中心，它的工作情况和凸轮相似，叶片与定子内表面接触有一压力角为 β，且大小是变化的，其变化规律与叶片径向速度变化规律相同，即从零逐渐增加到最大，又从最大逐渐减小到零。因而在双作用叶片泵中，将叶片顺着转子回转方向前倾一个 θ 角，使压力角减小到 β'，这样就可以减小侧向力 F_T，使叶片在槽中移动灵活，并可减少磨损，根据双作用叶片泵定子内表面的几何参数，其压力角的最大值 $\beta_{max} \approx 24°$。一般取 $\theta = \dfrac{1}{2}\beta_{max}$，因而叶片泵叶片的倾角 θ 一般为 $10°$ $\sim 14°$。YB 型叶片泵叶片相对于转子径向连线前倾 $13°$。但近年的研究表明，叶片倾角并非完全必要，某些高压双作用叶片泵的转子槽是径向的，且使用情况良好。

3）提高双作用叶片泵压力的措施

由于一般双作用叶片泵的叶片底部通压力油，就使得处于吸油区的叶片顶部和底部的液压作用力不平衡，叶片顶部以很大的压紧力抵在定子吸油区的内表面上，使磨损加剧，影响叶片泵的使用寿命，尤其是工作压力较高时，磨损更严重，因此吸油区叶片两端压力不平衡，限制了双作用叶片泵工作压力的提高。所以在高压叶片泵的结构上必须采取措施，使叶片压向定子的作用力减小。常用的措施有：

（1）减小作用在叶片底部的油液压力。将泵的压油腔的油通过阻尼槽或内装式小减压阀通到吸油区的叶片底部，使叶片经过吸油腔时，叶片压向定子内表面的作用力不致过大。

（2）减小叶片底部承受压力油作用的面积。叶片底部受压面积为叶片的宽度和叶片厚度的乘积，因此减小叶片的实际受力宽度和厚度，就可减小叶片受压面积。

减小叶片实际受力宽度结构如图 2-1-14(a)所示，这种结构中采用了复合式叶片(亦称子母叶片)，叶片分成母叶片 1 与子叶片 2 两部分。通过配油盘使 K 腔总是接通压力油，引入母子叶片间的小腔 c 内，而母叶片底部 L 腔，则借助于虚线所示的油孔，始终与顶部油液压力相同。这样，无论叶片处在吸油区还是压油区，母叶片顶部和底部的压力油总是相等的。当叶片处在吸油腔时，只有 c 腔的高压油作用而压向定子内表面，减小了叶片和定子内表面间的作用力。图 2-1-14(b)所示的为阶梯片结构，在这里，阶梯叶片和阶梯叶片槽之间的油室 d 始终和压力油相通，而叶片的底部和所在腔相通。这样，叶片在 d 室内油液压力作用下压向定子表面，由于作用面积减小，使其作用力不致太大，但这种结构的工艺性较差。

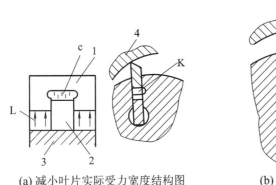

(a) 减小叶片实际受力宽度结构图　　　　(b) 阶梯片结构图

1—母叶片；
2—子叶片；
3—转子；
4—定子；
5—叶片

图 2-1-14　减小叶片作用面积的高压叶片泵叶片结构

（3）使叶片顶端和底部的液压作用力平衡。图 2-1-15(a)所示的泵采用双叶片结构，叶片槽中有两个可以作相对滑动的叶片 1 和 2，每个叶片都有一棱边与定子内表面接触，在叶片的顶部形成一个油腔 a，叶片底部油腔 b 始终与压油腔相通，并通过两叶片间的小孔 c 与油腔 a 相连通，因而使叶片顶端和底部的液压作用力得到平衡。适当选择叶片顶部棱边的宽度，可以使叶片对定子表面既有一定的压紧力，又不致使该力过大。为了使叶片运动灵活，对零件的制造精度将提出较高的要求。

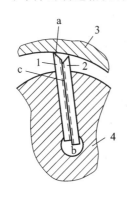
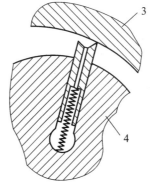

(a) 采用双叶片的泵结构图　　　　(b) 叶片装弹簧的结构图

1、2—叶片；
3—定子；
4—转子

图 2-1-15　叶片液压力平衡的高压叶片泵叶片结构

　　图 2-1-15(b)所示为叶片装弹簧的结构，这种结构叶片较厚，顶部与底部有孔相通，叶片底部的油液是由叶片顶部经叶片的孔引入的，因此叶片上下油腔油液的作用力基本平衡，为使叶片紧贴定子内表面，保证密封，在叶片根部装有弹簧。

3. 柱塞泵结构分析及参数计算

柱塞泵是靠柱塞在缸体中作往复运动造成密封容积的变化来实现吸油与压油的液压泵。与齿轮泵和叶片泵相比，这种泵有许多优点：首先，构成密封容积的零件为圆柱形的柱塞和缸孔，加工方便，可得到较高的配合精度，密封性能好，在高压工作仍有较高的容积效率；第二，只需改变柱塞的工作行程就能改变流量，易于实现变量；第三，柱塞泵中的主要零件均受压应力作用，材料强度性能可得到充分利用。由于柱塞泵压力高，结构紧凑，效率高，流量调节方便，故用在需要高压、大流量、大功率的系统中和流量需要调节的场合，如龙门刨床、拉床、液压机、工程机械、矿山冶金机械、船舶等。柱塞泵按柱塞的排列和运动方向不同，可分为径向柱塞泵和轴向柱塞泵两大类。

1）径向柱塞泵的工作原理

径向柱塞泵的结构如图 2-1-16 所示，柱塞 1 径向排列装在缸体 2 中，缸体由原动机带动连同柱塞 1 一起旋转，所以缸体 2 一般称为转子，柱塞 1 在离心力（或在低压油）的作用下抵紧定子 4 的内壁。

当转子按图示方向回转时，由于定子和转子之间有偏心距 e，柱塞绕经上半周时向外伸出，柱塞底部的容积逐渐增大，形成部分真空，因此便经过衬套 3（衬套 3 是压紧在转子内，并和转子一起回转）上的油孔从配油孔 5 和吸油口 b 吸油；当柱塞转到下半周时，定子内壁将柱塞向里推，柱塞底部的容积逐渐减小，向配油轴的压油口 c 压油，当转子回转一周时，每个柱塞底部的密封容积完成一次吸、压油，转子连续运转，即完成压吸油工作。配油轴固定不动，油液从配油轴上半部的两个孔 a 流入，从下半部两个油孔 d 压出，为了进行配油，配油轴在和衬套 3 接触的一段加工出上下两个缺口，形成吸油口 b 和压油口 c，留下的部分形成封油区。封油区的宽度应能封住衬套上的吸、压油孔，以防吸油口和压油口相连通，但尺寸也不能大得太多，以免产生困油现象。

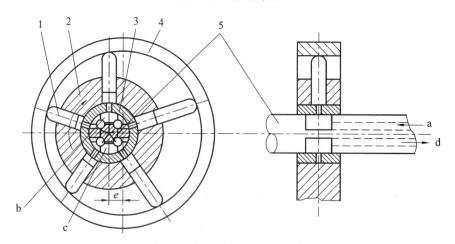

1—柱塞；2—缸体；3—衬套；4—定子；5—配油轴

图 2-1-16 径向柱塞泵的工作原理

2）轴向柱塞泵的工作原理

轴向柱塞泵是将多个柱塞配置在一个共同缸体的圆周上，并使柱塞中心线和缸体中心线平行的一种泵。轴向柱塞泵有两种形式，即直轴式(斜盘式)和斜轴式(摆缸式)。图 2-1-17 所示为直轴式轴向柱塞泵的工作原理图，主体由缸体 1、配油盘 2、柱塞 3 和斜盘 4 组成。柱塞沿圆周均匀分布在缸体内。斜盘轴线与缸体轴线倾斜一角度，柱塞靠机械装置或在低压油作用下压紧在斜盘上(图中为弹簧)，配油盘 2 和斜盘 4 固定不转。

当原动机通过传动轴使缸体转动时，由于斜盘的作用，迫使柱塞在缸体内作往复运动，并通过配油盘的配油窗口进行吸油和压油。如图 2-1-17 中所示回转方向，当缸体转角在 π～2π 范围内，柱塞向外伸出，柱塞底部缸孔的密封工作容积增大，通过配油盘的吸油窗口吸油；在 0～π 范围内，柱塞被斜盘推入缸体，使缸孔容积减小，通过配油盘的压油窗口压油。缸体每转一周，每个柱塞各完成吸、压油一次。如改变斜盘倾角，就能改变柱塞行程的长度，即改变液压泵的排量；改变斜盘倾角方向，就能改变吸油和压油的方向，即成为双向变量泵。

配油盘上吸油窗口和压油窗口之间的密封区宽度 l 应稍大于柱塞缸体底部通油孔宽度 l_1。但不能相差太大，否则会发生困油现象。一般在两配油窗口的两端部开有小三角槽，以减小冲击和噪声。

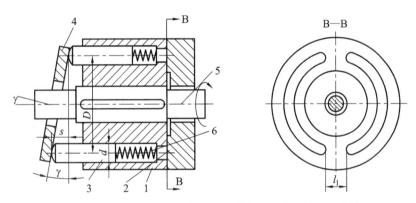

1—缸体；2—配油盘；3—柱塞；4—斜盘；5—传动轴；6—弹簧

图 2-1-17　轴向柱塞泵的工作原理

斜轴式轴向柱塞泵的缸体轴线相对传动轴轴线成一倾角，传动轴端部用万向铰链、连杆与缸体中的每个柱塞相联结，当传动轴转动时，通过万向铰链、连杆使柱塞和缸体一起转动，并迫使柱塞在缸体中作往复运动，借助配油盘进行吸油和压油。这类泵的优点是变量范围大，泵的强度较高，但和上述直轴式相比，其结构较复杂，外形尺寸和重量均较大。

轴向柱塞泵的优点是：结构紧凑、径向尺寸小，惯性小，容积效率高，目前最高压力可达 40.0 MPa，甚至更高，一般用于工程机械、压力机等高压系统中，但其轴向尺寸较大，轴向作用力也较大，结构比较复杂。

3) 参数计算

柱塞的直径为 d，柱塞分布圆直径 D，斜盘倾角为 γ 时，柱塞的行程为 $L = D\tan\gamma$，所以当柱塞数为 z 时，轴向柱塞泵的排量为

$$V = \frac{\pi}{4}d^2 Lz = \frac{1}{4}\pi d^2 zD\tan\gamma \qquad (2-1-15)$$

实际上，由于柱塞在缸体孔中运动的速度不是恒速的，因而输出流量是有脉动的，当

柱塞数为奇数时，脉动较小，且柱塞数多脉动也较小，因而一般常用的柱塞泵的柱塞个数为 7、9 或 11。

4. 液压泵的噪声

噪声对人们的健康十分有害，随着工业生产的发展，工业噪声对人们的影响越来越严重，已引起人们的关注。目前，液压技术向着高压、大流量和高功率的方向发展，产生的噪声也随之增加，而在液压系统中的噪声，液压泵的噪声占有很大的比重。因此，研究减小液压系统的噪声，特别是液压泵的噪声，已引起液压界广大工程技术人员、专家学者的重视。

液压泵的噪声大小和液压泵的种类、结构、大小、转速以及工作压力等很多因素有关，具体分析如下：

（1）泵的流量脉动和压力脉动造成泵构件的振动。这种振动有时还可产生谐振。谐振频率可以是流量脉动频率的 2 倍、3 倍或更大，泵的基本频率及其谐振频率若和机械的或液压的自然频率相一致，则噪声便大大增加。研究结果表明，转速增加对噪声的影响一般比压力增加还要大。

（2）泵的工作腔从吸油腔突然和压油腔相通，或从压油腔突然和吸油腔相通时，产生的油液流量和压力突变，对噪声的影响甚大。

（3）空穴现象。当泵吸油腔中的压力小于油液所在温度下的空气分离压时，溶解在油液中的空气要析出而变成气泡，这种带有气泡的油液进入高压腔时，气泡被击破，形成局部的高频压力冲击，从而引起噪声。

（4）泵内流道具有截面突然扩大和收缩、急拐弯时，会导致液体紊流、旋涡及喷流，使噪声加大。

（5）由于机械原因，如转动部分不平衡、轴承不良、泵轴的弯曲等机械振动引起的机械噪声。

实际生产中降低噪声的措施有：

（1）消除液压泵内部油液压力的急剧变化。

（2）为吸收液压泵流量及压力脉动，可在液压泵的出口装置消音器。

（3）装在油箱上的泵应使用橡胶垫减振。

（4）压油管的一段用橡胶软管，对泵和管路的连接进行隔振。

（5）防止泵产生空穴现象，可采用直径较大的吸油管，减小管道局部阻力；采用大容量的吸油滤油器，防止油液中混入空气；合理设计液压泵，提高零件刚度。

5. 液压泵的选用

液压泵是液压系统提供一定流量和压力的油液动力元件，它是每个液压系统不可缺少的核心元件，合理地选择液压泵对于降低液压系统的能耗、提高系统的效率、降低噪声、改善工作性能和保证系统的可靠工作都十分重要。

选择液压泵的原则是：根据主机工况、功率大小和系统对工作性能的要求，首先确定液压泵的类型，然后按系统所要求的压力、流量大小确定其规格型号。

表 2-1-1 列出了液压系统中常用液压泵的主要性能。

表 2 - 1 - 1 液压系统中常用液压泵的性能比较

性能	外啮合轮泵	双作用叶片泵	限压式变量叶片泵	径向柱塞泵	轴向柱塞泵	螺杆泵
输出压力	低压	中压	中压	高压	高压	低压
流量调节	不能	不能	能	能	能	不能
效率	低	较高	较高	高	高	较高

任务 2.1.3 方向控制阀

1. 液压阀

液压阀是用来控制液压系统中油液的流动方向或调节其压力和流量的，因此按机能分类可分为方向控制阀、压力控制阀和流量控制阀三大类。液压阀的分类如表 2 - 1 - 2 所示。

表 2 - 1 - 2 液压阀的分类

分类方法	种 类	详 细 分 类
按机能分类	压力控制阀	溢流阀、顺序阀、卸荷阀、平衡阀、减压阀、比例压力控制阀、缓冲阀、仪表截止阀、限压切断阀、压力继电器
	流量控制阀	节流阀、单向节流阀、调速阀、分流阀、集流阀、比例流量控制阀
	方向控制阀	单向阀、液控单向阀、换向阀、行程减速阀、充液阀、梭阀、比例方向阀
按结构分类	滑阀	圆柱滑阀、旋转阀、平板滑阀
	座阀	锥阀、球阀、喷嘴挡板阀
	射流管阀	射流阀
按操作方法分类	手动阀	手把及手轮、踏板、杠杆
	机动阀	挡块及碰块、弹簧、液压、气动
	电动阀	电磁铁控制、伺服电动机和步进电动机控制
按连接方式分类	管式连接	螺纹式连接、法兰式连接
	板式及叠加式连接	单层连接板式、双层连接板式、整体连接板式、叠加阀
	插装式连接	螺纹式插装(二、三、四通插装阀)、法兰式插装(二通插装阀)
按控制方式分类	电液比例阀	电液比例压力阀、电源比例流量阀、电液比例换向阀、电流比例复合阀、电流比例多路阀三级电液流量伺服
	伺服阀	单、两级(喷嘴挡板式、动圈式)电液流量伺服阀、三级电液流量伺服
	数字控制阀	数字控制压力控制流量阀与方向阀
按其他方式分类	开关或定值控制阀	压力控制阀、流量控制阀、方向控制阀

一个形状相同的阀,可以因为作用机制的不同,而具有不同的功能。压力阀和流量阀利用通流截面的节流作用控制着系统的压力和流量,而方向阀则利用通流通道的更换控制着油液的流动方向。这就是说,尽管液压阀存在着各种各样不同的类型,但它们之间还是保持着一些基本共同之点的。例如:在结构上,所有的阀都有阀体、阀芯(转阀或滑阀)和驱使阀芯动作的元、部件(如弹簧、电磁铁)组成;在工作原理上,所有阀的开口大小,阀进、出口间压差以及流过阀的流量之间的关系都符合孔口流量公式,仅是各种阀控制的参数各不相同而已。

液压系统对液压阀的基本要求:

(1) 动作灵敏,使用可靠,工作时冲击和振动小。

(2) 油液流过的压力损失小。

(3) 密封性能好。

(4) 结构紧凑,安装、调整、使用、维护方便,通用性大。

2. 方向控制阀的分析

1) 单向阀的结构分析

液压系统中常见的单向阀有普通单向阀和液控单向阀两种。

普通单向阀使油液只能沿一个方向流动,不许它反向倒流。图 2-1-18(a)所示是一种管式普通单向阀的结构。压力油从阀体左端的通口 P_1 流入时,克服弹簧 3 作用在阀芯 2 上的力,使阀芯向右移动,打开阀口,并通过阀芯 2 上的径向孔 a、轴向孔 b 从阀体右端的通口流出。但是压力油从阀体右端的通口 P_2 流入时,它和弹簧力一起使阀芯锥面压紧在阀座上,使阀口关闭,油液无法通过。图 2-1-18(b)所示是单向阀的职能符号图。

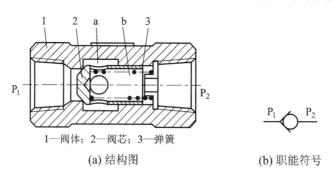

1—阀体;2—阀芯;3—弹簧

(a) 结构图   (b) 职能符号

图 2-1-18 单向阀

2) 换向阀的结构分析

换向阀利用阀芯相对于阀体的相对运动,使油路接通、关断,或变换油流的方向,从而使液压执行元件启动、停止或变换运动方向。

工作中对换向阀的要求是:油液流经换向阀时的压力损失要小;互不相通的油口间的泄露要小;换向要平稳、迅速且可靠。

换向阀在按阀芯形状分类时,有转阀式和滑阀式两种:

(1) 转阀。图 2-1-19(a)所示为转动式换向阀(简称转阀)的工作原理图。该阀由阀体 1、阀芯 2 和使阀芯转动的操作手柄 3 组成。当操作手柄扳到"左"(即图示位置)时,通口 P 和 A 相通、B 和 T 相通;当操作手柄转换到"止"位置时,通口 P、A、B 和 T 均不相通;当操作手柄扳到"右"位置时，则通口 P 和 B 相通，A 和 T 相通。

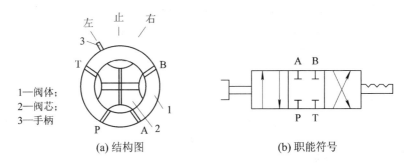

1—阀体；
2—阀芯；
3—手柄

(a) 结构图　　　　　　　　　　　(b) 职能符号

图 2-1-19　转阀

（2）滑阀。阀体和滑动阀芯是滑阀式换向阀的结构主体。表 2-1-3 所示是其最常见的结构形式。由表可见，阀体上开有多个通口，阀芯移动后可以停留在不同的工作位置上。

表 2-1-3　滑阀式换向阀主体结构形式

名称	结构原理图	职能符号	使用场合		
二位二通阀			控制油路的连通与切断（相当于一个开关）		
二位三通阀			控制液流方向（从一个方向变换成另一个方向）		
二位四通阀			不能使执行元件在任一位置停止运动	控制执行元件换向	执行元件正反向运动时回油方式相同
三位四通阀			能使执行元件在任一位置停止运动		
二位五通阀			不能使执行元件在任一位置停止运动		执行元件正反向运动时回油方式不同
三位五通阀			能使执行元件在任一位置停止运动		

3）换向阀的"位"和"通"

"位"和"通"是换向阀的重要概念。不同的"位"和"通"构成了不同类型的换向阀。通常所说的二位阀、三位阀是指换向阀的阀芯有两个或三个不同的工作位置。所谓二通阀、三通阀、四通阀、五通阀，是指换向阀的阀体上有两个、三个、四个、五个各不相通且可与系统中不同油管相连的油道接口，不同油道之间只能通过阀芯移位时阀口的开关来沟通。

（1）用方框表示阀的工作位置，有几个方框就表示有几"位"。

（2）方框内的箭头表示油路处于接通状态，但箭头方向不一定表示液流的实际方向。

（3）方框内符号"⊥"或"⊤"表示该通路不通。

（4）方框外部连接的接口数有几个，就表示几"通"。

（5）一般情况，阀与系统供油路连接的进油口用字母 P 表示，阀与系统回油路连接的回油口用 T（有时用 O）表示；而阀与执行元件连接的油口用 A、B 等表示。有时在图形符号上用 L 表示泄油口。

（6）换向阀都有两个或两个以上的工作位置，其中一个为常态位，即阀芯未受到操纵力作用时所处的位置。图形符号中的中位是三位阀的常态位。利用弹簧复位的二位阀则以靠近弹簧的方框内的通路状态为其常态位。绘制系统图时，油路一般应连接在换向阀的常态位上。

4）滑阀式换向阀的机能

（1）二位二通换向阀常态机能。二位二通换向阀如图 2-1-20 所示，其两个油口之间的状态只有两种：通或断，如图 2-1-20(a)、(b)所示。自动复位式（如弹簧复位）的二位二通换向阀滑阀机能有常闭式（O 型）和常开式（H 型）两种，如图 2-1-20(c)、(d)所示。

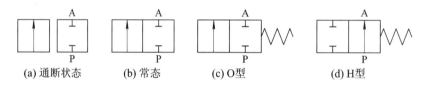

(a) 通断状态   (b) 常态   (c) O型   (d) H型

图 2-1-20　二通换向阀的滑阀机能

（2）三位换向阀的中位机能。三位四通换向阀的滑阀机能（又称中位机能）有很多种，各通口间不同的连通方式可满足不同的使用要求。三位四通换向阀常见的中位机能、符号、油口状况、特点及应用如表 2-1-4 所示。为表示和分析的方便，常将各种不同的中位机能用一个字母来表示。不同的中位机能可通过改变阀芯的形状和尺寸得到。三位五通换向阀的情况与此相仿。

表 2-1-4　三位四通换向阀常见的中位机能

滑阀机能	符　号	中位油口状况、特点及应用
O 型		P、A、B、T 四口全封闭，液压泵保压，液压缸闭锁，可用于多个换向阀的并联工作
H 型		四口全串通，活塞处于浮动状态，在外力作用下可移动，用于泵卸荷

续表

Y 型	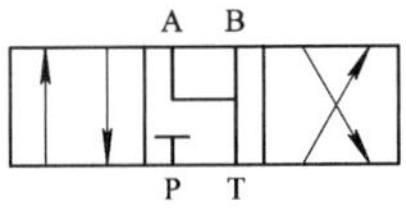 A B P T	P 口封闭，A、B、T 三口相通，活塞浮动，在外力作用下可移动，用于泵保压
K 型	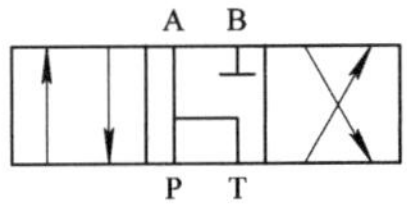 A B P T	P、A、T 相通，B 口封闭，活塞处于闭锁状态，用于泵卸荷
M 型	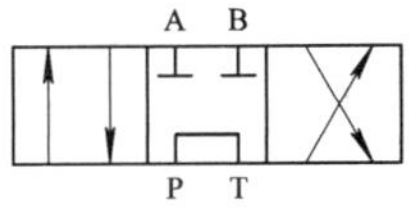 A B P T	P、T 相通，A 与 B 均封闭，活塞闭锁不动，用于泵卸荷，也可用多个 M 型换向阀串联工作
X 型	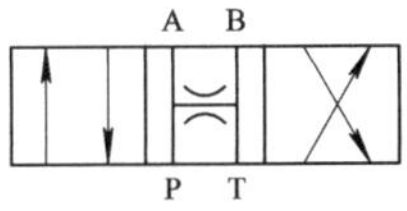 A B P T	四油口处于半开启状态，泵基本上卸荷，但仍保持一定压力
P 型	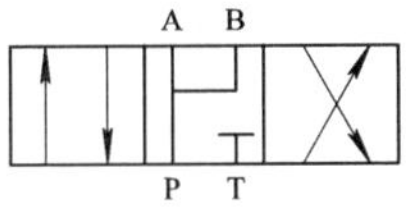 A B P T	P、A、B 相通，T 封闭，泵与缸两腔相通，可组成差动回路
J 型	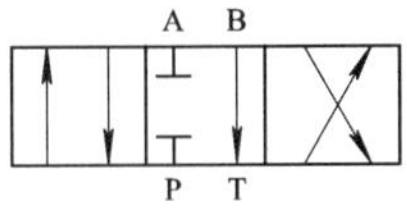 A B P T	P 与 A 封闭，B 与 T 相通，活塞停止，但在外力作用下可向右边移动，泵仍保压
C 型	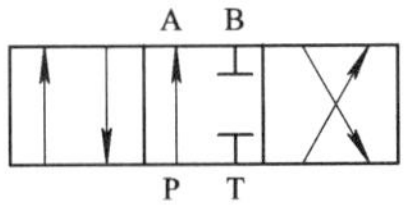 A B P T	P 与 A 相通，B 与 T 皆封闭，活塞处于停止位置
N 型	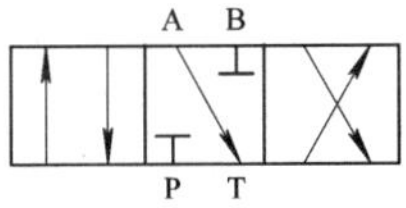 A B P T	P 与 B 皆封闭，A 与 T 相通；与 J 型机能相似，只是 A 与 B 互换了，功能也类似
U 型	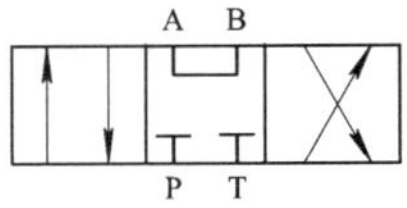 A B P T	P 与 T 都封闭，A 与 B 相通；活塞浮动，在外力作用下可移动，用于泵保压

在分析和选择阀的中位机能时，通常考虑以下几点：

① 系统保压。当 P 口被堵塞，系统保压，液压泵能用于多缸系统。当 P 口不太通畅地与 T 口接通时（如 X 型），系统能保持一定的压力供控制油路使用。

② 系统卸荷。P 口通畅地与 T 口接通时，系统卸荷。

③ 换向平稳性和精度。当通液压缸的 A、B 两口都堵塞时，换向过程易产生液压冲击，换向不平稳，但换向精度高；反之，A、B 两口都通 T 口时，换向过程中工作部件不易制动，换向精度低，但液压冲击小。

④ 启动平稳性。阀在中位时，液压缸某腔如通油箱，则启动时该腔内因无油液起缓冲作用，启动不太平稳。

⑤ 液压缸"浮动"和在任意位置上的停止阀在中位。当 A、B 两口互通时，卧式液压缸呈"浮动"状态，可利用其他机构移动工作台，调整其位置。当 A、B 两口堵塞或与 P 口连接（在非差动情况下），则可使液压缸在任意位置处停下来。

5）滑阀式换向阀的操纵方式及典型结构

使换向阀芯移动的驱动力有多种方式，目前主要有手动、机动、电磁、弹簧液动、液压先导电液等几种方式。常见的滑阀操纵方式示于图 2-1-21 中。

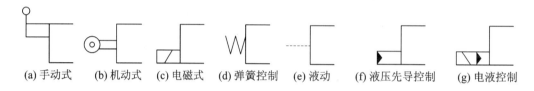

(a) 手动式　(b) 机动式　(c) 电磁式　(d) 弹簧控制　(e) 液动　(f) 液压先导控制　(g) 电液控制

图 2-1-21　滑阀操纵方式

（1）手动换向阀。手动换向阀是用控制手柄直接操纵阀芯的移动而实现油路切换的阀。

图 2-1-22 为弹簧自动复位的三位四通手动换向阀和职能符号图。由图可以看到：向右推动手柄时，阀芯向左移动，油口 P 与 A 相通，油口 B 通过阀芯中间的孔与油口 T 连通；当松开手柄时，在弹簧作用下，阀芯处于中位，油口 P、A、B、T 全部封闭。当向左推动手柄时，阀芯处于右位，油口 P 与 B 相通，油口 A 与 T 相通。

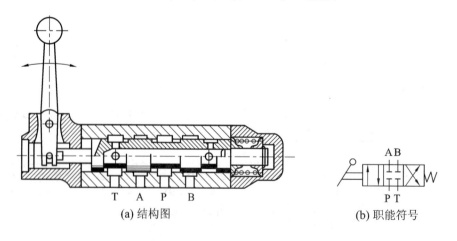

T　A　P　B

(a) 结构图

AB

PT

(b) 职能符号

图 2-1-22　弹簧自动复位的手动换向阀

图 2-1-23 为钢球定位的三位四通手动换向阀和职能符号图，它与弹簧自动复位的阀主要区别为：手柄可在三个位置上任意停止，不推动手柄，阀芯不会自动复位。

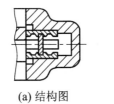 

(a) 结构图　　　　　　　　　(b) 职能符号

图 2 - 1 - 23　钢球定位的手动换向阀

（2）机动换向阀。机动换向阀又称为行程阀，它是靠安装在执行元件上的挡块 5 或凸轮推动阀芯移动，机动换向阀通常是两位阀。

图 2 - 1 - 24(a)为二位三通机动换向阀。在图示位置，阀芯 2 在弹簧 1 作用下处于上位，油口 P 与 A 连通；当运动部件挡块 5 压下滚轮 4 时，阀芯向下移动，油口 P 与 T 连通。图 2 - 1 - 24(b)为二位三通机动换向阀的职能符号。

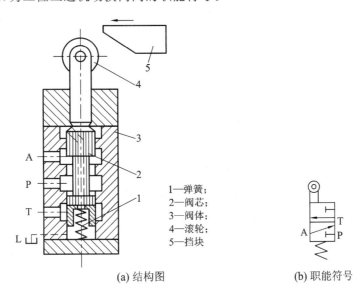

1—弹簧；
2—阀芯；
3—阀体；
4—滚轮；
5—挡块

(a) 结构图　　　　　　　　　(b) 职能符号

图 2 - 1 - 24　二位三通机动换向阀

机动换向阀结构简单，换向平稳可靠，但必须安装在运动部件附近，油管较长，压力损失较大。

（3）电磁换向阀。电磁换向阀是利用电磁铁的吸合力，控制阀芯运动实现油路换向。电磁换向阀控制方便，应用广泛，但由于液压油通过阀芯时所产生的液动力使阀芯移动受到阻碍，受到电磁吸合力限制，电磁换向阀只能用于控制较小流量的回路。

① 电磁铁。电磁换向阀中的电磁铁是驱动阀芯运动的动力元件。按电源分，可分为直流电磁铁和交流电磁铁；按活动衔铁是否在液压油充洞状态下运动分，可分为干式电磁铁和湿式电磁铁。

交流电磁铁可直接使用 380 V、220 V、110 V 交流电源，具有电路简单，无需特殊电源，吸合力较大等优点，由于其铁心材料由硒钢片叠压而成，体积大，电涡流造成的热损耗和噪音无法消除，且工作可靠性差、寿命短等缺点，通常用在设备换向精度要求不高的场合。

直流电磁铁需要一套变压与整流设备，所使用的直流电流为 12 V、24 V、36 V 或110 V，由于其铁心材料一般为整体工业纯铁,因此具有电涡流损耗小、无噪声、体积小、工作可靠性好、寿命长等优点。但直流电磁铁需特殊电源,造价较高,加工精度也较高,一般用在换向精度要求较高的场合。

图 2-1-25 为干式电磁铁结构图。干式电磁铁结构简单、造价低、品种多、应用广泛。但为了保证电磁铁不进油,在阀芯推动杆 4 处设置了密封圈 10,此密封圈所产生的摩擦力,消耗了部分电磁推力,同时也限制了电磁铁的使用寿命。

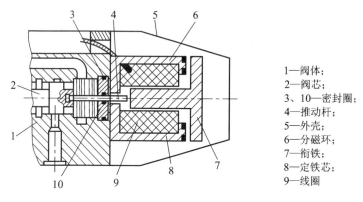

1—阀体;
2—阀芯;
3、10—密封圈;
4—推动杆;
5—外壳;
6—分磁环;
7—衔铁;
8—定铁芯;
9—线圈

图 2-1-25 干式电磁铁结构

图 2-1-26 所示为湿式电磁铁结构图。电磁阀推杆 1 上的密封圈被取消,换向阀端的压力油直接进入衔铁 4 与导磁导套缸 3 之间的空隙处,使衔铁在充分润滑的条件下工作,工作条件得到改善。油槽 a 的作用是使衔铁两端油室互相连通,又存在一定的阻尼,使衔铁运动更加平稳。线圈 2 安放在导磁导套缸 3 的外面不与液压油接触,其寿命大大提高。当然,湿式电磁铁存在造价高,换向频率受限等缺点。湿式电磁铁也各有直流和交流电磁铁之分。

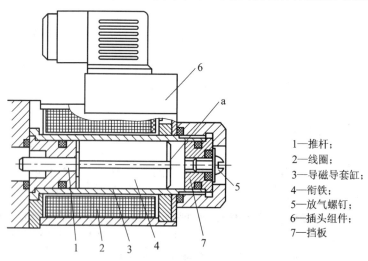

1—推杆;
2—线圈;
3—导磁导套缸;
4—衔铁;
5—放气螺钉;
6—插头组件;
7—挡板

图 2-1-26 湿式电磁铁结构图

② 二位二通电磁换向阀。图 2-1-27(a)为二位二通电磁换向阀结构图,由图可以看出,阀体上两个沉割槽分别与开在阀体上的油口相连(由箭头表示),阀体两腔由通道相连,当电磁铁未通电时,阀芯 2 被弹簧 3 压向左端位置,顶在挡板 5 的端面上,此时油口 P 与 A 不通;当电磁铁通电时,衔铁 8 向右吸合,推杆 7 推动阀芯向右移动,弹簧 3 压缩,油

口 P 与 A 接通。图 2-1-27(b)为二位二通电磁换向阀的职能符号。

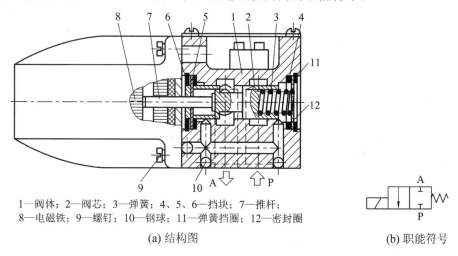

1—阀体；2—阀芯；3—弹簧；4、5、6—挡块；7—推杆；
8—电磁铁；9—螺钉；10—钢球；11—弹簧挡圈；12—密封圈

(a) 结构图　　　　　　　　　　(b) 职能符号

图 2-1-27　二位二通电磁换向阀

③ 三位四通电磁换向阀。图 2-1-28(a)为三位四通电磁换向阀结构图，阀芯 2 上有两个环槽，阀体上开有五个沉割槽，中间三个沉割槽分别与油口 P、A、B 相连（由箭头表示）两边两个沉割槽由内部通道相连后与油口 T 相通（由箭头表示）。当两端电磁铁 8、9 均不通电时，阀芯在两端弹簧 5 的作用下处于中间位置，油口 A、B、P、T 均不导通；当电磁铁 9 通电时，推杆推动阀芯 2 向左移动，油口 P 与 A 接通，B 与 T 接通；当电磁铁 8 通电时，推杆推动阀芯 2 向右移动，油口 P 与 B 接通，A 与 T 接通。图 2-1-28(b)为三位四通电磁换向阀的职能符号。

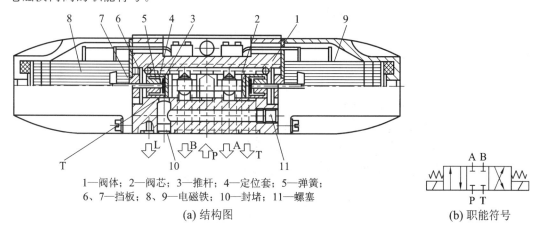

1—阀体；2—阀芯；3—推杆；4—定位套；5—弹簧；
6、7—挡板；8、9—电磁铁；10—封堵；11—螺塞

(a) 结构图　　　　　　　　　　(b) 职能符号

图 2-1-28　三位四通电磁换向阀

（4）液动换向阀。液动换向阀是利用液压系统中控制油路的压力油来推动阀芯移动实现油路的换向的。由于控制油路的压力可以调节，可以产生较大的推力。液动换向阀可以控制较大流量的回路。

图 2-1-29(a)为三位四通液动换向阀的结构图，阀芯 2 上开有两个环槽，阀体 1 孔内开有五个沉割槽。阀体的沉割槽分别与油口 P、A、B、T 相连（左右两沉割槽在阀体内有内部通道相连），阀芯两端有两个控制油口 K_1、K_2 分别与控制油路连通。当控制油口 K_1 与

K_2 均无压力油时，阀芯 2 处于中间位置，油口 P、A、B、T、互不相通，当控制油口 K_1 有压力油时，压力油推动阀芯 2 向右移动，使之处于右端位置，油口 P 与 A 连通，油口 B 与 T 连通；当控制油口 K_2 有压力油时，压力油推动阀芯 2 向左移动，使之处于左端位置，油口 P 与 B 连通，油口 A 与 T 连通。图 2-1-29(b)为三位四通液动换向阀的职能符号。

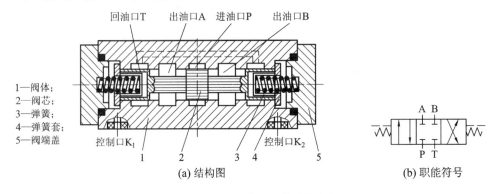

图 2-1-29　三位四通液动换向阀

（5）电液动换向阀。电液动换向阀简称电液换向阀，由电磁换向阀和液动换向阀组成。电磁换向阀为 Y 型中位机能的先导阀，用于控制液动换向阀换向；液动换向阀为 O 型中位机能的主换向阀，用于控制主油路换向。

电液换向阀集中了电磁换向阀和液动换向阀的优点，即可方便的换向，也可控制较大的液流流量。图 2-1-30(a)为三位四通电液换向阀结构原理图，图(b)为该阀的职能符号，图(c)为该阀的简化职能符号。

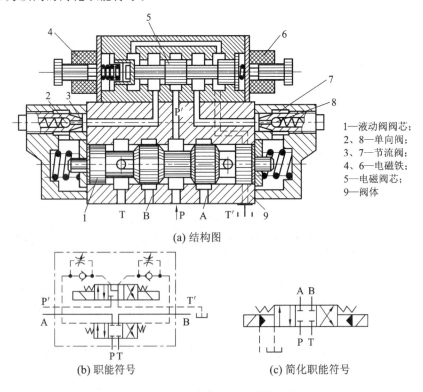

图 2-1-30　三位四通电液换向阀

电液换向阀的原理为：当电磁铁 4、6 均不通电时，电磁阀芯 5 处于中位，控制油进口 P′被关闭，主阀芯 1 两端均不通压力油，在弹簧作用下主阀芯处于中位，主油路 P、A、B、T 互不导通；当电磁铁 4 通电时，电磁阀芯 5 处于右位，控制油路 P′通过单向阀 2 到达液动阀芯 1 左腔；回油经节流阀 7、电磁阀芯 5 流回油箱 T′，此时主阀芯向右移动，主油路 P 与 A 导通，B 与 T 导通。同理，当电磁铁 6 通电、电磁铁 4 断电时，先导阀芯向左移，控制油压使主阀芯向左移动，主油路 P 与 B 导通，A 与 T 导通。

电液换向阀内的节流阀可以调节主阀芯的移动速度，从而使主油路的换向平稳性得到控制。有的电磁换向阀无此调节装置。

任务 2.1.4　换向回路分析

运动部件的换向一般可采用各种换向阀来实现。在容积调速的闭式回路中，也可以利用双向变量泵控制油流的方向来实现液压缸(或液压马达)的换向。

依靠重力或弹簧返回的单作用液压缸，可以采用二位三通换向阀进行换向。双作用液压缸的换向，一般都可采用二位四通(或五通)及三位四通(或五通)换向阀来进行换向，按不同用途还可选用各种不同的控制方式的换向回路。

电磁换向阀的换向回路应用最为广泛，尤其在自动化程度要求较高的组合机床液压系统中被普遍采用。对于流量较大和换向平稳性要求较高的场合，电磁换向阀的换向回路已不能适应上述要求，往往采用手动换向阀或机动换向阀作先导阀，而以液动换向阀为主阀的换向回路，或者采用电液动换向阀的换向回路。

图 2-1-31 所示为手动换向阀(先导阀)控制液动换向阀的换向回路。回路中用辅助泵 2 提供低压控制油，通过手动换向阀 3(三位四通转阀)来控制液动换向阀 4 的阀芯移动，实现主油路的换向，当手动换向阀 3 在右位时，控制油进入液动阀 4 的左端，右端的油液经转阀回油箱，使液动换向阀 4 左位接入工件，活塞下移。当手动换向阀 3 切换至左位时，即控制油使液动换向阀 4 换向，活塞向上退回。当手动换向阀 3 中位时，液动换向阀 4 两端的控制油通油箱，在弹簧力的作用下，其阀芯回复到中位、主泵 1 卸荷。这种换向回路，常用于大型压机上。

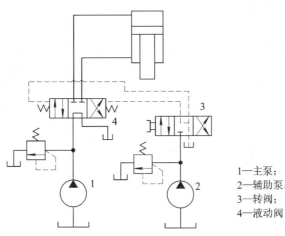

1—主泵；
2—辅助泵；
3—转阀；
4—液动阀

图 2-1-31　先导阀控制液动换向阀的换向回路

在液动换向阀的换向回路或电液动换向阀的换向回路中，控制油液除了用辅助泵供给外，在一般的系统中也可以把控制油路直接接入主油路。但是，当主阀采用 M 型或 H 型中位机能时，必须在回路中设置背压阀，保证控制油液有一定的压力，以控制换向阀阀芯的移动。

在机床夹具、油压机和起重机等不需要自动换向的场合，常常采用手动换向阀来进行换向。

❖ 思考题

1. 液压泵的压力如何分析？
2. 液压泵的参数如何计算？
3. 液压泵的种类有哪些？各有什么特点？
4. 液压泵的选择遵循哪些原则？
5. 方向控制阀种类有哪些？
6. 三位四通换向阀的滑阀机能有哪些？各有什么特点？
7. 液动换向阀和电液换向阀是如何工作的？
8. 液压回路如何实现换向？
9. 先导阀控制液动换向阀的换向回路如何工作？

模块 2.2 速度调节回路分析

任务 2.2.1 液压马达的结构分析及参数计算

1. 液压马达的结构

液压马达是把液体的压力能转换为机械能的装置，从原理上讲，液压泵可以作液压马达用，液压马达也可作液压泵用。但事实上，同类型的液压泵和液压马达虽然在结构上相似，但由于两者的工作情况不同，使得两者在结构上也有某些差异，例如：

（1）液压马达一般需要正反转，所以在内部结构上应具有对称性，而液压泵一般是单方向旋转的，没有这一要求。

（2）为了减小吸油阻力，减小径向力，一般液压泵的吸油口比出油口的尺寸大。而液压马达低压腔的压力稍高于大气压力，所以没有上述要求。

（3）液压马达要求能在很宽的转速范围内正常工作，因此，应采用液动轴承或静压轴承。因为当马达速度很低时，若采用动压轴承，就不易形成润滑滑膜。

（4）叶片泵依靠叶片跟转子一起高速旋转而产生的离心力使叶片始终贴紧定子的内表面，起封油作用，形成工作容积。若将其当马达用，必须在液压马达的叶片根部装上弹簧，以保证叶片始终贴紧定子内表面，以便马达能正常起动。

（5）液压泵在结构上需保证具有自吸能力，而液压马达就没有这一要求。

（6）液压马达必须具有较大的起动扭矩。所谓起动扭矩就是马达由静止状态起动时，马达轴上所能输出的扭矩，该扭矩通常大于在同一工作压差时处于运行状态下的扭矩，所以，为了使起动扭矩尽可能接近工作状态下的扭矩，要求马达扭矩的脉动小，内部摩擦小。

由于液压马达与液压泵具有上述不同的特点，使得很多类型的液压马达和液压泵不能互逆使用。

2. 液压马达的分类

液压马达按其额定转速分为高速和低速两大类，额定转速高于 500 r/min 的属于高速液压马达，额定转速低于 500 r/min 的属于低速液压马达。

高速液压马达的基本型式有齿轮式、螺杆式、叶片式和轴向柱塞式等。它们的主要特点是转速较高、转动惯量小，便于启动和制动，调速和换向的灵敏度高。通常高速液压马达的输出转矩不大(仅几十牛·米到几百牛·米)，所以又称为高速小转矩液压马达。

高速液压马达的基本型式是径向柱塞式，例如单作用曲轴连杆式、液压平衡式和多作用内曲线式等。此外在轴向柱塞式、叶片式和齿轮式中也有低速的结构型式。低速液压马达的主要特点是排量大、体积大、转速低(有时可达每分钟几转甚至零点几转)，因此可直接与工作机构连接，不需要减速装置，使传动机构大为简化，通常低速液压马达输出转矩较大(可达几千牛·米到几万牛·米)，所以又称为低速大转矩液压马达。

液压马达也可按其结构类型来分，可以分为齿轮式、叶片式、柱塞式和其他型式。

3. 液压马达的性能参数分析

液压马达的性能参数很多。下面是液压马达的主要性能参数：

1) 排量、流量和容积效率

习惯上将马达的轴每转一周，按几何尺寸计算所进入的液体容积，称为马达的排量 V，有时称之为几何排量、理论排量，即不考虑泄漏损失时的排量。

液压马达的排量表示出其工作容腔的大小，是一个重要的参数，因为液压马达在工作中输出的转矩大小是由负载转矩决定的。但是，推动同样大小的负载，工作容腔大的马达的压力要低于工作容腔小的马达的压力，所以说工作容腔的大小是液压马达工作能力的主要标志，也就是说，排量的大小是液压马达工作能力的重要标志。

根据液压动力元件的工作原理可知，马达转速 n、理论流量 q_i 与排量 V 之间具有下列关系：

$$q_i = nV \qquad\qquad (2-2-1)$$

式中：q_i 为理论流量($\mathrm{m^3/s}$)；n 为转速(r/min)；V 为排量($\mathrm{m^3/s}$)。

为了满足转速要求，马达实际输入流量 q 大于理论输入流量，则有：

$$q = q_i + \Delta q \qquad\qquad (2-2-2)$$

式中：Δq 为泄漏流量。

因液压马达的容积损失 η_V 为

$$\eta_V = \frac{q_i}{q} = \frac{1}{1 + \dfrac{\Delta q}{q_i}} \qquad\qquad (2-2-3)$$

所以得实际流量

$$q = \frac{q_i}{\eta_V} \qquad\qquad (2-2-4)$$

2) 液压马达输出的理论转矩

根据排量的大小，可以计算在给定压力下液压马达所能输出的转矩的大小，也可以计算在给定的负载转矩下马达的工作压力的大小。当液压马达进、出油口之间的压力差为 ΔP，输入液压马达的流量为 q，液压马达输出的理论转矩为 T_t，角速度为 ω，如果不计损

失，液压马达输入的液压功率应当全部转化为液压马达输出的机械功率，即

$$\Delta p q = T_t \omega \qquad (2-2-5)$$

又因为 $\omega = 2\pi n$，所以液压马达的理论转矩为

$$T_t = \frac{\Delta p V}{2\pi} \qquad (2-2-6)$$

式中：Δp 为马达进出口之间的压力差。

3）液压马达的机械效率

由于液压马达内部不可避免地存在各种摩擦，实际输出的转矩 T 总要比理论转矩 T_t 小些，即

$$T = T_t \eta_m \qquad (2-2-7)$$

式中：η_m 为液压马达的机械效率（%）。

4）液压马达的启动机械效率 η_{m0}

液压马达的启动机械效率是指液压马达由静止状态起动时，马达实际输出的转矩 T_0 与它在同一工作压差时的理论转矩 T_t 之比，即

$$\eta_{m0} = \frac{T_0}{T_t} \qquad (2-2-8)$$

液压马达的启动机械效率表示出其启动性能的指标。因为在同样的压力下，液压马达由静止到开始转动的启动状态的输出转矩要比运转中的转矩大，这给液压马达带载启动造成了困难，所以启动性能对液压马达是非常重要的，启动机械效率正好能反映其启动性能的高低。

启动转矩降低的原因，一方面是在静止状态下的摩擦因数最大，在摩擦表面出现相对滑动后摩擦因数明显减小，另一方面也是最主要的方面是因为液压马达静止状态润滑油膜被挤掉，基本上变成了干摩擦。一旦马达开始运动，随着润滑油膜的建立，摩擦阻力立即下降，并随滑动速度增大和油膜变厚而减小。实际工作中都希望启动性能好一些，即希望启动转矩和启动机械效率大一些。现将不同结构形式的液压马达的启动机械效率 η_{m0} 的数值列入表 2-2-1 中。

表 2 - 2 - 1　液压马达的启动机械效率

液压马达的结构形式		启动机械效率 η_{m0}/（%）
齿轮马达	旧结构	0.60～0.80
	新结构	0.85～0.88
叶片马达	高速小扭矩型	0.75～0.85
轴向柱塞马达	滑履式	0.80～0.90
	非滑履式	0.82～0.92
曲轴连杆马达	旧结构	0.80～0.85
	新结构	0.83～0.90
静压平衡马达	旧结构	0.80～0.85
	新结构	0.83～0.90
多作用内曲线马达	由横梁的滑动摩擦副传递切向力	0.90～0.94
	传递切向力的部位具有滚动副	0.95～0.98

由表 2-2-1 可知，多作用内曲线马达的启动性能最好，轴向柱塞马达、曲轴连杆马达和静压平衡马达居中，叶片马达较差，而齿轮马达最差。

5）液压马达的转速

液压马达的转速取决于供液的流量和液压马达本身的排量 V，可用下式计算：

$$n_t = \frac{q_i}{V} \tag{2-2-9}$$

式中：n_t 为理论转速（r/min）。

由于液压马达内部有泄漏，并不是所有进入马达的液体都推动液压马达做功，一小部分因泄漏损失掉了，所以液压马达的实际转速要比理论转速低一些，液压马达的实际转速为

$$n = n_t \cdot \eta_V \tag{2-2-10}$$

式中：n 为液压马达的实际转速（r/min）；η_V 为液压马达的容积效率（%）。

6）最低稳定转速

最低稳定转速是指液压马达在额定负载下，不出现爬行现象的最低转速。所谓爬行现象，就是当液压马达工作转速过低时，往往保持不了均匀的速度，进入时动时停的不稳定状态。

液压马达在低速时产生爬行现象的原因是：

（1）摩擦力的大小不稳定。通常的摩擦力是随速度增大而增加的，而对静止和低速区域工作的马达内部的摩擦阻力，当工作速度增大时非但不增加，反而减少，形成了所谓"负特性"的阻力。另一方面，液压马达和负载是由液压油被压缩后压力升高而被推动的，因此，可用图 2-2-1(a)所示的物理模型表示低速区域液压马达的工作过程：以匀速 v_0 推弹簧的一端（相当于高压下不可压缩的工作介质），使质量为 m 的物体（相当于马达和负载质量、转动惯量）克服"负特性"的摩擦阻力而运动。当物体静止或速度很低时阻力大，弹簧不断压缩，增加推力。只有等到弹簧压缩到其推力大于静摩擦力时才开始运动。一旦物体开始运动，阻力突然减小，物体突然加速跃动，其结果又使弹簧的压缩量减少，推力减小，物体依靠惯性前移一段路程后停止下来，直到弹簧的移动又使弹簧压缩，推力增加，物体就再一次跃动为止，形成如图 2-2-1(b)所示的时动时停的状态，对液压马达来说，这就是爬行现象。

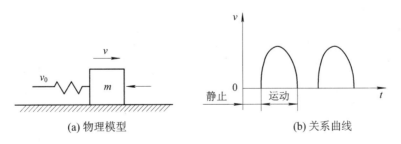

(a) 物理模型　　　　　　　　　　　　(b) 关系曲线

图 2-2-1　液压马达爬行的物理模型

（2）泄漏量大小不稳定。液压马达的泄漏量不是每个瞬间都相同，它也随转子转动的相位角度变化作周期性波动。由于低速时进入马达的流量小，泄漏所占的比重就增大，泄漏量的不稳定就会明显地影响到参与马达工作的流量数值，从而造成转速的波动。当马达在低速运转时，其转动部分及所带的负载表现出的惯性较小，上述影响比较明显，因而出

现爬行现象。

4. 液压马达的工作原理分析

常用的液压马达的结构与同类型的液压泵很相似，下面对叶片马达、轴向柱塞马达和摆动马达的工作原理作一介绍。

1）叶片马达

图 2-2-2 所示为叶片液压马达的工作原理图。当压力为 p 的油液从进油口进入叶片 1 和 3 之间时，叶片 2 因两面均受液压油的作用所以不产生转矩。叶片 1、3 上，一面作用有压力油，另一面为低压油。由于叶片 3 伸出的面积大于叶片 1 伸出的面积，因此作用于叶片 3 上的总液压力大于作用于叶片 1 上的总液压力，于是压力差使转子产生顺时针的转矩。同样道理，压力油进入叶片 5 和 7 之间时，叶片 7 伸出的面积大于叶片 5 伸出的面积，也产生顺时针转矩。这样，就

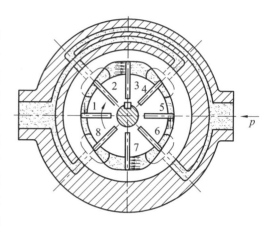

图 2-2-2　叶片马达的工作原理图

把油液的压力能转变成了机械能，这就是叶片马达的工作原理。当输油方向改变时，液压马达就反转。

当定子的长短径差值越大，转子的直径越大，以及输入的压力越高时，叶片马达输出的转矩也越大。

叶片马达的体积小，转动惯量小，因此动作灵敏，可适应的换向频率较高。但泄漏较大，不能在很低的转速下工作，因此，叶片马达一般用于转速高、转矩小和动作灵敏的场合。

2）轴向柱塞马达

轴向柱塞马达的结构形式基本上与轴向柱塞泵一样，故其种类与轴向柱塞泵相同，也分为直轴式轴向柱塞马达和斜轴式轴向柱塞马达两类。斜盘式轴向柱塞液压马达的工作原理图如图 2-2-3 所示。

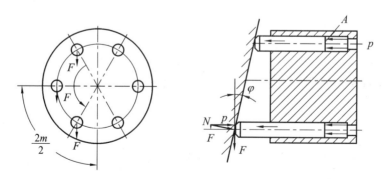

图 2-2-3　斜盘式轴向柱塞马达的工作原理图

当压力油进入液压马达的高压腔之后，工作柱塞便受到油压作用力为 pA（p 为油压力，A 为柱塞面积），通过滑靴压向斜盘，其反作用力 N 分解成两个分力，一个是沿柱塞轴

向的分力 p，与柱塞所受液压力平衡；另一分力 F，与柱塞轴线垂直向上，它与缸体中心线的距离为 r，这个力便产生驱动马达旋转的力矩。F 力的大小为

$$F = pA \tan\gamma \tag{2-2-11}$$

式中：γ 为斜盘的倾斜角度(°)。

这个 F 力使缸体产生扭矩的大小，取决于柱塞在压油区所处的位置。设有一柱塞与缸体的垂直中心线成 φ 角，则该柱塞使缸体产生的扭矩 T 为

$$T = Fr = FR \sin\varphi = pAR \tan\gamma \sin\varphi \tag{2-2-12}$$

式中：R 为柱塞在缸体中的分布圆半径(m)。

随着角度 φ 的变化，柱塞产生的扭矩也跟着变化。整个液压马达能产生的总扭矩，是所有处于压力油区的柱塞产生的扭矩之和，因此，总扭矩也是脉动的，当柱塞的数目较多且为单数时，脉动较小。

液压马达的实际输出的总扭矩可用下式计算：

$$T' = \eta_m \cdot \frac{\Delta p V}{2\pi} \tag{2-2-13}$$

式中：Δp 为液压马达进出口油液压力差(N/m^2)；V 为液压马达理论排量(m^3/s)；η_m 为液压马达机械效率。

从上式中可看出，当输入液压马达的油液压力一定时，液压马达的输出扭矩仅和每转排量有关。因此，提高液压马达的每转排量，可以增加液压马达的输出扭矩。

一般来说，轴向柱塞马达都是高速马达，输出扭矩小，因此，必须通过减速器来带动工作机构。如果我们能使液压马达的排量显著增大，也就可以使轴向柱塞马达做成低速大扭矩马达。

3）摆动液压马达

摆动液压马达的工作原理和职能符号如图 2-2-4 所示。

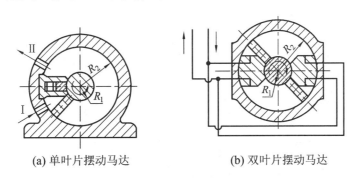

(a) 单叶片摆动马达　　　　　　　　(b) 双叶片摆动马达

图 2-2-4　摆动液压马达的工作原理图

在图 2-2-4(a) 中，若从油口 I 通入高压油，叶片 2 作逆时针摆动，低压力从油口 II 排出。因叶片与输出轴连在一起，带输出轴摆动同时输出转矩、克服负载。此类摆动马达的工作压力小于 10 MPa，摆动角度小于 280°。由于径向力不平衡，叶片和壳体、叶片和挡块之间密封困难，限制了其工作压力的进一步提高，从而也限制了输出转矩的进一步提高。

在图 2-2-4(b) 中，在径向尺寸和工作压力相同的条件下，输出转矩分别是单叶片式摆动马达输出转矩的二倍，但回转角度要相应减少，双叶片式摆动马达的回转角度一般小于 120°。

摆动液压马达的职能符号如图 2-2-5 所示。

图 2-2-5 摆动液压马达的职能符号

任务 2.2.2 液压缸结构分析及参数计算

液压缸又称为油缸，它是液压系统中的一种执行元件，其功能就是将液压能转变成直线往复式的机械运动。

1. 液压缸的类型和特点

1）活塞式液压缸

活塞式液压缸根据其使用要求不同可分为双杆式和单杆式两种。

（1）双杆式活塞缸。活塞两端都有一根直径相等的活塞杆伸出的液压缸称为双杆式活塞缸。它一般由缸体、缸盖、活塞、活塞杆和密封件等零件构成。根据安装方式不同可分为缸筒固定式和活塞杆固定式两种。

双杆式活塞缸如图 2-2-6 所示，其中图（a）为缸筒固定式，其双杆活塞缸的进、出口布置在缸筒两端，活塞通过活塞杆带动工作台移动，当活塞的有效行程为 l 时，整个工作台的运动范围为 $3l$，所以机床占地面积大，一般适用于小型机床。当工作台行程要求较长时，可采用图（b）所示的活塞杆固定，这时，缸体与工作台相连，活塞杆通过支架固定在机床上，动力由缸体传出。这种安装形式中，工作台的移动范围只等于液压缸有效行程 l 的两倍（$2l$），因此占地面积小。进出油口可以设置在固定不动的空心的活塞杆的两端，但必须使用软管连接。

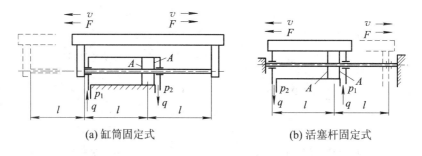

(a) 缸筒固定式　　　　　(b) 活塞杆固定式

图 2-2-6 双杆式活塞缸

由于双杆活塞缸两端的活塞杆直径通常是相等的，因此它左、右两腔的有效面积也相等，当分别向左、右腔输入相同压力和相同流量的油液时，液压缸左、右两个方向的推力和速度相等。当活塞的直径为 D，活塞杆的直径为 d，液压缸进、出油腔的压力为 p_1 和 p_2，输入流量为 q 时，双杆活塞缸的推力 F 和速度 v 为

$$F = A(p_1 - p_2) = \frac{\pi}{4}(D^2 - d^2)(p_1 - p_2) \tag{2-2-14}$$

$$v = \frac{q}{A} = \frac{4q}{\pi(D^2 - d^2)} \tag{2-2-15}$$

式中：A 为活塞的有效工作面积。

双杆活塞缸在工作时，设计成一个活塞杆是受拉的，而另一个活塞杆不受力，因此这种液压缸的活塞杆可以做得细些。

（2）单杆式活塞缸。如图 2-2-7 所示，活塞只有一端带活塞杆，单杆液压缸也有缸体固定和活塞杆固定两种形式，但它们的工作台移动范围都是活塞有效行程的两倍。

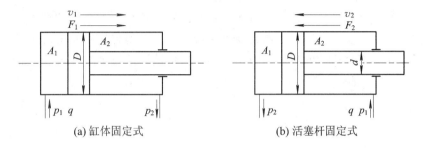

(a) 缸体固定式　　　　　　　　(b) 活塞杆固定式

图 2-2-7　单杆式活塞缸

由于液压缸两腔的有效工作面积不等，因此它在两个方向上的输出推力和速度也不等。

油液从无杆腔输入时，其活塞上产生的推力 F_1 和 v_1 为

$$F_1 = p_1 A_1 - p_2 A_2 = p_1 \frac{\pi}{4} D^2 - p_2 \frac{\pi}{4}(D^2 - d^2) \tag{2-2-16}$$

$$v_1 = \frac{q}{A_1} = \frac{4q}{\pi D^2} \tag{2-2-17}$$

油液从有杆腔输入时，其活塞上产生的推力 F_2 和 v_2 为

$$F_2 = p_1 A_2 - p_2 A_1 = p_1 \frac{\pi}{4}(D^2 - d^2) - p_2 \frac{\pi}{4} D^2 \tag{2-2-18}$$

$$v_2 = \frac{q}{A_2} = \frac{4q}{\pi(D^2 - d^2)} \tag{2-2-19}$$

由式（2-2-17）～式（2-2-19）可知，在单活塞杆液压缸结构形式下，因 $A_1 > A_2$，所以 $F_1 > F_2$，$v_1 < v_2$，同时还必须注意，其回油流量 q_2 与进油流量 q_1 也是不相等的。v_1 与 v_2 之比称为速比 ϕ，即

$$\phi = \frac{v_2}{v_1} = \frac{A_1}{A_2} = \frac{D^2}{D^2 - d^2} = \frac{1}{\left(1 - \dfrac{d}{D}\right)^2} \tag{2-2-20}$$

（3）差动油缸。单杆活塞缸在其左右两腔都接通高压油时称为差动连接，如图 2-2-8 所示。差动连接缸左右两腔的油液压力相同，但是由于左腔（无杆腔）的有效面积大于右腔（有杆腔）的有效面积，故活塞向右运动，同时使右腔中排出的油液（流量为 q'）也进入左腔，加大了流入左腔的流量（$q + q'$），从而也加快了活塞移动的速度。

实际上活塞在运动时，由于差动连接时两腔间的管路中有压力损失，所以右腔中油液的压力稍大

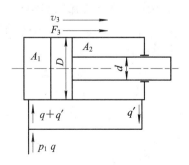

图 2-2-8　差动缸

于左腔油液压力，而这个差值一般都较小，可以忽略不计，则差动连接时活塞推力 F_3 为

$$F_3 = p(A_1 - A_2) = \frac{\pi}{4}\left[D^2 - (D^2 - d^2)\right] = \frac{\pi}{4}d^2 p \qquad (2-2-21)$$

运动速度 v_3 为

$$v_3 = \frac{q}{A_1 - A_2} = \frac{q}{A_3} = \frac{4q}{\pi d^2} \qquad (2-2-22)$$

由式(2-2-21)和式(2-2-22)可知，差动连接时液压缸的推力比非差动连接时小，速度比非差动连接时大，可使在不加大油源流量的情况下得到较快的运动速度，这种连接方式被广泛应用于组合机床的液压动力系统和其他机械设备的快速运动中。如果要求机床往返快速相等时，可得

$$\frac{4q}{\pi(D^2 - d^2)} = \frac{4q}{\pi d^2} \qquad (2-2-23)$$

即 $D = \sqrt{2}\,d$。

2) 柱塞缸

如图 2-2-9(a)所示为柱塞缸，它只能实现一个方向的液压传动，反向运动要靠外力。若需要实现双向运动，则必须成对使用。如图 2-2-9(b)所示，这种液压缸中的柱塞和缸筒不接触，运动时由缸盖上的导向套来导向，因此缸筒的内壁不需精加工，特别适用于行程较长的场合。

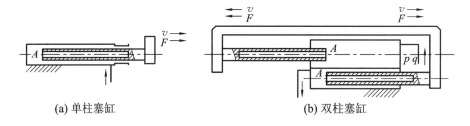

(a) 单柱塞缸　　　　　　　　　(b) 双柱塞缸

图 2-2-9　柱塞缸

柱塞缸输出的推力和速度各为

$$F = Ap = \frac{\pi}{4}d^2 p \qquad (2-2-24)$$

$$v = \frac{q}{A} = \frac{4q}{\pi d^2} \qquad (2-2-25)$$

2. 液压缸的典型结构和组成

图 2-2-10 所示的是一个较常用的双作用单活塞杆液压缸。它是由缸底 20、缸筒 10、缸盖兼导向套 9、活塞 11 和活塞杆 18 组成。缸筒一端与缸底焊接，另一端缸盖(导向套)与缸筒用卡键 6、套 5 和弹簧挡圈 4 固定，以便拆装检修，两端设有油口 A 和 B。活塞 11 与活塞杆 18 利用卡键 15、卡键帽 16 和弹簧挡圈 17 连在一起。活塞与缸孔的密封采用的是一对 Y 形聚氨酯密封圈 12，由于活塞与缸孔有一定间隙，采用由尼龙制成的耐磨环(又叫支承环)13 定心导向。杆 18 和活塞 11 的内孔用密封圈 14 密封。较长的导向套 9 则可保证活塞杆不偏离中心，导向套外径由 O 形圈 7 密封，而其内孔则由 Y 形密封圈 8 和防尘圈 3 分别防止油外漏和灰尘带入缸内。缸与杆端销孔与外界连接，销孔内有尼龙衬套抗磨。

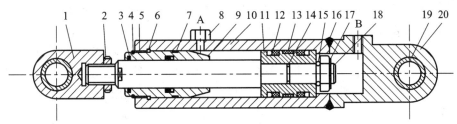

1—耳环；2—螺母；3—防尘圈；4、17—弹簧挡圈；5—套；6、15—卡键；
7、14—O形密封圈；8、12—Y形密封圈；9—缸盖兼导向套；10—缸筒；
11—活塞；13—耐磨环；16—卡键帽；18—活塞杆；19—衬套；20—缸底

图 2-2-10　双作用单活塞杆液压缸

如图 2-2-11 所示为一空心双活塞杆式液压缸的结构。液压缸的左右两腔是通过油口 b 和 d 经活塞杆 1 和 15 的中心孔与左右径向孔 a 和 c 相通的。由于活塞杆固定在床身上，缸体 10 固定在工作台上，工作台在径向孔 c 接通压力油，径向孔 a 接通回油时向右移动；反之则向左移动。缸盖 18 和 24 是通过螺钉（图中未画出）与压板 11 和 20 相连，并经钢丝环 12 相连，左缸盖 24 空套在托架 3 孔内，可以自由伸缩。空心活塞杆的一端用堵头 2 堵死，并通过锥销 9 和 22 与活塞 8 相连。缸筒相对于活塞运动由左右两个导向套 6 和 19 导向。活塞与缸筒之间、缸盖与活塞杆之间以及缸盖与缸筒之间分别用 O 形圈 7、V 形圈 4 和 17 和纸垫 13 和 23 进行密封，以防止油液的内、外泄漏。缸筒在接近行程的左右终端时，径向孔 a 和 c 的开口逐渐减小，对移动部件起制动缓冲作用。为了排除液压缸中剩余的空气，缸盖上设置有排气孔 5 和 14，经导向套环槽的侧面孔道（图中未画出）引出与排气阀相连。

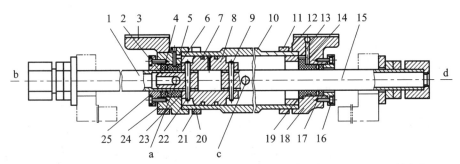

1—活塞杆；2—堵头；3—托架；4、17—V形密封圈；5、14—排气孔；6、19—导向套；
7—O形密封圈；8—活塞；9、22—锥销；10—缸体；11、20—压板；12、21—钢丝环；
13、23—纸垫；15—活塞杆；16、25—压盖；18、24—缸盖

图 2-2-11　空心双活塞杆式液压缸的结构

从上面所述的液压缸典型结构中可以看到，液压缸的结构基本上可以分为缸筒和缸盖、活塞和活塞杆、密封装置、缓冲装置和排气装置五个部分。

1）缸筒和缸盖

一般来说，缸筒和缸盖的结构形式和其使用的材料有关。工作压力 $p<10$ MPa 时，使用铸铁；$p<20$ MPa 时，使用无缝钢管；$p>20$ MPa 时，使用铸钢或锻钢。图 2-2-12 所示为缸筒和缸盖的常见结构形式。图 2-2-12(a)所示为法兰连接式，结构简单，容易加工，也容易装拆，但外形尺寸和重量都较大，常用于铸铁制的缸筒上。图 2-2-12(b)所示

为半环连接式，它的缸筒壁部因开了环形槽而削弱了强度，为此有时要加厚缸壁，它容易加工和装拆，重量较轻，常用于无缝钢管或锻钢制的缸筒上。图 2-2-12(c) 所示为螺纹连接式，它的缸筒端部结构复杂，外径加工时要求保证内外径同心，装拆要使用专用工具，它的外形尺寸和重量都较小，常用于无缝钢管或铸钢制的缸筒上。图 2-2-12(d) 所示为拉杆连接式，结构的通用性大，容易加工和装拆，但外形尺寸较大，且较重。图 2-2-12(e) 所示为焊接连接式，结构简单，尺寸小，但缸底处内径不易加工，且可能引起变形。

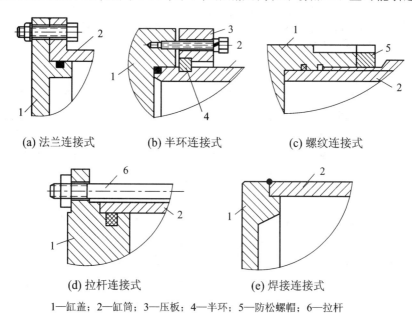

(a) 法兰连接式　　　　　(b) 半环连接式　　　　　(c) 螺纹连接式

(d) 拉杆连接式　　　　　　　(e) 焊接连接式

1—缸盖；2—缸筒；3—压板；4—半环；5—防松螺帽；6—拉杆

图 2-2-12　缸筒和缸盖结构

2）活塞与活塞杆

可以把短行程的液压缸的活塞杆与活塞做成一体，这是最简单的形式。但当行程较长时，这种整体式活塞组件的加工较费事，所以常把活塞与活塞杆分开制造，然后再连接成一体。

图 2-2-13 所示为几种常见的活塞与活塞杆的连接形式。图 2-2-13(a) 所示为活塞与活塞杆之间采用螺母连接，它适用负载较小，受力无冲击的液压缸中。螺纹连接虽然结构简单，安装方便可靠，但在活塞杆上车螺纹将削弱其强度。图 2-2-13(b) 和 (c) 所示为卡环式连接方式。图 2-2-13(b) 中活塞杆 5 上开有一个环形槽，槽内装有两个半圆环 3 以夹紧活塞 4，半环 3 由轴套 2 套住，而轴套 2 的轴向位置用弹簧卡圈 1 来固定。图 2-2-13(c) 中的活塞杆使用了两个半圆环 4，它们分别由两个密封圈座 2 套住，半圆形的活塞 3 安放在密封圈座的中间。图 2-2-13(d) 所示是一种径向销式连接结构，用锥销 1 把活塞 2 固连在活塞杆 3 上，这种连接方式特别适用于双出杆式活塞。

3）密封装置

液压缸中常见的密封装置如图 2-2-14 所示。图 2-2-14(a) 所示为间隙密封，它依靠运动间的微小间隙来防止泄漏。为了提高这种装置的密封能力，常在活塞的表面上制出几条细小的环形槽，以增大油液通过间隙时的阻力。它的结构简单，摩擦阻力小，可耐高

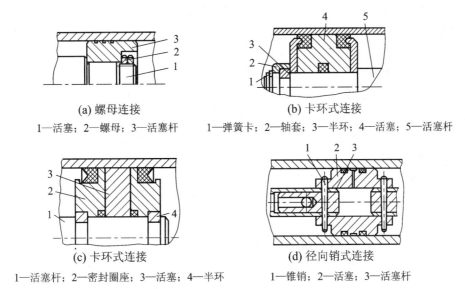

(a) 螺母连接

1—活塞；2—螺母；3—活塞杆

(b) 卡环式连接

1—弹簧卡；2—轴套；3—半环；4—活塞；5—活塞杆

(c) 卡环式连接

1—活塞杆；2—密封圈座；3—活塞；4—半环

(d) 径向销式连接

1—锥销；2—活塞；3—活塞杆

图 2 - 2 - 13　常见的活塞组件结构形式

温，但泄漏大，加工要求高，磨损后无法恢复原有能力，只有在尺寸较小、压力较低、相对运动速度较高的缸筒和活塞间使用。图 2 - 2 - 14(b)所示为摩擦环密封，它依靠套在活塞上的摩擦环(尼龙或其他高分子材料制成)在 O 形密封圈弹力作用下贴紧缸壁而防止泄漏。这种材料效果较好，摩擦阻力较小且稳定，可耐高温，磨损后有自动补偿能力，但加工要求高，装拆较不便，适用于缸筒和活塞之间的密封。图 2 - 2 - 14(c)、(d)所示为密封圈(O 形圈、V 形圈等)密封，它利用橡胶或塑料的弹性使各种截面的环形圈贴紧在静、动配合面之间来防止泄漏。它结构简单，制造方便，磨损后有自动补偿能力，性能可靠，在缸筒和活塞之间、缸盖和活塞杆之间、活塞和活塞杆之间、缸筒和缸盖之间都能使用。

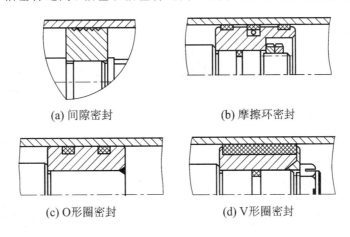

(a) 间隙密封

(b) 摩擦环密封

(c) O 形圈密封

(d) V 形圈密封

图 2 - 2 - 14　密封装置

对于活塞杆外伸部分来说，由于它很容易把脏物带入液压缸，使油液受污染，使密封件磨损，因此常需在活塞杆密封处增添防尘圈，并放在向着活塞杆外伸的一端。

4) 缓冲装置

液压缸一般都设置缓冲装置，特别是对大型、高速或要求高的液压缸，为了防止活塞在行程终点时和缸盖相互撞击，引起噪声、冲击，则必须设置缓冲装置。

缓冲装置的工作原理是利用活塞或缸筒在其走向行程终端时封住活塞和缸盖之间的部分油液，强迫它从小孔或细缝中挤出，以产生很大的阻力，使工作部件受到制动，逐渐减慢运动速度，达到避免活塞和缸盖相互撞击的目的。

如图 2-2-15(a)所示，当缓冲柱塞进入与其相配的缸盖上的内孔时，孔中的液压油只能通过间隙 δ 排出，使活塞速度降低。由于配合间隙不变，故随着活塞运动速度的降低，起缓冲作用。当缓冲柱塞进入配合孔之后，油腔中的油只能经节流阀 1 排出，如图 2-2-15(b)所示。由于节流阀是可调的，因此缓冲作用也可调节，但仍不能解决速度减低后缓冲作用减弱的缺点。如图 2-2-15(c)所示，在缓冲柱塞上开有三角槽，随着柱塞逐渐进入配合孔中，其节流面积越来越小，解决了在行程最后阶段缓冲作用过弱的问题。

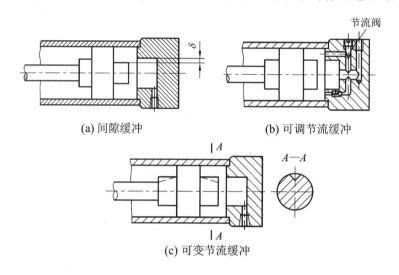

(a) 间隙缓冲　　　　　　　　(b) 可调节流缓冲

(c) 可变节流缓冲

图 2-2-15　液压缸的缓冲装置

5）放气装置

液压缸在安装过程中或长时间停放重新工作时，液压缸里和管道系统中会渗入空气，为了防止执行元件出现爬行、噪声和发热等不正常现象，需把缸中和系统中的空气排出。一般可在液压缸的最高处设置进出油口把气带走，也可在最高处设置如图 2-2-16(a)所示的放气孔或专门的放气阀（见图 2-2-16(b)、(c)）。

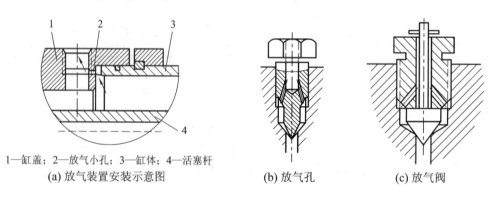

1—缸盖；2—放气小孔；3—缸体；4—活塞杆

(a) 放气装置安装示意图　　　(b) 放气孔　　　(c) 放气阀

图 2-2-16　放气装置

3. 液压缸的设计和计算

液压缸是液压传动的执行元件，它和主机工作机构有直接的联系，对于不同的机种和机构，液压缸具有不同的用途和工作要求。因此，在设计液压缸之前，必须对整个液压系统进行工况分析，编制负载图，选定系统的工作压力，然后根据使用要求选择结构类型，按负载情况、运动要求、最大行程等确定其主要工作尺寸，进行强度、稳定性和缓冲验算，最后再进行结构设计。

液压缸的设计内容和步骤：选择液压缸的类型和各部分结构形式；确定液压缸的工作参数和结构尺寸；结构强度、刚度的计算和校核；导向、密封、防尘、排气和缓冲等装置的设计；绘制装配图、零件图、编写设计说明书。

1）计算液压缸的结构尺寸

液压缸的结构尺寸主要有三个：缸筒内径 D、活塞杆外径 d 和缸筒长度 L。

（1）缸筒内径 D。液压缸的缸筒内径 D 是根据负载的大小来选定工作压力或往返运动速度比，求得液压缸的有效工作面积，从而得到缸筒内径 D，再从 GB2348—80 标准中选取最近的标准值作为所设计的缸筒内径。

以无杆腔作工作腔时，缸筒内径为

$$D = \sqrt{\frac{4F}{\pi p}} = 1.13\sqrt{\frac{F}{p}} \qquad (2-2-26)$$

以有杆腔作工作腔时，缸筒内径为

$$D = \sqrt{\frac{4F}{\pi p} + d^2} \qquad (2-2-27)$$

式中：p 为缸工作腔的工作压力，可根据机床类型或负载的大小来确定。

（2）活塞杆外径 d。活塞杆外径 d 通常先从满足速度或速度比的要求来选择，然后再校核其结构强度和稳定性。若速度比为 ϕ，则

$$d = D\sqrt{1 - \frac{1}{\phi}} \qquad (2-2-28)$$

也可根据活塞杆受力状况来确定活塞杆外径。

受拉力作用时，活塞杆外径为

$$d = (0.3 \sim 0.5)D$$

受压力作用时，活塞杆外径为

$$d = (0.5 \sim 0.55)D \ (p < 5 \text{ MPa 时})$$
$$d = (0.6 \sim 0.7)D \ (5 \text{ MPa} < p < 7 \text{ MPa 时})$$
$$d = 0.7D \ (p > 7 \text{ MPa 时})$$

（3）缸筒长度 L。缸筒长度 L 由最大工作行程长度加上各种结构需要来确定，即

$$L = l + B + A + M + C \qquad (2-2-29)$$

式中：l 为活塞的最大工作行程；B 为活塞宽度，一般为 $(0.6 \sim 1)D$；A 为活塞杆导向长度，取 $(0.6 \sim 1.5)D$；M 为活塞杆密封长度，由密封方式定；C 为其他长度。

一般缸筒的长度最好不超过内径的 20 倍。

（4）最小导向长度的确定。当活塞杆全部外伸时，从活塞支承面中点到导向套滑动面中点的距离称为最小导向长度 H（如图 2-2-17 所示）。如果导向长度过小，将使液压缸的

初始挠度(间隙引起的挠度)增大,影响液压缸的稳定性,因此设计时必须保证有一最小导向长度。

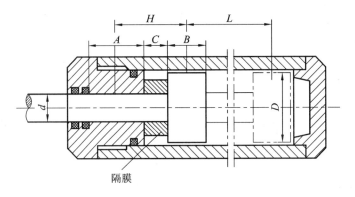

图 2 - 2 - 17 油缸的导向长度

对于一般的液压缸,其最小导向长度应满足下式:

$$H \geqslant \frac{L}{20} + \frac{D}{2} \qquad (2-2-30)$$

式中:L 为液压缸最大工作行程(m);D 为缸筒内径(m)。

为保证最小导向长度,过分增大 A 和 B 都是不适宜的,最好在导向套与活塞之间装一隔套 K,隔套宽度 C 由所需的最小导向长度决定,即

$$C = H - \frac{A+B}{2} \qquad (2-2-31)$$

采用隔套不仅能保证最小导向长度,还可以改善导向套及活塞的通用性。

2) 强度校核

对液压缸的缸筒壁厚 δ、活塞杆直径 d 和缸盖固定螺栓的直径,在高压系统中必须进行强度校核。

(1) 缸筒壁厚校核。缸筒壁厚校核时分薄壁和厚壁两种情况。

当 $D/\delta \geqslant 10$ 时为薄壁,壁厚按下式进行校核:

$$\delta \geqslant \frac{p_t D}{2[\sigma]} \qquad (2-2-32)$$

当 $D/\sigma < 10$ 时为厚壁,壁厚按下式进行校核:

$$\delta \geqslant \frac{D}{2}\left(\sqrt{\frac{[\sigma]+0.4 p_t}{[\sigma]-1.3 p_t}}-1\right) \qquad (2-2-33)$$

式中:D 为缸筒内径;p_t 为缸筒试验压力,当缸的额定压力 $p_n \leqslant 16$ MPa 时,取 $p_t = 1.5 p_n$,p_n 为缸生产时的试验压力;当 $p_n > 16$ MPa 时,取 $p_v = 1.25 p_n$;$[\sigma]$ 为缸筒材料的许用应力,$[\sigma] = \sigma_b/n$,σ_b 为材料的抗拉强度,n 为安全系数,一般取 $n=5$。

在使用式(2-2-31)和式(2-2-32)进行校核时,若液压缸缸筒与缸盖采用半环连接,δ 应取缸筒壁厚最小处的值。

(2) 活塞杆直径校核。活塞杆的直径 d 按下式进行校核:

$$d \geqslant \sqrt{\frac{4F}{\pi[\sigma]}} \qquad (2-2-34)$$

式中：F 为活塞杆上的作用力；$[\sigma]$ 为活塞杆材料的许用应力，$[\sigma]=\sigma_b/1.4$。

（3）液压缸盖固定螺栓直径校核。液压缸盖固定螺栓直径按下式计算：

$$d \geqslant \sqrt{\frac{5.2kF}{\pi Z[\sigma]}} \qquad\qquad (2-2-35)$$

式中：F 为液压缸负载；Z 为固定螺栓个数；K 为螺纹拧紧系数，$k=1.12\sim1.5$；$[\sigma]$ 为活塞杆材料的许用应力，$[\sigma]=\sigma_s/(1.2\sim2.5)$，$\sigma_s$ 为材料的屈服极限。

3）液压缸稳定性校核

活塞杆受轴向压缩负载时，其直径 d 一般不小于长度 L 的 $1/15$。当 $L/d \geqslant 15$ 时，须进行稳定性校核，应使活塞杆承受的力 F 不能超过使它保持稳定工作所允许的临界负载 F_k，以免发生纵向弯曲，破坏液压缸的正常工作。F_k 的值与活塞杆材料性质、截面形状、直径和长度以及缸的安装方式等因素有关，验算可按材料力学有关公式进行。

4）液压缸设计中应注意的问题

液压缸的设计和使用正确与否，直接影响到它的性能和易否发生故障。在这方面，经常碰到的是液压缸安装不当、活塞杆承受偏载、液压缸或活塞下垂以及活塞杆的压杆失稳等问题，所以在设计液压缸时，必须注意以下几点：

（1）尽量使液压缸的活塞杆在受拉状态下承受最大负载，或在受压状态下具有良好的稳定性。

（2）考虑液压缸行程终了处的制动问题和液压缸的排气问题。缸内如无缓冲装置和排气装置，系统中需有相应的措施，但是并非所有的液压缸都要考虑这些问题。

（3）正确确定液压缸的安装、固定方式。如承受弯曲的活塞杆不能用螺纹连接，要用止口连接。液压缸不能在两端用键或销定位。只能在一端定位，为的是不致阻碍它在受热时的膨胀。如冲击载荷使活塞杆压缩。定位件须设置在活塞杆端，如为拉伸则设置在缸盖端。

（4）液压缸各部分的结构需根据推荐的结构形式和设计标准进行设计，尽可能做到结构简单、紧凑，加工、装配和维修方便。

（5）在保证能满足运动行程和负载力的条件下，应尽可能地缩小液压缸的轮廓尺寸。

（6）要保证密封可靠，防尘良好。液压缸可靠的密封是其正常工作的重要因素。如泄漏严重，不仅降低液压缸的工作效率，甚至会使其不能正常工作（如满足不了负载力和运动速度要求等）。良好的防尘措施，有助于提高液压缸的工作寿命。

总之，液压缸的设计内容不是一成不变的，根据具体的情况有些设计内容可不做或少做，也可增大一些新的内容。设计步骤可能要经过多次反复修改，才能得到正确、合理的设计结果。在设计液压缸时，正确选择液压缸的类型是所有设计计算的前提。在选择液压缸的类型时，要从机器设备的动作特点、行程长短、运动性能等要求出发，同时还要考虑到主机的结构特征给液压缸提供的安装空间和具体位置。如机器的往复直线运动直接采用液压缸来实现是最简单又方便的。对于要求往返运动速度一致的场合，可采用双活塞杆式液压缸；若有快速返回的要求，则宜用单活塞杆式液压缸，并可考虑用差动连接。行程较长时，可采用柱塞缸，以减少加工的困难；行程较长但负载不大时，也可考虑采用一些传动装置来扩大行程。往复摆动运动既可用摆动式液压缸，也可用直线式液压缸加连杆机构或齿轮——齿条机构来实现。

任务 2.2.3　流量控制阀

液压系统中执行元件运动速度的大小，由输入执行元件的油液流量的大小来确定。流量控制阀就是依靠改变阀口通流面积(节流口局部阻力)的大小或通流通道的长短来控制流量的液压阀类。常用的流量控制阀有普通节流阀、压力补偿和温度补偿调速阀、溢流节流阀和分流集流阀等。

1. 流量控制原理及节流口形式

1) 流量特性

节流阀节流口通常有三种基本形式：薄壁小孔、细长小孔和厚壁小孔。无论节流口采用何种形式，通过节流口的流量 q 及其前后压力差 Δp 的关系为

$$q = KA\Delta p^m \qquad\qquad (2-2-36)$$

式中：K 为由小孔形状和液体性质决定的系数；m 为由长度决定的指数，薄壁孔 $m=0.5$；细长孔 $m=1$。

三种节流口的流量特性曲线如图 2-2-18 所示，由图可知：

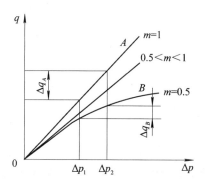

(1) 压差对流量的影响。节流阀两端压差 Δp 变化时，通过它的流量要发生变化，三种结构形式的节流口中，通过薄壁小孔的流量受到压差改变的影响最小。

(2) 温度对流量的影响。油温影响到油液黏度，对于细长小孔，油温变化时，流量也会随之改变，对于薄壁小孔黏度对流量几乎没有影响，故油温变化时，流量基本不变。

(3) 节流口的堵塞。节流阀的节流口可能因油液中

图 2-2-18　节流阀特性曲线

的杂质或由于油液氧化后析出的胶质、沥青等而局部堵塞，这就改变了原来节流口通流面积的大小，使流量发生变化，尤其是当开口较小时，这一影响更为突出，严重时会完全堵塞而出现断流现象。因此节流口的抗堵塞性能也是影响流量稳定性的重要因素，尤其会影响流量阀的最小稳定流量。一般节流口通流面积越大，节流通道越短和水力直径越大，越不容易堵塞，当然油液的清洁度也对堵塞产生影响。一般流量控制阀的最小稳定流量为0.05 L/min。

综上所述，为保证流量稳定，节流口的形式以薄壁小孔较为理想。图 2-2-19(a)所示的节流口，其通道长，湿周大，易堵塞，流量受油温影响较大，一般用于对性能要求不高的场合。图 2-2-19(b)所示的节流口其性能与针阀式节流口相同，但容易制造，其缺点是阀芯上的径向力不平衡，旋转阀芯时较费力，一般用于压力较低、流量较大和流量稳定性要求不高的场合。图 2-2-19(c)所示的节流口，其结构简单，水力直径中等，可得到较小的稳定流量，且调节范围较大，但节流通道有一定的长度，油温变化对流量有一定的影响，目前被广泛应用。图 2-2-19(d)所示的节流口，其沿阀芯周向开有一条宽度不等的狭槽，转动阀芯就可改变开口大小。阀口做成薄刃形，通道短，水力直径大，不易堵塞，油温变化对流量影响小，因此其性能接近于薄壁小孔，适用于低压小流量场合。图 2-2-19(e)所示的节流口，在阀孔的衬套上加工出图示薄壁阀口，阀芯做轴向移动即可改变开口大小，其性能与图 2-2-19(d)所示节流口相似。为保证流量稳定，节流口的形式以薄壁小孔较为

理想。

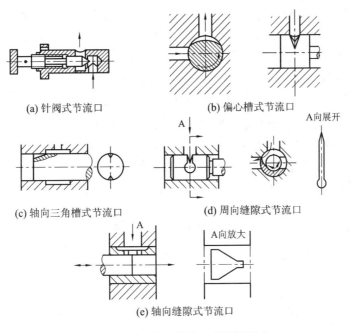

(a) 针阀式节流口　　　　　(b) 偏心槽式节流口　　A向展开

(c) 轴向三角槽式节流口　　　(d) 周向缝隙式节流口

A向放大

(e) 轴向缝隙式节流口

图 2 - 2 - 19　典型节流口的结构形式

2）液压传动系统对流量控制阀的要求

（1）较大的流量调节范围，且流量调节要均匀。

（2）当阀前、后压力差发生变化时，通过阀的流量变化要小，以保证负载运动的稳定。

（3）油温变化对通过阀的流量影响要小。

（4）液流通过全开阀时的压力损失要小。

（5）当阀口关闭时，阀的泄漏量要小。

2．普通节流阀

图 2 - 2 - 20 所示为一种普通节流阀的结构和职能符号。这种节流阀的节流通道呈轴向三角槽式。压力油从进油口 P_1 流入孔道 a 和阀芯左端的三角槽进入孔道 b，再从出油口 P_2 流出。调节手柄，可通过推杆使阀芯做轴向移动，以改变节流口的通流截面积来调节流量。阀芯在弹簧的作用下始终贴紧在推杆上，这种节流阀的进出油口可互换。

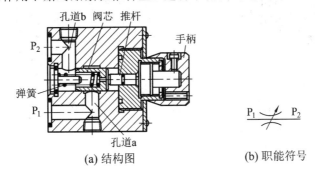

(a) 结构图　　　　　　　　(b) 职能符号

图 2 - 2 - 20　普通节流阀的结构和职能符号

普通节流阀由于刚性差，在节流开口一定的条件下通过它的工作流量受工作负载（亦即其出口压力）变化的影响，不能保持执行元件运动速度的稳定，因此只适用于工作负载变化不大和速度稳定性要求不高的场合。

3. 调速阀和温度补偿调速阀

由于工作负载的变化很难避免，为了改善调速系统的性能，通常是对节流阀进行补偿，即采取措施使节流阀前后压力差在负载变化时始终保持不变。由 $q = KA\Delta p^m$ 可知，当 Δp 基本不变时，通过节流阀的流量只由其开口量大小来决定，使 Δp 基本保持不变的方式有两种：一种是将定压差式减压阀与节流阀并联起来构成调速阀；另一种是将稳压溢流阀与节流阀并联起来构成溢流节流阀。这两种阀是利用流量的变化所引起的油路压力的变化，通过阀芯的负反馈动作来自动调节节流部分的压力差，使其保持不变。

1）调速阀

调速阀是在节流阀前面串接一个定差减压阀组合而成。图 2-2-21(a) 为其工作原理图。液压泵的出口（即调速阀的进口）压力 p_1 由溢流阀调整基本不变，而调速阀的出口压力 p_3 则由液压缸负载 F 决定。油液先经减压阀产生一次压力降，将压力降到 p_2，p_2 经通道 e、f 作用到减压阀的 d 腔和 c 腔；节流阀的出口压力 p_3 又经反馈通道 a 作用到减压阀的上腔 b，当减压阀的阀芯在弹簧力 F_s、油液压力 p_2 和 p_3 作用下处于某一平衡位置时（忽略摩擦力和液动力等），则有：

$$p_2 A_1 + p_2 A_2 = p_3 A + F_s \qquad (2-2-37)$$

式中：A、A_1 和 A_2 为 b 腔、c 腔和 d 腔内压力油作用于阀芯的有效面积，且 $A = A_1 + A_2$。

$$p_2 - p_3 = \Delta p = \frac{F_s}{A} \qquad (2-2-38)$$

因为弹簧刚度较低，且工作过程中减压阀阀芯位移很小，可以认为 F_s 基本保持不变。故节流阀两端压力差也基本保持不变，这就保证了通过节流阀的流量稳定。

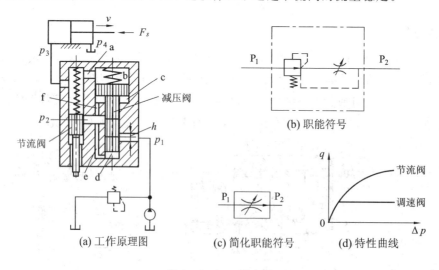

(a) 工作原理图　　　(c) 简化职能符号　　　(d) 特性曲线

图 2-2-21　调速阀

2）温度补偿调速阀

普通调速阀的流量虽然已能基本上不受外部负载变化的影响，但是当流量较小时，节流口的通流面积较小，这时节流口的长度与通流截面水力直径的比值相对地增大，因而油液的黏度变化对流量的影响也增大，所以当油温升高后油的黏度变小时，流量仍会增大，为了减小温度对流量的影响，可以采用温度补偿调速阀。

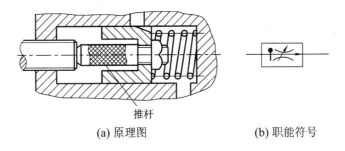

(a) 原理图　　　　　　(b) 职能符号

图 2-2-22　温度补偿原理和职能符号

温度补偿调速阀的压力补偿原理部分与普通调速阀相同，据 $q = KA\Delta p^m$ 可知，当 Δp 不变时，由于黏度下降，K 值（$m \neq 0.5$ 的孔口）上升，此时只有适当减小节流阀的开口面积，方能保证 q 不变。如图 2-2-22 所示，在节流阀阀芯和调节螺钉之间放置一个温度膨胀系数较大的聚氯乙烯推杆，当油温升高时，本来流量增加，这时温度补偿杆伸长使节流口变小，从而补偿了油温对流量的影响。在 20～60℃ 的温度范围内，流量的变化率超过 10%，最小稳定流量可达 20 mL/min（3.3×10^{-7} m³/s）。

4. 溢流节流阀（旁通型调速阀）

溢流节流阀也是一种压力补偿型节流阀，图 2-2-23 所示为其工作原理图及职能符号。

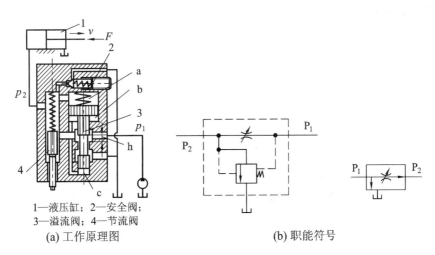

1—液压缸；2—安全阀；
3—溢流阀；4—节流阀；

(a) 工作原理图　　　　　　　　(b) 职能符号

图 2-2-23　溢流节流阀

从液压泵输出的油液一部分从节流阀 4 进入液压缸左腔推动活塞向右运动，另一部分经溢流阀的溢流口流回油箱，溢流阀阀芯 3 的上端 a 腔同节流阀 4 上腔相通，其压力为 p_2；腔 b 和下端腔 c 同溢流阀阀芯 3 前的油液相通，其压力即为泵的压力 p_1，当液压缸活塞上的负载力 F 增大时，压力 p_2 升高，a 腔的压力也升高，使阀芯 3 下移，关小溢流口，这样就使液压泵的供油压力 p_1 增加，从而使节流阀 4 的前、后压力差（$p_1 - p_2$）基本保持不变。这种溢流阀一般附带一个安全阀 2，以避免系统过载。

溢流节流阀是通过 p_1 随 p_2 的变化来使流量基本上保持恒定的，它与调速阀虽都具有压力补偿的作用，但其组成调速系统时是有区别的，调速阀无论在执行元件的进油路上或回油路上，执行元件上负载变化时，泵出口处压力都由溢流阀保持不变，而溢流节流阀是通过 p_1 随 p_2（负载的压力）的变化来使流量基本上保持恒定的。因而溢流节流阀具有功率损耗低，发热量小的优点。但是，溢流节流阀中流过的流量比调速阀大（一般是系统的全部流量），阀芯运动时阻力较大，弹簧较硬，其结果使节流阀前后压差 Δp 加大（需达 $0.3 \sim 0.5$ MPa），因此它的稳定性稍差。

任务 2.2.4 调速回路分析

从液压马达的工作原理可知，液压马达的转速 n_M 由输入流量和液压马达的排量 V_m 决定，即 $n_M = q/V_m$，液压缸的运动速度 v 由输入流量和液压缸的有效作用面积 A 决定，即 $v = q/A$。

通过上面的关系可以知道，调节液压马达的转速 n_M 或液压缸的运动速度 v，可通过改变输入流量 q、改变液压马达的排量 V_m 和改变缸的有效作用面积 A 等方法来实现。由于液压缸的有效面积 A 是定值，只有改变流量 q 的大小来调速，而改变输入流量 q，可以通过采用流量阀或变量泵来实现，改变液压马达的排量 V_m，可通过采用变量液压马达来实现，因此，调速回路主要有三种方式——节流调速回路、容积调速回路、容积节流调速回路。

1. 节流调速回路

节流调速回路是通过调节流量阀的通流截面积大小来改变进行执行机构的流量，从而实现运动速度的调节。

按流量阀在回路中的位置可分为进油节流调速回路、回油节流调速回路、旁路节流调速回路。

1）进油节流调速回路

进油调速回路是将节流阀装在执行机构的进油路上，其调速原理如图 2-2-24 所示。

（1）回路参数的计算。因为是定量泵供油，流量恒定，溢流阀调定压力为 p_t，泵的供油压力 p_0，进入液压缸的流量 q_1 由节流阀的调节开口面积 a 确定，压力作用在活塞 A_1 上，克服负载 F，推动活塞以速度 $v = q_1/A_1$ 向右运动。

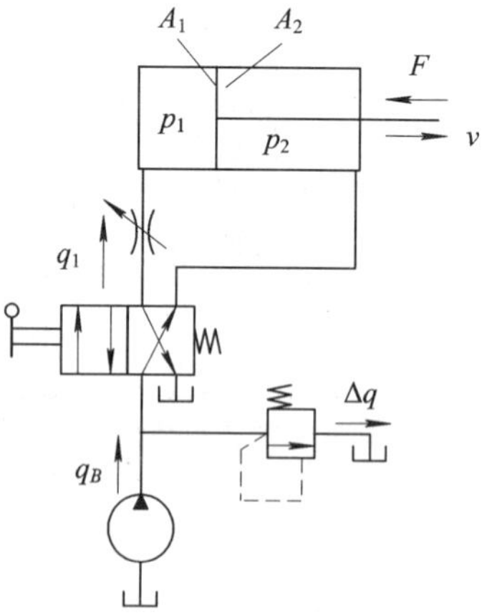

活塞受力平衡方程：

$$p_1 A_1 = F + p_2 A_2 \qquad (2-2-39)$$

进入油缸的流量为

$$\Delta p = p_B - \frac{F}{A_1} \qquad (2-2-40)$$

图 2-2-24 节流元件的调速回路

$$v = \frac{q_1}{A_1} = \frac{KA}{A_1}\left(p_B - \frac{F}{A_1}\right)^m \qquad (2-2-41)$$

进油节流调速回路的速度—负载特性方程为

$$v = \frac{q_1}{A_1} = \frac{KA}{A_1}\left(p_B - \frac{F}{A_1}\right)^m \qquad (2-2-42)$$

式中：K 为与节流口形式、液流状态、油液性质等有关的节流阀的系数；A 为节流口的通流面积；m 为节流阀口指数。

(2) 进油节流调速回路的优点。液压缸回油腔和回油管中压力较低，当采用单杆活塞杆液压缸，使油液进入无杆腔中，其有效工作面积较大，可以得到较大的推力和较低的运动速度，这种回路多用于要求冲击小、负载变动小的液压系统中。

2) 回油节流调速回路

回油节流调速回路将节流阀安装在液压缸的回油路上，其调速回路的原理如图 2-2-25 所示。

(1) 回路参数的计算。因为是定量泵供油，流量恒定，溢流阀调定压力为 p_t，泵的供油压力 p_0，进入液压缸的流量 q_1，液压缸输出的流量 q_2，q_2 由节流阀的调节开口面积 a 确定，压力 p_1 作用在活塞 A_1 上，压力 p_2 作用在活塞 A_2 上，推动活塞以速度 $v = q_1/A_1$ 向右运动，克服负载 F 做功。

活塞受力平衡方程为

$$p_1 A_1 = F + p_2 A_2 \qquad (2-2-43)$$

$$p_2 = \frac{p_1 A_1 - F}{A_2} \qquad (2-2-44)$$

液压泵输出的流量为

$$q_2 = KA\left(\frac{p_1 A_1 - F}{A_2}\right)^m \qquad (2-2-45)$$

回油节流调速回路的速度—负载特性方程为

$$v = \frac{q_2}{A_2} = \frac{KA}{A_2}\left(\frac{p_1 A_1 - F}{A_2}\right)^m \qquad (2-2-46)$$

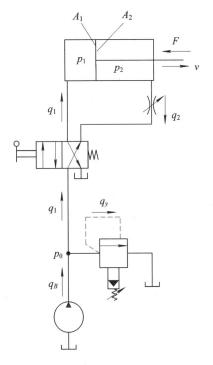

图 2-2-25　回油节调速回路

式中：K 为与节流口形式、液流状态、油液性质等有关的节流阀的系数；A 为节流口的通流面积；m 为节流阀口指数。

(2) 回油节流调速回路的优点。节流阀在回油路上可以产生背压，相对进油调速而言，运动比较平稳，常用于负载变化较大，要求运动平稳的液压系统中。而且在 a 一定时，速度 v 随负载 F 增加而减小。

3) 旁路节流调速回路

这种回路由定量泵、安全阀、液压缸和节流阀组成，节流阀安装在与液压缸并联的旁油路上，其调速回路原理如图 2-2-26 所示。

定油泵输出的流量 q_B，一部分 (q_1) 进入液压缸，另一部分 (q_2) 通过节流阀流回油箱。溢流阀在这里起安全作用，回路正常工作时，溢流阀不打开，当供油压力超过正常工作压力时，溢流阀才打开，以防过载。溢流阀的调节压力应大于回路正常工作压力，在这种回路中，缸的进油压力 p_1 等于泵的供油压力 p_B，溢流阀的调节压力一般为缸克服最大负载

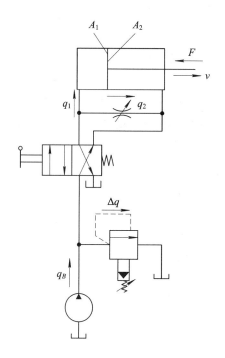

图 2 - 2 - 26　旁路节流调速回路

所需的工作压力的 1.1 倍～1.3 倍。

4）采用调速阀的节流调速回路

前面介绍的三种基本回路，其速度的稳定性均随负载的变化而变化，对于一些负载变化较大，对速度稳定性要求较高的液压系统，可采用调速阀来改善其速度—负载特性。

采用调速阀也可按其安装位置不同，分为进油节流、回油节流、旁路节流三种基本调速回路。

采用调速阀的节流调速回路的低速稳定性、回路刚度、调速范围等，要比采用节流阀的节流调速回路都好，所以它在机床液压系统中获得广泛的应用。

2. 容积调速回路

容积调速回路是通过改变回路中液压泵或液压马达的排量来实现调速的。其主要优点是功率损失小（没有溢流损失和节流损失）且其工作压力随负载变化，所以效率高、油的温度低，适用于高速、大功率系统。

按油路循环方式不同，容积调速回路有开式回路和闭式回路两种。开式回路中泵从油箱吸油，执行机构的回油直接回到油箱，油箱容积大，油液能得到较充分冷却，但空气和脏物易进入回路。闭式回路中，液压泵将油输出进入执行机构的进油腔，又从执行机构的回油腔吸油。其回路结构紧凑，只需很小的补油箱，但冷却条件差。为了补偿工作中油液的泄漏，一般设补油泵，补油泵的流量为主泵流量的 $10\%～15\%$，压力调节为 $3\times10^5～10\times10^5$ Pa。

容积调速回路通常有三种基本形式：变量泵和定量液动机的容积调速回路；定量泵和变量马达的容积调速回路；变量泵和变量马达的容积调速回路。

1) 变量泵和定量液动机的容积调速回路

这种调速回路可由变量泵与液压缸或变量泵与定量液压马达组成。图 2-2-27(a)为变量泵与液压缸所组成的开式容积调速回路，活塞 5 的运动速度 v 由变量泵 1 调节，2 为安全阀，4 为换向阀，6 为背压阀。图 2-2-27(b)所示为变量泵与定量液压马达组成的闭式容积调速回路，采用变量泵 3 来调节液压马达 5 的转速，安全阀 4 用以防止过载，低压辅助泵 1 用以补油，其补油压力由低压溢流阀 6 来调节。

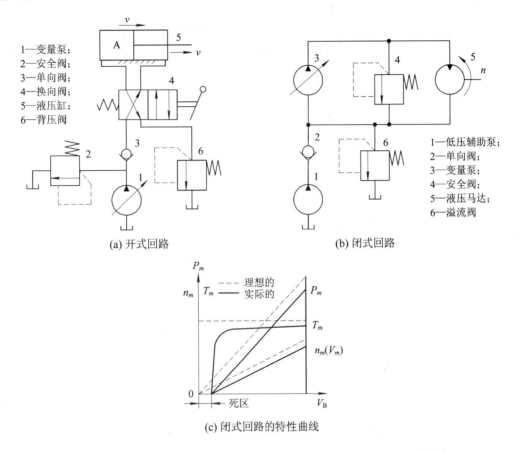

1—变量泵；
2—安全阀；
3—单向阀；
4—换向阀；
5—液压缸；
6—背压阀

1—低压辅助泵；
2—单向阀；
3—变量泵；
4—安全阀；
5—液压马达；
6—溢流阀

(a) 开式回路   (b) 闭式回路

(c) 闭式回路的特性曲线

图 2-2-27 变量泵定量液动机容积调速回路及闭式回路的特性曲线

(1) 当不考虑回路的容积效率时，执行机构的速度 n_m（或 V_m）与变量泵的排量 V_B 的关系为

$$n_m = \frac{n_B V_B}{V_m} \qquad (2-2-47)$$

上式表明：因马达的排量 V_m 和缸的有效工作面积 A 是不变的，当变量泵的转速 n_B 不变，则马达的转速 n_m（或活塞的运动速度）与变量泵的排量成正比。

闭式回路的特性曲线是一条通过坐标原点的直线，如图 2-2-27(c)中虚线所示。实际上回路的泄漏是不可避免的，在一定负载下，需要一定流量才能启动和带动负载。所以其实际的 n_m（或 V_m）与 V_B 的关系如实线所示。这种回路在低速下承载能力差，速度不稳定。

(2) 当不考虑回路的损失时，液压马达的输出转矩 T_m（或缸的输出推力 F）为 $T_m = V_m \Delta p / 2\pi$ 或 $F = A(p_B - p_0)$。它表明当泵的输出压力 p_B 和吸油路（也即马达或缸的排油）

压力 p_0 不变，马达的输出转矩 T_m 或缸的输出推力 F 理论上是恒定的，与变量泵的 V_B 无关。但实际上由于泄漏和机械摩擦等的影响，也存在一个"死区"，如图 2-2-27(c) 所示。

（3）此回路中执行机构的输出功率为

$$P_m = (p_B - p_0)q_B = (p_B - p_0)n_B V_B \qquad (2-2-48)$$

由此可见，马达或缸的输出功率 P_m 随变量泵的排量 V_B 的增减而线性地增减。

这种回路的调速范围主要决定于变量泵的变量范围，其次是受回路的泄漏和负载的影响。采用变量叶片泵可达 10，变量柱塞泵可达 20。

综上所述，变量泵和定量液动机所组成的容积调速回路为恒转矩输出，可正反向实现无级调速，调速范围较大。适用于调速范围较大，要求恒扭矩输出的场合，如大型机床的主运动或进给系统中。

2）定量泵和变量马达容积调速回路

定量泵与变量马达容积调速回路如图 2-2-28 所示。

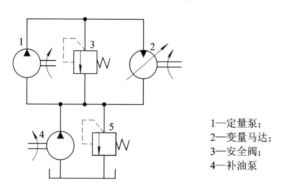

1—定量泵；
2—变量马达；
3—安全阀；
4—补油泵

图 2-2-28　定量泵变量马达容积调速回路

此回路是由调节变量马达的排量 V_m 来实现调速。

（1）速度特性。在不考虑回路泄漏时，液压马达的转速 n_m 为

$$n_m = \frac{q_B}{V_m} \qquad (2-2-49)$$

式中：q_B 为定量泵的输出流量。可见变量马达的转速 n_m 与其排量 V_m 成正比，当排量 V_m 最小时，马达的转速 n_m 最高。

由上述分析和调速特性可知：此种用调节变量马达的排量的调速回路，如果用变量马达来换向，在换向的瞬间要经过"高转速—零转速—反向高转速"的突变过程，所以，不宜用变量马达来实现平稳换向。

（2）转矩与功率特性。液压马达的输出转矩为

$$T_m = \frac{V_m(p_B - p_0)}{2\pi} \qquad (2-2-50)$$

液压马达的输出功率为

$$P_m = n_m T_m = q_B(p_B - p_0) \qquad (2-2-51)$$

上式表明：马达的输出转矩 T_m 与其排量 V_m 成正比；而马达的输出功率 P_m 与其排量 V_m 无关，若进油压力 p_E 与回油压力 p_0 不变时，$P_m = C$，故此种回路属恒功率调速。

综上所述，定量泵变量马达容积调速回路，由于不能用改变马达的排量来实现平稳换

向，调速范围比较小(一般为 3~4)，因而较少单独应用。

3) 变量泵和变量马达的容积调速回路

图 2-2-29(a)所示为用变量泵与变量马达组成的调速回路。图中 1 为双向变量泵，它既可以改变流量大小，又可以改变供油方向，用以实现马达的调速和换向。图中 2 为双向变量马达。由于液压泵和液压马达的排量都可改变，因此回路的调速范围扩大(速比可达 100)。辅助泵 4 和溢流阀 5 组成补油油路，单向阀 6 和 7 起双向补油作用。而单向阀 8 和 9 则使安全阀 3 能在两个方向上起过载保护作用。

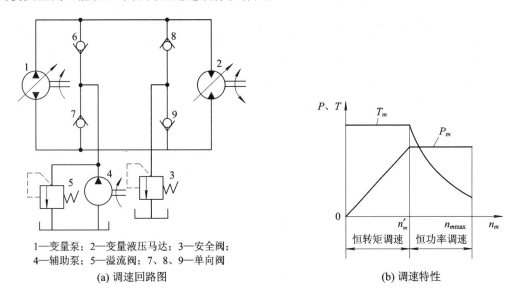

1—变量泵；2—变量液压马达；3—安全阀；
4—辅助泵；5—溢流阀；7、8、9—单向阀

(a) 调速回路图　　　　　　　　　　　　(b) 调速特性

图 2-2-29　变量泵变量马达容积调速回路及调速特性

这种调速回路实际是上述两种容积调速回路的组合。在调速过程中一般分成两个调速阶段。

第一阶段，在低速段先用改变变量泵的排量来调速，这时应首先将马达的排量固定在最大值，然后调节变量泵的排量使其从小到大逐渐增加。此时液压马达的转速也随之从低到高逐渐增加，直到泵的排量达到最大值为止。在这个调速过程中，液压马达的最大输出转矩不变，而输出功率逐渐增加，所以这一阶段属于恒转矩调速。

第二阶段，在高速段利用改变变量马达的排量来调速。这时应先使泵的排量固定在最大值，然后再调节变量马达的排量，使其从最大值逐渐减小到最小值。此时马达的转速继续升高，直到马达容许的最高转速为止。在这个过程中，液压马达的最大输出转矩由大变小，而输出功率却保持不变。所以这一阶段属于恒功率调速。

图 2-2-29(b)为其调速特性。这种调速方法可以满足多数设备中，在低速运转时，要求输出大转矩；高速运转时，又要求输出恒功率，且工作效率要求较高的场合。因此广泛应用在各种行走机械，机床的主运动等大功率机械上。

采用这种调速方式就可使马达的换向平稳，且第一阶段为恒转矩调速，第二阶段为恒功率调速。这种容积调速回路的调速范围是变量泵调节范围和变量马达调节范围之乘积，所以其调速范围大(可达 100)，并且有较高的效率。它适用于大功率的场合，如矿山机械、

起重机械以及大型机床的主运动液压系统。

3. 容积节流调速回路

容积节流调速回路的基本工作原理是采用压力补偿式变量泵供油、调速阀（或节流阀）调节进入液压缸的流量并使泵的输出流量自动地与液压缸所需流量相适应。

常用的容积节流调速回路有：限压式变量泵与调速阀等组成的容积节流调速回路、变压式变量泵与节流阀等组成的容积调速回路。

图 2-2-30 所示为限压式变量泵与调速阀组成的调速回路。在图示位置，活塞 4 快速向右运动，泵 1 按快速运动要求调节其输出流量 q_{max}，同时调节限压式变量泵的压力调节螺钉，使泵的限定压力 p_C 大于快速运动所需压力。当换向阀 3 通电，泵输出的压力油经调速阀 2 进入缸 4，其回油经背压阀 5 回油箱。调节调速阀 2 的流量 q_1 就可调节活塞的运动速度 v，由于 $q_1 < q_B$，压力油迫使泵的出口与调速阀进口之间的油压憋高，即泵的供油压力升高，泵的流量便自动减小到 $q_B \approx q_1$ 为止。

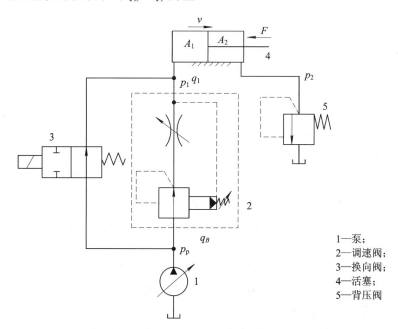

图 2-2-30 限压式变量泵调速阀容积节流调速回路

当不考虑回路中泵和管路的泄漏损失时，回路的效率为

$$\eta_C = \frac{p_1 - p_2 \dfrac{A_2}{A_1}}{p_B} \qquad (2-2-52)$$

上式表明：泵的输油压力 p_B 调得低一些，回路效率就可高一些，但为了保证调速阀的正常工作压差，泵的压力应比负载压力 p_1 至少大 5×10^5 Pa。当此回路用于"死档铁停留"、压力继电器发出信号实现快退时，泵的压力还应调高些，以保证压力继电器可靠发出信号。此外，当 p_C 不变时，负载越小，p_1 便越小，回路效率越低。

综上所述：限压式变量泵与调速阀等组成的容积节流调速回路，具有效率较高、调速较稳定、结构较简单等优点。目前已广泛应用于负载变化不大的中、小功率组合机床的液压系统中。

4. 调速回路的比较和选用

1）调速回路的比较

节流、容积、容积节流三种调速回路的比较见表 2-2-2。

表 2-2-2　调速回路的比较

主要性能 回路类型		节流调速回路				容积调速回路	容积节流调速回路	
		用节流阀		用调速阀			限压式	稳流式
		进回油	旁路	进回油	旁路			
机械特性	速度稳定性	较差	差	好		较好	好	
	承载能力	较好	较差	好		较好	好	
调速范围		较大	小	较大		大	较大	
功率特性	效率	低	较高	低	较高	最高	较高	高
	发热	大	较小	大	较小	最小	较小	小
适用范围		小功率，轻载的中、低压系统				大功率，重载高速的中、高压系统	中、小功率的中压系统	

2）调速回路的选用

调速回路的选用主要考虑以下问题：

（1）执行机构的负载性质、运动速度、速度稳定性等要求。负载小，且工作中负载变化也小的系统可采用节流阀节流调速；在工作中负载变化较大且要求低速稳定性好的系统，宜采用调速阀的节流调速或容积节流调速；负载大、运动速度高、油的温升要求小的系统，宜采用容积调速回路。一般来说，功率在 3 kW 以下的液压系统宜采用节流调速；3～5 kW 范围宜采用容积节流调速；功率在 5 kW 以上的宜采用容积调速回路。

（2）工作环境要求。处于温度较高的环境下工作，且要求整个液压装置体积小、重量轻的情况，宜采用闭式回路的容积调速。

（3）经济性要求。节流调速回路的成本低，功率损失大，效率也低；容积调速回路因变量泵、变量马达的结构较复杂，所以价格高，但其效率高、功率损失小；而容积节流调速则介于两者之间。

❖ **思考题**

1. 液压马达的种类有哪些？

2. 液压马达的参数有哪些，如何计算？

3. 如果要求机床工作台往复运动速度相同时，应采用什么类型的液压缸？

4. 当机床工作台的行程较长时，采用什么类型液压缸合适？如何实现工作台的往复运动？

5. 何谓差动液压缸？应用在什么场合？

6. 流量控制阀有哪几种，分别如何工作？

7. 流量控制阀在液压系统中的作用是什么？

8. 常见的速度控制回路有哪几种？

9. 变量泵—变量马达容积调速回路应按怎样的调速方法进行调速？为什么？其调速特点如何？

10. 容积节流调速回路的原理是什么，应用在什么场合？

模块 2.3　基本压力控制回路分析

任务 2.3.1　压力控制阀

在液压传动系统中，控制油液压力高低的液压阀称之为压力控制阀，简称压力阀。这类阀的共同点是利用作用在阀芯上的液压力和弹簧力相平衡的原理工作的。

在具体的液压系统中，根据工作需要的不同，对压力控制的要求是各不相同的。有的需要限制液压系统的最高压力，如安全阀；有的需要稳定液压系统中某处的压力值（或者压力差，压力比等），如溢流阀、减压阀等定压阀；还有的是利用液压力作为信号控制其动作，如顺序阀、压力继电器等。

1. 溢流阀

溢流阀的主要作用是对液压系统定压或进行安全保护。几乎在所有的液压系统中都需要用到它，其性能好坏对整个液压系统的正常工作有很大影响。

1）溢流阀的结构和工作原理

常用的溢流阀按其结构形式和基本动作方式可归结为直动式和先导式两种。

（1）直动式溢流阀。

直动式溢流阀是依靠系统中的压力油直接作用在阀芯上与弹簧力等相平衡，以控制阀芯的启闭动作，图 2-3-1(a)所示是一种低压直动式溢流阀，P 是进油口，T 是回油口，进口压力油经阀芯 3 中间的阻尼孔作用在阀芯的底部端面上，当进油压力较小时，阀芯在弹簧 2 的作用下处于下端位置，将 P 和 T 两油口隔开。当油压力升高，在阀芯下端所产生的作用力超过弹簧的压紧力 F。此时，阀芯上升，阀口被打开，将多余的油液排回油箱。阀芯上的阻尼孔用来对阀芯的动作产生阻尼，以提高阀的工作平衡性。调整螺帽 1 可以改变弹簧的压紧力，这样也就调整了溢流阀进口处的油液压力 p。

溢流阀是利用被控压力作为信号来改变弹簧的压缩量，从而改变阀口的通流面积和系统的溢流量来达到定压目的的。当系统压力升高时，阀芯上升，阀口通流面积增加，溢流量增大，进而使系统压力下降。溢流阀内部通过阀芯的平衡和运动构成的这种负反馈作用是其定压作用的基本原理，也是所有定压阀的基本工作原理。弹簧力的大小与控制压力成正比，因此如果提高被控压力，一方面可用减小阀芯的面积来达到，另一方面则需增大弹簧力，因受结构限制，需采用大刚度的弹簧。这样，在阀芯相同位移的情况下，弹簧力变化较大，因而该阀的定压精度就低。所以，这种低压直动式溢流阀一般用于压力小于 2.5 MPa 的小流量场合。由图还可看出，在常位状态下，溢流阀进、出油口之间是不相通的，而且作用在阀芯上的液压力是由进口油液压力产生的，经溢流阀芯的泄漏油液经内泄漏通道进入回油口 T。图 2-3-1(b)所示为直动式溢流阀的职能符号。

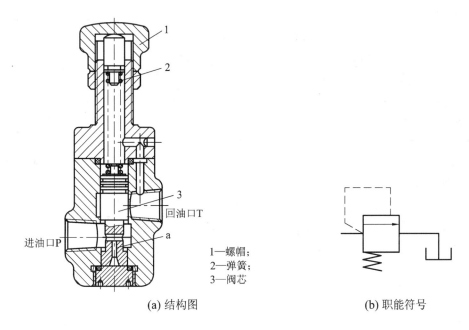

1—螺帽；
2—弹簧；
3—阀芯

(a) 结构图　　　　　　　　(b) 职能符号

图 2-3-1　直动式溢流阀

直动式溢流阀采取适当的措施也可用于高压大流量。例如，德国 Rexroth 公司开发的通径为 6~20 mm 的压力为 40~63 MPa；通径为 25~30 mm 的压力为 31.5 MPa 的直动式溢流阀，最大流量可达到 330 L/min，其中较为典型的是锥阀式结构。图 2-3-2 为锥阀式结构的局部放大图，在锥阀的下部有一阻尼活塞 3，活塞的侧面铣扁，以便将压力油引到活塞底部，该活塞除了能增加运动阻尼以提高阀的工作稳定性外，还可以使锥阀导向而在开启后不会倾斜。此外，锥阀上部有一个偏流盘 1，盘上的环形槽用来改变液流方向，一方面以补偿锥阀 2 的液动力；另一方面由于液流方向的改变，产生一个与弹簧力相反方向的射流力，当通过溢流阀的流量增加时，虽然因锥阀阀口增大引起弹簧力增加，但由于与弹簧力方向相反的射流力同时增加，结果抵消了弹簧力的增量，有利于提高阀的通流流量和工作压力。

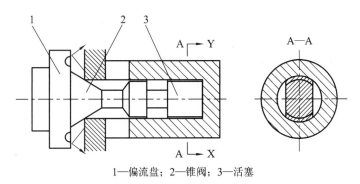

1—偏流盘；2—锥阀；3—活塞

图 2-3-2　直动式锥型溢流阀

(2) 先导式溢流阀。

图 2-3-3(a) 为先导式溢流阀的结构。图 2-3-3(b) 为先导式溢流阀工作原理图。压

力油经 P 口进入，并经孔 g 进入阀芯下腔；同时经阻尼孔 e 进入阀芯上腔；而主阀芯上腔压力由直动式锥形溢流阀来调整并控制。当系统压力低于调定值时，锥阀关闭，经孔 e 的油液不流动，孔 e 前后压力相同，因主阀芯上下端有效作用面积相同，所以主阀芯在弹簧 4 作用下使阀口关闭，不溢流。当系统压力达到调定值时，锥阀打开，且保持 p_1 不变。经孔 e 的油液因流动产生压降，当主阀芯上下腔压差作用力大于弹簧 4 的作用力 F_{s2} 时，主阀芯抬起，实现溢流定压。由于主阀芯开度是靠上下面压差形成的液压力与弹簧力相互作用来调节，所以弹簧 4 的刚度很小。这样在阀口开度随溢流量发生变化时，压力的波动很小。锥阀 3 打开后，油液经孔 h 和回油口 d 回油箱。调节调压手柄 1 可以调节溢流阀的控制压力。在先导式溢流阀的主阀芯上腔另外开有一通口 K 与外界相通，不用时可用螺塞堵住。这时主阀芯上腔的油液压力只能由自身的先导阀 3 来控制。但当用一油管将远控口 k 与其他压力控制阀相连时，主阀芯上腔的油压就可以由设在别处的另一个压力阀控制，而不受自身的先导阀调控，从而实现溢流阀的远程控制。此时，远控阀的调整压力要低于自身先导阀的调整压力。图 2-3-3(c) 为职能符号。

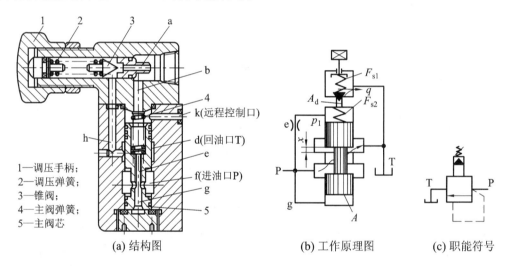

1—调压手柄；
2—调压弹簧；
3—锥阀；
4—主阀弹簧；
5—主阀芯

(a) 结构图　　　　　(b) 工作原理图　　　　(c) 职能符号

图 2-3-3　先导式溢流阀的结构图、工作原理图及职能符号

2）溢流阀的作用

在液压系统中维持定压是溢流阀的主要用途。它常用于节流调速系统中，与流量控制阀配合使用，调节进入系统的流量，并保持系统的压力基本恒定。如图 2-3-4(a) 所示，溢流阀 2 并联于系统中，进入液压缸 4 的流量由节流阀 3 调节。由于定量泵 1 的流量大于液压缸 4 所需的流量，油压升高，将溢流阀 2 打开，多余的油液经溢流阀 2 流回油箱。因此，泵在这里的功用就是在不断的溢流过程中保持系统压力基本不变。

用于过载保护的溢流阀一般称为安全阀。如图 2-3-4(b) 所示的变量泵调速系统。在正常工作时，安全阀 2 关闭，不溢流，只有在系统发生故障，压力升至安全阀的调整值时，阀口才打开，使变量泵排出的油液经溢流阀 2 流回油箱，以保证液压系统的安全。

液压系统对溢流阀的性能要求：

（1）定压精度高。当流过溢流阀的流量发生变化时，系统中的压力变化要小，即静态压力超调要小。

（2）灵敏度要高。如图 2-3-4(a)所示，当液压缸 4 突然停止运动时，溢流阀 2 要迅速开大。否则，定量泵 1 输出的油液将因不能及时排出而使系统压力突然升高，并超过溢流阀的调定压力，称动态压力超调。该压力使系统中各元件及辅助受力增加，影响其寿命。溢流阀的灵敏度越高，则动态压力超调越小。

（3）工作要平稳，且无振动和噪声。

（4）当阀关闭时，密封要好，泄漏要小。

对于经常开启的溢流阀，主要要求前三项性能；而对于安全阀，则主要要求第二和第四两项性能。其实，溢流阀和安全阀都是同一结构的阀，只不过是在不同要求时有不同的作用而已。

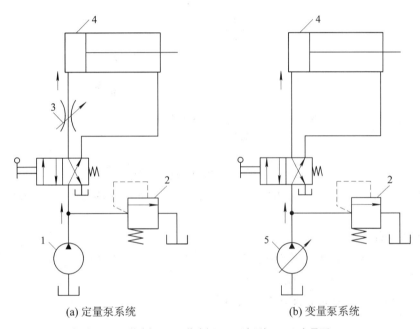

(a) 定量泵系统　　　　　　　　　　　　(b) 变量泵系统

1—定量泵；2—溢流阀；3—节流阀；4—液压缸；5—变量泵

图 2-3-4　溢流阀的作用

3）溢流阀的性能

溢流阀的性能包括溢流阀的静态性能和动态性能。

（1）静态性能。

① 压力调节范围。压力调节范围是指调压弹簧在规定的范围内调节时，系统压力能平稳地上升或下降，且压力无突跳及迟滞现象时的最大和最小调定压力。溢流阀的最大允许流量为其额定流量，在额定流量下工作时，溢流阀应无噪声。溢流阀的最小稳定流量取决于它的压力平稳性要求，一般规定为额定流量的 15%。

② 启闭特性。启闭特性是指溢流阀在稳态情况下从开启到闭合的过程中，被控压力与通过溢流阀的溢流量之间的关系。它是衡量溢流阀定压精度的一个重要指标，一般用溢流阀处于额定流量、调定压力 p_s 时，开始溢流的开启压力 p_k 及停止溢流的闭合压力 p_b 分别与 p_s 的百分比来衡量，前者称为开启比 $\overline{p}_k$，后者称为闭合比 $\overline{p}_b$，即

$$\overline{\Delta p_k} = \frac{p_k}{p_s} \times 100\% \tag{2-3-1}$$

$$\overline{\Delta p_b} = \frac{p_b}{p_b} \times 100\% \tag{2-3-2}$$

式中：p_s 可以是溢流阀调压范围内的任何一个值，显然上述两个百分比越大，则两者越接近，溢流阀的启闭特性就越好，一般应使 $\overline{\Delta p_k} \geqslant 90\%$，$\overline{\Delta p_b} \geqslant 85\%$，直动式和先导式溢流阀的启闭特性曲线如图 2-3-5 所示。

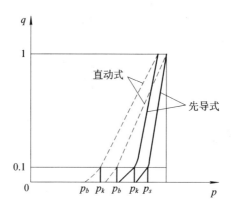

图 2-3-5　溢流阀的启闭特性曲线

③ 卸荷压力。当溢流阀的远程控制口 K 与油箱相连时，额定流量下的压力损失称为卸荷压力。

（2）动态性能。

当溢流阀在溢流量发生由零至额定流量的阶跃变化时，它的进口压力，也就是它所控制的系统压力，如图 2-3-6 所示的那样迅速升高并超过额定压力的调定值，然后逐步衰减到最终稳定压力，从而完成其动态过渡过程。

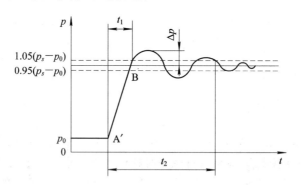

图 2-3-6　流量阶跃变化时溢流阀的进口压力响应特性曲线

最高瞬时压力峰值与额定压力调定值 p_s 的差值为压力超调量 Δp，则压力超调率 $\overline{\Delta p}$ 为

$$\overline{\Delta p} = \frac{\Delta p}{p_s} \times 100\% \tag{2-3-3}$$

Δp 是衡量溢流阀动态定压误差的一个性能指标。一个性能良好的溢流阀，其 $\overline{\Delta p} \leqslant 10\% \sim 30\%$。图 2-3-6 中所示 t_1 称之为响应时间；t_2 称之为过渡过程时间。显然，t_1 越小，溢流

阀的响应越快；t_2 越小，溢流阀的动态过渡过程时间越短。

2. 减压阀

减压阀的作用是降低液压系统中某一部分的压力，并使其保持稳定值。减压阀也分直动式和先导式两种。一般常用先导式减压阀，如图 2-3-7 所示，高压油 p_1 进入 d 腔，经阀口 h 变为 p_2 从 f 腔引出，接减压油路。p_2 同时经孔进入阀芯下腔，经阻尼孔 e 进入阀芯上腔，并通过孔 b、a 作用于先导锥阀 1。当出口 h 压力低于调定值时，锥阀关闭、主阀芯上下腔油压相等，弹簧 3 使主阀芯处于最下端，阀口全开，不起减压作用。当阀的出口压力达到调整的压力值时，锥阀打开。经阻尼孔 e 的油液流动，产生压降，并经孔 b、a 和泄油口，单独回油箱。当主阀芯上下腔的压差作用力大于弹簧 3 的作用力 F_{s2} 时，阀芯上移，阀口关小，控制出口压力为调定值。这时如负载变化，造成出口 f 压力升高，则主阀芯上、下腔压差增大，使主阀芯上移，阀口开度减小，液阻增大，致使出口压力下降。反之，则使出口压力回升。这样就能够通过自动调节阀口 h 开度，来保持出口压力稳定在调定值 L。由于进出油口均接压力油，所以泄油口要单独接油箱。调节先导阀弹簧压紧力 F_{s1} 就可以调节减压阀控制压力。通过远控口 k 来控制主阀芯上腔压力，可以多级减压。图 2-3-7 (c) 为减压阀的职能符号，注意与溢流阀区别。

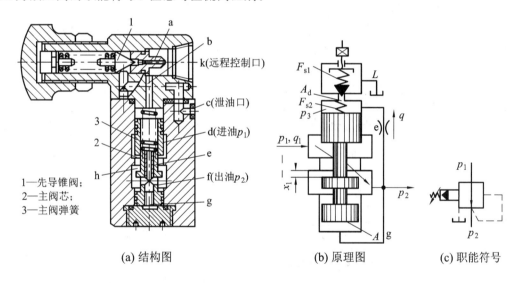

1—先导锥阀；
2—主阀芯；
3—主阀弹簧

　　(a) 结构图　　　　　　　　(b) 原理图　　　　　(c) 职能符号

图 2-3-7　先导式减压阀结构、原理及职能符号

3. 顺序阀

顺序阀是用来控制液压系统中各执行元件动作的先后顺序。依控制压力的不同，顺序阀又可分为内控式和外控式两种。前者用阀的进口压力控制阀芯的启闭，后者用外来的控制压力油控制阀芯的启闭（即液控顺序阀）。顺序阀也有直动式和先导式两种，前者一般用于低压系统，后者用于中高压系统。

图 2-3-8 所示为直动式内控顺序阀的工作原理图和职能符号。当进油口压力 p_1 较低时，阀芯在弹簧作用下处下端位置，进油口和出油口不相通。当作用在阀芯下端的油液的液压力大于弹簧的预紧力时，阀芯向上移动，阀口打开，油液便经阀口从出油口流出，从而操纵另一执行元件或其他元件动作。

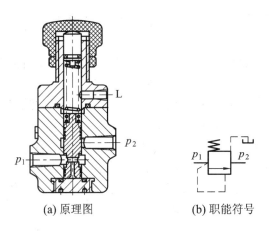

(a) 原理图　　　　　　(b) 职能符号

图 2-3-8　直动式内控顺序阀的工作原理和职能符号

由图可见，顺序阀和溢流阀的结构基本相似，不同的只是顺序阀的出油口通向系统的另一压力油路，而溢流阀的出油口通油箱。此外，由于顺序阀的进、出油口均为压力油，所以它的泄油口 L 必须单独外接油箱。

直动式外控顺序阀的工作原理图和职能符号如图 2-3-9 所示，和上述顺序阀的差别仅仅在于其下部有一控制油口 K，阀芯的启闭是利用通入控制油口 K 的外部控制油来控制。

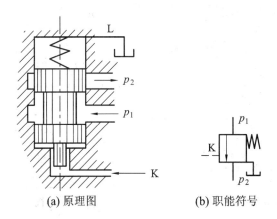

(a) 原理图　　　　　　(b) 职能符号

图 2-3-9　直动式外控顺序阀的原理及职能符号

图 2-3-10 所示为先导式顺序阀的工作原理图和图形符号，其工作原理可仿前述先导式溢流阀推演，在此不再重复。

将先导式顺序阀和先导式溢流阀进行比较，它们之间有以下不同之处：

（1）溢流阀的进口压力在通流状态下基本不变，而顺序阀在通流状态下其进口压力由出口压力而定，如果出口压力 p_2 比进口压力 p_1 低的多时，p_1 基本不变，而当 p_2 增大到一定程度，p_1 也随之增加，则 $p_1 = p_2 + \Delta p$，Δp 为顺序阀上损失的压力。

（2）溢流阀为内泄漏，而顺序阀需单独引出泄漏通道，为外泄漏。

（3）溢流阀的出口必须回油箱，顺序阀出口可接负载。

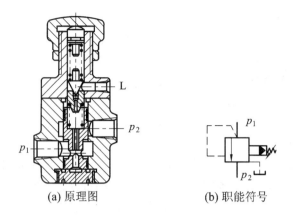

(a) 原理图　　　　　(b) 职能符号

图 2-3-10　先导式顺序阀的原理及职能符号

4. 压力继电器

　　压力继电器是一种将油液的压力信号转换成电信号的电液控制元件。当油液压力达到压力继电器的调定压力时，即发出电信号，以控制电磁铁、电磁离合器、继电器等元件动作，使油路卸压、换向、执行元件实现顺序动作，或关闭电动机，使系统停止工作，起安全保护作用等。图 2-3-11 所示为常用柱塞式压力继电器的原理和职能符号。当从压力继电器下端进油口通入的油液压力达到调定压力值时，推动柱塞 1 上移，此位移通过杠杆 2 放大后推动开关 4 动作。改变弹簧 3 的压缩量即可以调节压力继电器的动作压力。

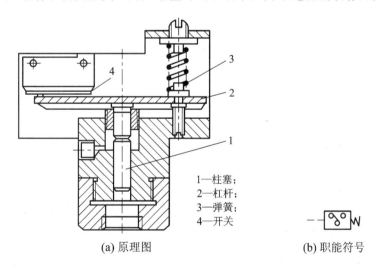

1—柱塞；
2—杠杆；
3—弹簧；
4—开关

(a) 原理图　　　　　(b) 职能符号

图 2-3-11　压力继电器的原理及职能符号

任务 2.3.2　压力控制回路分析

　　压力控制回路是用压力阀来控制和调节液压系统主油路或某一支路的压力，以满足执行元件速度换接回路所需的力或力矩的要求。利用压力控制回路可实现对系统进行调压（稳压）、减压、增压、卸荷、保压与平衡等各种控制。

1. 调压及限压回路

当液压系统工作时，液压泵应向系统提供所需压力的液压油，同时，又能节省能源，减少油液发热，提高执行元件运动的平稳性。所以，应设置调压或限压回路。当液压泵一直工作在系统的调定压力时，就要通过溢流阀调节并稳定液压泵的工作压力。在变量泵系统中或旁路节流调速系统中用溢流阀（当安全阀用）限制系统的最高安全压力。当系统在不同的工作时间内需要有不同的工作压力，可采用二级或多级调压回路。

1）单级调压回路

图 2-3-12(a) 所示为单级调压回路，通过液压泵 1 和溢流阀 2 的并联连接，即可组成单级调压回路。通过调节溢流阀的压力，可以改变泵的输出压力。当溢流阀的调定压力确定后，液压泵就在溢流阀的调定压力下工作。从而实现了对液压系统进行调压和稳压控制。

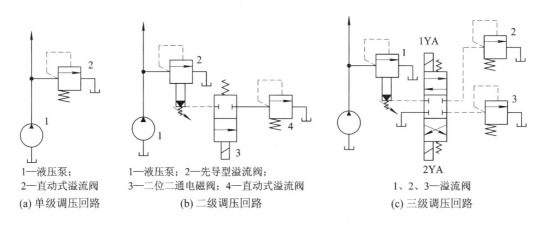

1—液压泵；   1—液压泵；2—先导型溢流阀；
2—直动式溢流阀   3—二位二通电磁阀；4—直动式溢流阀   1、2、3—溢流阀

(a) 单级调压回路   (b) 二级调压回路   (c) 三级调压回路

图 2-3-12　调压回路

如果将液压泵 1 改换为变量泵，这时溢流阀将作为安全阀来使用，液压泵的工作压力低于溢流阀的调定压力，这时溢流阀不工作。当系统出现故障，液压泵的工作压力上升时，一旦压力达到溢流阀的调定压力，溢流阀将开启，并将液压泵的工作压力限制在溢流阀的调定压力下，使液压系统不致因过载而受到破坏，从而保护了液压系统。

2）二级调压回路

如图 2-3-12(b) 所示，该二级调压回路可实现两种不同的系统压力控制，分别由先导型溢流阀 2 和直动式溢流阀 4 各调一级。当二位二通电磁阀 3 处于图示位置时系统压力由阀 2 调定，当阀 3 得电后处于下位时，系统压力由阀 4 调定。

但要注意，阀 4 的调定压力一定要小于阀 2 的调定压力，否则不能实现。当系统压力由阀 4 调定时，先导型溢流阀 2 的先导阀口关闭，但主阀开启，液压泵的溢流流量经主阀回油箱，这时阀 4 亦处于工作状态，并有油液通过。

应当指出，若将阀 3 与阀 4 对换位置，则仍可进行二级调压，并且在二级压力转换点上获得比图 2-3-12(b) 所示回路更为稳定的压力转换。

3）多级调压回路

如图 2-3-12(c) 所示，三级压力分别由溢流阀 1、2、3 调定。当电磁铁 1YA、2YA 失电时，系统压力由主溢流阀 1 调定；当 1YA 得电时，系统压力由阀 2 调定。当 2YA 得电

时，系统压力由阀 3 调定。

在这种调压回路中，阀 2 和阀 3 的调定压力要低于主溢流阀的调定压力，而阀 2 和阀 3 的调定压力之间没有一定的关系。当阀 2 或阀 3 工作时，阀 2 或阀 3 相当于阀 1 上的另一个先导阀。

2. 减压回路

当泵的输出压力是高压而局部回路或支路要求低压时，可以采用减压回路，如机床液压系统中的定位、夹紧以及液压元件的控制油路等，它们往往要求比主油路较低的压力。减压回路较为简单，一般是在所需低压的支路上串接减压阀。

最常见的减压回路为通过定值减压阀与主油路相连，如图 2 - 3 - 13(a)所示。回路中的单向阀为主油路压力降低(低于减压阀调整压力)时防止油液倒流，起短时保压作用。减压回路中也可以采用类似两级或多级调压的方法获得两级或多级减压。图 2 - 3 - 13 (b)所示为利用先导型减压阀 1 的远控口接一远控溢流阀 2，则可由阀 1、阀 2 各调得一种低压。但要注意，阀 2 的调定压力值一定要低于阀 1 的调定减压值。

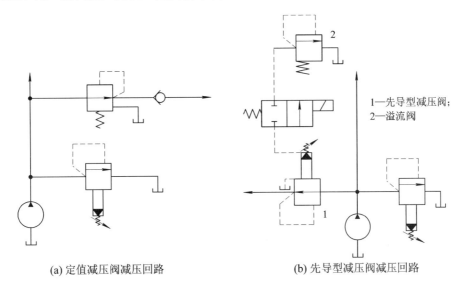

1—先导型减压阀；
2—溢流阀

(a) 定值减压阀减压回路　　　　　　　　　　(b) 先导型减压阀减压回路

图 2 - 3 - 13　减压回路

为了使减压回路工作可靠，减压阀的最低调整压力不应小于 0.5 MPa，最高调整压力至少应比系统压力小 0.5 MPa。当减压回路中的执行元件需要调速时，调速元件应放在减压阀的后面，以避免减压阀泄漏(指由减压阀泄油口流回油箱的油液)对执行元件的速度产生影响。

采用减压回路虽能方便地获得某支路稳定的低压，但压力油经减压阀口时要产生压力损失。

3. 增压回路

如果系统或系统的某一支油路需要压力较高但流量又不大的压力油，而采用高压泵又不经济，或者根本就没有必要增设高压力的液压泵时，就常采用增压回路，这样不仅易于选择液压泵，而且系统工作较可靠，噪声小。增压回路中提高压力的主要元件是增压缸或增压器。

1）单作用增压缸的增压回路

如图 2-3-14(a)所示为利用增压缸的单作用增压回路，当系统在图示位置工作时，系统的供油压力 p_1 进入增压缸的大活塞腔，此时在小活塞腔即可得到所需的较高压力 p_2；当二位四通电磁换向阀右位接入系统时，增压缸返回，辅助油箱中的油液经单向阀补入小活塞。因而该回路只能间歇增压，所以称之为单作用增压回路。

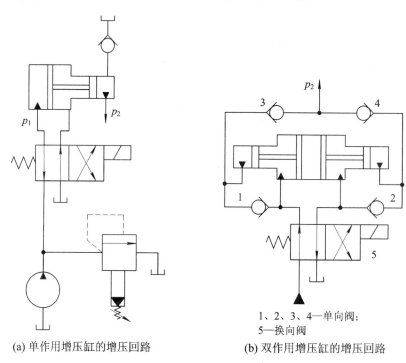

(a) 单作用增压缸的增压回路　　(b) 双作用增压缸的增压回路

1、2、3、4—单向阀；
5—换向阀

图 2-3-14　增压回路

2）双作用增压缸的增压回路

图 2-3-14(b)为采用双作用增压缸的增压回路，能连续输出高压油。在图示位置，液压泵输出的压力油经换向阀 5 和单向阀 1 进入增压缸左端大、小活塞腔，右端大活塞腔的回油通油箱，右端小活塞腔增压后的高压油经单向阀 4 输出，此时单向阀 2、3 被关闭。当增压缸活塞移到右端时，换向阀得电换向，增压缸活塞向左移动。同理，左端小活塞腔输出的高压油经单向阀 3 输出。这样，增压缸的活塞不断往复运动，两端便交替输出高压油，从而实现了连续增压。

4. 顺序动作回路

在多缸液压系统中，往往需要按照一定的要求顺序动作。例如，自动车床中刀架的纵横向运动，夹紧机构的定位和夹紧等。

顺序动作回路按其控制方式不同分为压力控制、行程控制和时间控制三类，其中前两类用得较多。

1）用压力继电器控制的顺序回路

图 2-3-15 是机床的夹紧、进给系统。机床的夹紧、进给系统要求的动作顺序是：先

将工件夹紧，然后动力滑台进行切削加工，动作循环开始时，二位四通电磁阀处于图示位置，液压泵输出的压力油进入夹紧缸的右腔，左腔回油，活塞向左移动，将工件夹紧。夹紧后，液压缸右腔的压力升高，当油压超过压力继电器的调定值时，压力继电器发出讯号，指令电磁阀的电磁铁 2YA、4YA 通电，进给液压缸动作。压力继电器的调整压力应比减压阀的调整压力低 $3×10^5 ～ 5×10^5$ Pa。

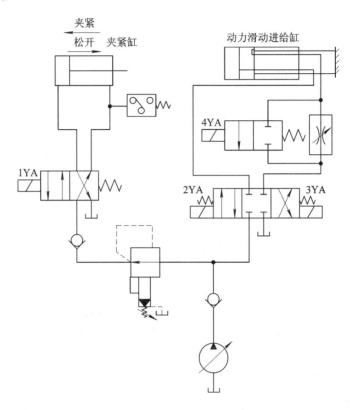

图 2-3-15　压力继电器控制的顺序回路

2）用顺序阀控制的顺序动作回路

图 2-3-16 是采用两个单向顺序阀的压力控制顺序动作回路。其中，单向顺序阀 4 控制两液压缸前进时的先后顺序，单向顺序阀 3 控制两液压缸后退时的先后顺序。当电磁换向阀通电时，压力油进入液压缸 1 的左腔，右腔经阀 3 中的单向阀回油，此时由于压力较低，顺序阀 4 关闭，缸 1 的活塞先动。当液压缸 1 的活塞运动至终点时，油压升高，达到单向顺序阀 4 的调定压力时，顺序阀开启，压力油进入液压缸 2 的左腔，右腔直接回油，缸 2 的活塞向右移动。当液压缸 2 的活塞右移达到终点后，电磁换向阀断电复位，此时压力油进入液压缸 2 的右腔，左腔经阀 4 中的单向阀回油，使缸 2 的活塞向左返回，到达终点时，压力油升高打开顺序阀 3 再使液压缸 1 的活塞返回。

这种顺序动作回路的可靠性，在很大程度上取决于顺序阀的性能及其压力调整值。顺序阀的调整压力应比先动作的液压缸的工作压力高 $8×10^5 ～ 10×10^5$ Pa，以免在系统压力波动时，发生误动作。

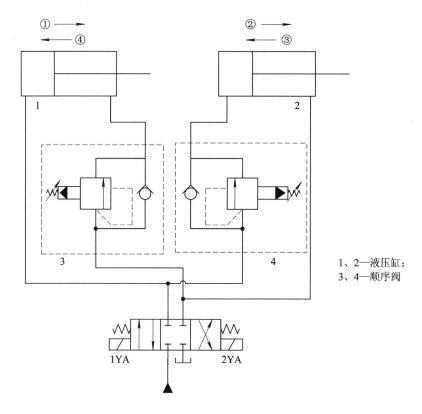

图 2-3-16 顺序阀控制的顺序回路

❖ **思考题**

1. 压力控制阀有哪些种类？

2. 顺序阀和溢流阀有什么不同？

3. 利用压力控制回路如何实现对系统进行调压、减压、增压？

4. 顺序动作回路有哪些控制方式？

模块 2.4 气压传动系统分析

任务 2.4.1 **气动剪切机的气压传动系统分析**

气压传动与控制技术简称气动，是以压缩空气为工作介质来进行能量与信号的传递，以实现各种生产过程、自动控制的一门技术。它是流体传动与控制学科的一个重要组成部分。

目前，气压传动技术被广泛应用于工业产业中的自动化和省力化，在促进自动化的发展中起到了极为重要的作用。

1. 气动剪切机的气压传动系统

通过下面一个典型气压传动系统来介绍气动系统的工作过程。

图 2-4-1 所示为气动剪切机的工作原理图，图示位置为剪切前的情况。空气压缩机
1 产生的压缩空气经后冷却器 2、分水排水器 3、储气罐 4、分水滤气器 5、减压阀 6、油雾
器 7 到达换向阀 9，部分气体经节流通路进入换向阀 9 的下腔，使上腔弹簧压缩，换向阀 9
阀芯位于上端；大部分压缩空气经换向阀 9 后进入气缸 10 的上腔，而气缸的下腔经换向阀
与大气相通，故气缸活塞处于最下端位置。当上料装置把工料 11 送入剪切机并到达规定位
置时，工料压下行程阀 8，此时换向阀 9 阀芯下腔压缩空气经行程阀 8 排入大气，在弹簧的
推动下，换向阀 9 阀芯向下运动至下端；压缩空气则经换向阀 9 后进入气缸的下腔，上腔
经换向阀 9 与大气相通，气缸活塞向上运动，带动剪刀上行剪断工料，工料剪下后，即与
行程阀 8 脱开；行程阀 8 阀芯在弹簧作用下复位、出路堵死；换向阀 9 阀芯上移，气缸活塞
向下运动，又恢复到剪断前的状态。

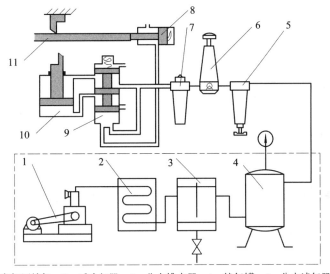

1—空气压缩机；2—后冷却器；3—分水排水器；4—储气罐；5—分水滤气器；
6—减压阀；7—油雾器；8—行程阀；9—气控换向阀；10—气缸；11—工料

图 2-4-1　气动剪切机的气压传动系统

图 2-4-2 所示为用图形符号绘制的气动剪切机系统原理图。在气压传动系统中，根
据气动元件和装置的不同功能，可将气压传动系统分为气源装置、执行元件、控制元件和
辅助元件四个组成部分。

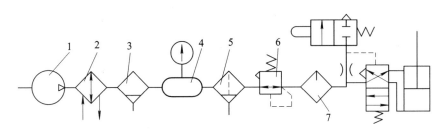

1—空气压缩机；2—冷却器；3—分水排水器；4—储气罐；5—分水滤气器；6—减压阀；7—油雾器

图 2-4-2　气动剪切机系统图形符号

（1）气源装置。气源装置将原动机提供的机械能转变为气体的压力能，为系统提供压

缩空气。它主要由空气压缩机构成，还配有储气罐、气源净化处理装置等附属设备。

（2）执行元件。执行元件起能量转换作用，把压缩空气的压力能转换成工作装置的机械能。主要形式有气缸输出直线往复式机械能、摆动气缸输出的回转摆动式机械能和气马达输出的旋转式的机械能。对于以真空压力为动力源的系统，采用真空吸盘以完成各种吸吊作业。

（3）控制元件。控制元件用来对压缩空气的压力、流量和流动方向调节和控制，使系统执行机构按功能要求的程序和性能工作。气压传动系统中一般包括压力、流量、方向和逻辑等四大类控制元件。

（4）辅助元件。辅助元件是用于元件内部润滑、排气噪声、元件间的连接以及信号转换、显示、放大、检测等所需的各种气动元件。如油雾器、消声器、管件及管接头、转换器、显示器、传感器等。

2. 气压传动的优缺点

1）气压传动具有以下优点

（1）使用方便。空气作为工作介质，来源方便，用过以后直接排入大气，不会污染环境，可少设置或不必设置回气管道。

（2）系统组装方便。使用快速接头可以非常简单地进行配管，因此系统的组装、维修以及元件的更换比较简单。

（3）快速性好。动作迅速反应快，可在较短的时间内达到所需的压力和速度。在一定的超载运行下也能保证系统安全工作，并且不易发生过热现象。

（4）安全可靠。压缩空气不会爆炸或着火，在易燃、易爆场所使用不需要昂贵的防爆设施。可安全可靠地应用于易燃、易爆、多尘埃、辐射、强磁、振动、冲击等恶劣的环境中。

（5）储存方便。气压具有较高的自保持能力，压缩空气可储存在储气罐内，随时取用。即使压缩机停止运行，气阀关闭，气动系统仍可维持一个稳定的压力。故不需压缩机的连续运转。

（6）可远距离传输。由于空气的黏度小，流动阻力小，管道中空气流动的沿程压力损失小，有利于介质集中供应和远距离输送。空气不论距离远近，极易由管道输送。

（7）能实现过载保护。气动机构与工作部件在超载时可停止不动，因此无过载的危险。

（8）清洁。基本无污染，对于要求高净化、无污染的场合，如食品、印刷、木材和纺织工业等是极为重要的，气动具有独特的适应能力，优于液压、电子、电气控制。

2）气压传动也存在如下的缺点

（1）速度稳定性差。由于空气可压缩性大，气缸的运动速度易随负载的变化而变化，稳定性较差，给位置控制和速度控制精度带来较大影响。

（2）需要净化和润滑。压缩空气必须有良好的处理，去除含有的灰尘和水分。空气本身没有润滑性，系统中必须采取措施对元件进行给油润滑，如加油雾器等装置进行供油润滑。

（3）输出力小。经济工作压力低（一般低于 0.8 MPa），因而气动系统输出力小，在相同输出力的情况下，气动装置比液压装置尺寸大。输出力限制在 20～30 kN 之间。

（4）噪声大。排放空气的声音很大，现在这个问题已因吸音材料和消音器的发展大部分获得解决。需要加装消音器。

3. 气压传动技术的应用和发展

1) 气动控制装置的应用

(1) 机械制造业。其中包括机械加工生产线上工件的装夹及搬送，铸造生产线上的造型、捣固、合箱等。在汽车制造中，汽车自动化生产线、车体部件自动搬运与固定、自动焊接等。

(2) 电子 IC 及电器行业。如用于硅片的搬运，元器件的插装与锡焊，家用电器的组装等。

(3) 石油、化工业。用管道输送介质的自动化流程绝大多数采用气动控制，如石油提炼加工、气体加工、化肥生产等。

(4) 轻工食品包装业。其中包括各种半自动或全自动包装生产线，例如：酒类、油类、煤气罐装，各种食品的包装等。

(5) 机器人。例如装配机器人，喷漆机器人，搬运机器人以及爬墙、焊接机器人等。

(6) 其他。如车辆刹车装置，车门开闭装置，颗粒物质的筛选，鱼雷导弹自动控制装置等。目前各种气动工具的广泛使用，也是气动技术应用的一个组成部分。

2) 气动产品的发展趋势

(1) 小型化、集成化。气动元件有些使用场合要求气动元件外形尺寸尽量小，小型化是主要发展趋势。

(2) 组合化、智能化。最常见的组合是带阀、带开关气缸。在物料搬运中，还使用了气缸、摆动气缸、气动夹头和真空吸盘的组合体，同时配有电磁阀、程控器，结构紧凑，占用空间小，行程可调。

(3) 精密化。目前开发了非圆活塞气缸、带导杆气缸等可减小普通气缸活塞杆工作时的摆转；为了使气缸精确定位开发了制动气缸等。为了使气缸的定位更精确，使用了传感器、比例阀等实现反馈控制，定位精度达 0.01 mm。在精密气缸方面已开发了 0.3 mm/s 低速气缸和 0.01 N 微小载荷气缸。在气源处理中，过滤精度 0.01 mm，过滤效率为 99.9999% 的过滤器和灵敏度 0.001 MPa 的减压阀业已开发出来。

(4) 高速化。目前气缸的活塞速度范围为 50～750 mm/s。为了提高生产率，自动化的节拍正在加快。今后要求气缸的活塞速度提高到 5～10 m/s。与此相应，阀的响应速度也将加快，要求由现在的 1/100 秒级提高到 1/1000 秒级。

(5) 无油、无味、无菌化。由于人类对环境的要求越来越高，不希望气动元件排放的废气带油雾污染环境，因此无油润滑的气动元件将会普及。还有些特殊行业，如食品、饮料、制药、电子等，对空气的要求更为严格，除无油外，还要求无味、无菌等，这类特殊要求的过滤器将被不断开发出来。

(6) 高寿命、高可靠性和智能诊断功能。气动元件大多用于自动化生产中，元件的故障往往会影响设备的运行，使生产线停止工作，造成严重的经济损失，因此，对气动元件的工程可靠性提出了更高的要求。

(7) 节能、低功耗。气动元件的低功耗能够节约能源，并能更好地与微电子技术相结合。功耗≤0.5 W 的电磁阀已开发和商品化，可由计算机直接控制。

(8) 机电一体化。为了精确达到预定的控制目标，应采用闭路反馈控制方式。为了实现这种控制方式要解决计算机的数字信号，传感器反馈模拟信号和气动控制气压或气流量三者之间的相互转换问题。

（9）应用新技术、新工艺、新材料。在气动元件制造中，型材挤压、铸件浸渗和模块拼装等技术已在国内广泛应用；压铸新技术（液压抽芯、真空压铸等）目前已在国内逐步推广；压电技术、总线技术、新型软磁材料、透析滤膜等正在被应用。

任务 2.4.2　气体状态方程分析

1. 空气的物理性质分析

大气中的空气主要是由氮、氧、氩、二氧化碳，水蒸气以及其他一些气体等若干种气体混合组成的。含有水蒸气的空气为湿空气。大气中的空气基本上都是湿空气。而把不含有水蒸气的空气称为干空气。在距地面 20 km 以内，空气组成几乎相同。空气中氮气所占比例最大，由于氮气的化学性质不活泼，具有稳定性，不会自燃，所以空气作为工作介质可以用在易燃、易爆场所。

空气在流动过程中产生的内摩擦阻力的性质叫做空气的黏性，用黏度表示其大小。空气的黏度受压力的影响很小，一般可忽略不计。随温度的升高，空气分子热运动加剧，因此，空气的黏度随温度的升高而略有增加。黏度随温度的变化关系见表 2 - 4 - 1。

表 2 - 4 - 1　空气的运动黏度 υ 随温度的变化值（压力为 0.1 MPa）

t / ℃	0	5	10	20	30	40	60	80	100
υ/ $(10^{-4}\ m^2/s)$	0.133	0.142	0.147	0.157	0.166	0.176	0.196	0.21	0.238

气体与液体和固体相比具有明显的压缩性和膨胀性。空气的体积较易随压力和温度的变化而变化。例如，对于大气压下的气体等温压缩，压力增大 0.1 MPa，体积减小一半。而将油的压力增大 18 MPa，其体积仅缩小 1%。在压力不变、温度变化 1℃时，气体体积变化约 1/273，而水的体积只改变 1/20 000，空气体积变化的能力是水的 73 倍。气体体积在外界作用下容易产生变化，气体的可压缩性导致气压传动系统刚度差，定位精度低。

气体体积随温度和压力的变化规律遵循气体状态方程。

2. 气体状态方程

理想气体是一种假想没有黏性的气体，忽略气体分子之间比较小的相互作用力，把气体分子看成是一些有弹性、不占据体积空间的质点，分子间除了碰撞外没有相互吸引力和排斥力。在实际应用中，除在高压（$p>20$ MPa）和极低温（$T<253$ K）情况下需修正外，其余均可按理想气体考虑。

一定质量的理想气体，在状态变化的某一平衡状态的瞬时，有如下气体状态方程。

$$pv = RT \qquad\qquad (2-4-1)$$

$$\frac{pv}{T} = C（常数） \qquad\qquad (2-4-2)$$

$$\frac{p}{\rho} = RT \qquad\qquad (2-4-3)$$

式中：p 为绝对压力（N/m²）；v 为比容（质量体积，m³/ kg）；T 为热力学温度（K）；R 为气体常数（J/kg・K）。

气体常数 R 的物理意义是把 1 kg 的气体在等压下加热，当温度上升 1℃时气体膨胀所做的功。干空气的气体常数 $R = 287.1$ J/kg·K，水蒸气的气体常数 $R = 462.05$ J/kg·K。

将 p、v 和 T 称为气体的三个状态参数。从式(2-4-1)中可以看出只要其中两个参数确定就可以确定气体的状态。

3. 气体的流动规律

在气压传动中，气体在管内流动，可按一元定常流动来处理。当气体流速较低($v <$ 5 m/s)时，可视为不可压缩流体，气体流动规律和基本方程式形式与液体完全相同。因此，管路系统的基本计算方法可参照液压传动中有关方法。

当气体流速较高($v > 5$ m/s)时，在流动特性上与不可压缩流体有较大不同，气体的压缩性对流体运动产生影响，必须视其为可压缩性流体。

气体在管道中做高速流动时，其密度和温度都会发生明显变化。对一元定常可压缩流动，除速度、压力变量外，还增加了密度和温度两个变量。求解气体高速流动问题，必须有以下四个基本方程。

1）连续性方程

根据质量守恒定律，当气体在管道中做稳定流动时，同一时间流过每一通流截面的质量为一定值，即为连续性方程

$$q_m = \rho A v = 常数 \qquad (2-4-4)$$

式中：q_m 为气体在管道中的质量流量(kg.m³/s)；ρ 为流管的任意截面上流体的密度(kg/m³)；A 为流管的任意截面面积(m²)；v 为该截面上的平均流速(m/s)。

2）运动方程

据牛顿第二定律或动量原理，可求出理想气体一元定常流动的运动方程为

$$v\mathrm{d}v + \frac{\mathrm{d}p}{\rho} = 0 \qquad (2-4-5)$$

式中：v 为气体平均流速(m/s)；p 为气体压力(Pa)；ρ 为气体密度(kg/m³)。

3）状态方程

根据式(2-4-5)，可得出气体状态方程的微分形式为

$$\frac{\mathrm{d}p}{p} = \frac{\mathrm{d}p}{\rho} + \frac{\mathrm{d}T}{T} \qquad (2-4-6)$$

式中：p 为绝对压力(Pa)；ρ 为气体的密度(kg/m³)；T 为热力学温度(K)。

4）伯努利方程(能量方程)

在流管的任意截面上，根据能量守恒定律，单位质量稳定的气体的流动满足下列方程，即伯努利方程

$$\frac{v^2}{2} + gH + \int \frac{\mathrm{d}p}{\rho} + gh_f = 常数 \qquad (2-4-7)$$

式中：ρ 为绝对压力(Pa)；v 为平均流速(m/s)；H 为位置高度(m)；h_f 为流动中阻力损失。

若不考虑摩擦阻力，且忽略位置高度的影响，则有

$$\frac{v^2}{2} + \int \frac{\mathrm{d}p}{\rho} = 常数 \qquad (2-4-8)$$

因气体是可以压缩的，对于可压缩气体绝热过程有

$$\frac{v^2}{2} + \frac{k}{k-1} + \frac{p}{\rho} = 常数 \qquad (2-4-9)$$

式(2-4-9)为可压缩气体在绝热流动时的伯努利方程。与理想不可压缩流体伯努利方程比较可知，由于绝热变化使压力能增大 $\dfrac{k}{k-1}$ 倍；同时由于气体重度很小，忽略位能（或势能）对气体能量的影响。

如果在所研究的管道两通流断面1、2之间有流体机械（如压气机）对气体做功供以能量 E_k 时，则绝热过程能量方程变为

$$\frac{v_1^2}{2}+\frac{k}{k-1}\cdot\frac{p_1}{\rho_1}+E_k=\frac{v_2^2}{2}+\frac{k}{k-1}\cdot\frac{p_2}{\rho_2} \qquad (2-4-10)$$

式中：p_1、ρ_1、v_1 分别为通流截面1的压力、密度和速度；p_2、ρ_2、v_2 分别为通流截面2的压力、密度和速度；k 为绝热指数。

任务 2.4.3　气源装置和辅助元件分析

压缩空气由空气压缩机产生，具有一定压力和流量，同时也含有一定的水分、油分和灰尘。要满足气动系统对空气质量的要求，还必须对压缩空气进行降温、净化和稳压等一系列处理，才能供给控制元件及执行元件使用。如图2-4-3所示。

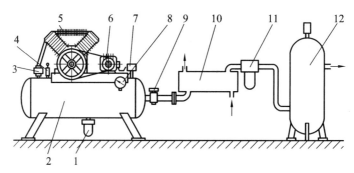

1—自动排水器；2—小气罐；3—单向阀；4—安全阀；5—空气压缩机；6—电动机；
7—压力开关；8—压力表；9—截止阀；10—后冷却器；11—分水排水器；12—气罐

图 2-4-3　气源装置

1. 空气压缩机

1）空气压缩机的作用

空气压缩机是将原动机（电动机）提供的机械能转换成气体压力能的一种能量转换装置，即气压发生装置，它为气动装置提供具有一定压力和流量的压缩空气。

2）空气压缩机的分类

空气压缩机的种类很多，常按工作原理、结构形式和性能参数分类。按工作原理可分为以下两种：

（1）容积型压缩机。其工作原理是压缩气体的体积，使单位体积内气体分子的密度增加以提高压缩空气的压力。

（2）速度型压缩机。其工作原理是提高气体分子的运动速度，然后使气体分子的动能转化为压力能以提高压缩空气的压力。

2. 气源净化设备

压缩空气要具有一定的清洁度和干燥度以满足气动装置对压缩空气的质量要求。清洁

度是指气源中含有的杂质(油、水及灰尘)粒径在一定的范围内。干燥度是指压缩空气中含水分的程度。气动装置要求压缩空气的含水量越小越好。

在气压传动系统中,较常使用活塞式空气压缩机,其多用油润滑,它排出的压缩空气温度较高(在 100℃~170℃之间),使空气中的水分和部分润滑油变成气态,再与吸入的灰尘混合,形成了混合的杂质,这些杂质会给气源装置及气动系统带来以下不良影响:

(1) 油蒸气聚集在储气罐,有燃烧爆炸危险;同时油分被高温汽化后会形成一种有机酸,对金属设备有腐蚀作用。

(2) 油、水、尘埃的混合物沉积在管道内会减小管道流通面积,增大气流阻力。

(3) 在寒冷季节,水蒸气凝结后会使管道及附件冻结而损坏,或使气流不通畅。

(4) 颗粒的杂质会引起气缸、马达、阀等相对运动表面间的严重磨损,破坏密封,降低设备使用寿命,可能堵塞控制元件的小孔,影响元件的工作性能,甚至使控制失灵等。

因此,必须设置气源净化设备去除油、水和灰尘等,对压缩空气进行净化处理。压缩空气中的灰尘和油分常用过滤的方法除掉;所含的水分以液滴状态和水蒸气状态与空气混合在一起的,对前者用冷却器和油水分离器就可排除,对后者需用冷冻式干燥器或吸附式干燥器来排除。

压缩空气净化设备可分为两类:一类为主管道净化设备,主要有后冷却器、各种大流量过滤器、各种干燥器、储气罐等;另一类为支管道净化处理装置,主要有各种小流量过滤器。压缩空气净化过程包括冷却、干燥和过滤三个部分。

3. 气源处理三联件

在气动技术中,将空气过滤器、减压阀和油雾器统称为气动"三大件",它们虽然都是独立的气源处理元件,可以单独使用,但在实际应用时却又常常组合在一起作为一个组件使用。

气源处理三联件如图 2-4-4 所示。压缩空气首先进入空气过滤器,经除水滤灰净化后进入减压阀,经减压后控制气体的压力以满足气动系统的要求,输出的稳压气体最后进入油雾器,将润滑油雾化后混入压缩空气一起输往气动装置。

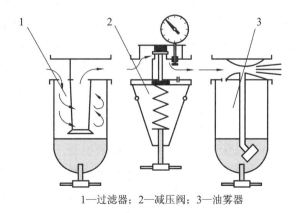

1—过滤器;2—减压阀;3—油雾器

图 2-4-4　气源处理三联件示意图

除压缩空气净化设备外,气动元件的润滑,气压信号的放大、延时、转换、显示,以及气动噪声的消除,管路的连接等都需要不同的辅助元件来完成,这些辅助元件是气动系统中的环节之一,同样应给予充分重视。

任务 2.4.4　气动执行元件

气动执行元件是一种能量转换装置,它是将压缩空气的压力能转化为机械能,驱动机构实现直线往复运动、摆动、旋转运动或冲击动作。

气动执行元件分为气缸和气马达两大类。气缸用于提供直线往复运动或摆动,输出力和直线速度或摆动角位移。气马达用于提供连续回转运动,输出转矩和转速。

1. 气缸的应用分析

以气动系统中最常使用的单活塞杆双作用气缸为例来说明,气缸外形结构如图 2-4-5 所示。它由缸筒、活塞、活塞杆、前端盖、后端盖及密封件等组成。双作用气缸内部被活塞分成两个腔。有活塞杆腔称为有杆腔,无活塞杆腔称为无杆腔。

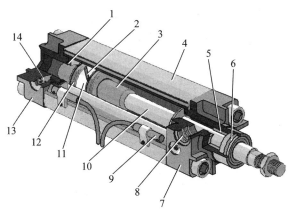

1、3—缓冲柱塞；2—活塞；4—缸筒；5—导向套；6—防尘圈；7—前端盖；8—气口；
9—传感器；10—活塞杆；11—耐磨环；12—密封圈；13—后端盖；14—缓冲节流阀

图 2-4-5　普通双作用气缸外形

当从无杆腔输入压缩空气时,有杆腔排气,气缸两腔的压力差作用在活塞上所形成的力克服阻力负载推动活塞运动,使活塞杆伸出;当有杆腔进气,无杆腔排气时,使活塞杆缩回。若有杆腔和无杆腔交替进气和排气,活塞实现往复直线运动。

气缸的种类很多,按结构特征,气缸主要分为活塞式气缸和膜片式气缸两种;按运动形式分为直线运动气缸和摆动气缸两类。

气缸的安装形式可分为以下四种:

(1) 固定式气缸。气缸安装在机体上固定不动,有脚座式和法兰式。

(2) 轴销式气缸。缸体围绕固定轴可作一定角度的摆动,有 U 形钩式和耳轴式。

(3) 回转式气缸。体固定在机床主轴上,可随机床主轴作高速旋转运动。这种气缸常用于机床上气动卡盘中,以实现工件的自动装卡。

(4) 嵌入式气缸。气缸缸筒直接制作在夹具体内。

图 2-4-6 为最常用的单杆双作用气缸的基本结构。缸筒 7 与前后缸盖固定连接。有活塞杆侧的缸盖 5 为前缸盖,缸底侧的缸盖 14 为后缸盖。在缸盖上开有进排气通口,有的还设有气缓冲机构。前缸盖上设有密封圈、防尘圈 3,同时还设有导向套 4,以提高气缸的

导向精度。活塞杆 6 与活塞 9 紧固相连。活塞上除有密封圈 10、11 防止活塞左右两腔相互漏气外，还有耐磨环 12 以提高气缸的导向性；带磁性开关的气缸，活塞上装有磁环。活塞两侧常装有橡胶垫作为缓冲垫 8。如果是气缓冲，则活塞两侧沿轴线方向设有缓冲柱塞，同时缸盖上有缓冲节流阀和缓冲套，当气缸运动到端头时，缓冲柱塞进入缓冲套，气缸排气需经缓冲节流阀，排气阻力增加，产生排气背压，形成缓冲气垫，起到缓冲作用。

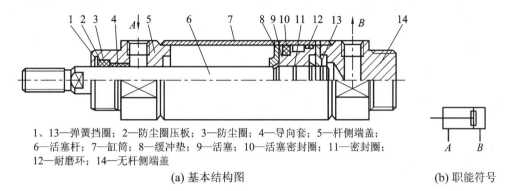

1、13—弹簧挡圈；2—防尘圈压板；3—防尘圈；4—导向套；5—杆侧端盖；
6—活塞杆；7—缸筒；8—缓冲垫；9—活塞；10—活塞密封圈；11—密封圈；
12—耐磨环；14—无杆侧端盖

(a) 基本结构图　　　　　　　　　　　　　　(b) 职能符号

图 2-4-6　单杆双作用气缸的结构

2. 气缸的参数计算

1）气缸的输出力

气缸理论输出力的设计计算与液压缸类似，可参见液压缸的设计计算。如双作用单活塞杆气缸推力计算如下：

理论推力（活塞杆伸出）为

$$F_{t1} = A_1 P \qquad\qquad (2-4-11)$$

理论拉力（活塞杆缩回）为

$$F_{t2} = A_2 P \qquad\qquad (2-4-12)$$

式中：F_{t1}、F_{t2} 为气缸理论输出力（N）；A_1、A_2 为无杆腔、有杆腔活塞面积（m^2）；P 为气缸工作压力（Pa）。

实际中，由于活塞等运动部件的惯性力以及密封等部分的摩擦力，活塞杆的实际输出力小于理论推力，称这个推力为气缸的实际输出力。

气缸的效率 η 是气缸的实际推力和理论推力的比值，即

$$\eta = \frac{F}{F_t} \qquad\qquad (2-4-13)$$

所以

$$F = \eta(A_1 P) \qquad\qquad (2-4-14)$$

式中：F 为气缸的实际推力；F_t 为气缸的理论推力。

气缸的效率取决于密封的种类，气缸内表面和活塞杆加工的状态及润滑状态。此外，气缸的运动速度、排气腔压力、外载荷状况及管道状态等都会对效率产生一定的影响。

2）负载率 β

从对气缸运行特性的研究可知，要精确确定气缸的实际输出力是困难的。于是在研究气缸性能和确定气缸的出力时，常用到负载率的概念。气缸的负载率 β 定义为

$$\beta = \frac{气缸的实际负载\,F}{气缸的理论输出力\,F_t} \times 100\% \qquad (2-4-15)$$

气缸的实际负载是由实际工况所决定的，若确定了气缸负载率 β，则由定义就能确定气缸的理论输出力，从而可以计算气缸的缸径。

3）气缸耗气量

气缸的耗气量是活塞每分钟移动的容积。一般情况下，气缸的耗气量是指自由空气耗气量。

4）气缸的特性

气缸的特性分为静态特性和动态特性。气缸的静态特性是指与缸的输出力及耗气量密切相关的最低工作压力、最高工作压力、摩擦阻力等参数。气缸的动态特性是指在气缸运动过程中气缸两腔内空气压力、温度、活塞速度、位移等参数随时间的变化情况。它能真实地反映气缸的工作性能。

3. 气动马达的特点

气动马达是将压缩空气的压力能量转换成机械能的能量转换装置。输出力矩驱动负载作连续旋转运动。

气动马达与和它起同样作用的电动机相比，其特点是壳体轻，输送方便。又因其工作介质是空气，不必担心引起火灾。气动马达过载时能自动停转，而与供给压力保持平衡状态。气动马达转动后，阻力减小，阻力变化往往具有很大柔性。因此气马达广泛应用于矿山机械和气动工具等场合。

任务 2.4.5　气动控制元件

气动控制元件用来调节压缩空气的压力流量和方向等，以保证执行机构按规定的程序正常进行工作。气动控制元件按功能可分为压力控制阀、流量控制阀和方向控制阀。

在气压传动系统中，控制压缩空气的压力和依靠气压力来控制执行元件动作顺序的阀统称为压力控制阀。根据阀的控制作用不同，压力控制阀可分为减压阀、溢流阀和顺序阀。

在气压传动系统中，控制压缩空气方向的阀统称为方向控制阀。根据阀的控制作用不同，方向控制阀可分为单向阀、换向阀。

在气压传动系统中，控制压缩空气流量的阀统称为流量控制阀。根据阀的控制作用不同，流量控制阀可分为节流阀、单向节流阀、排气节流阀等。

1. 减压阀

减压阀又称调压阀，用来调节或控制气压的变化，并保持降压后的输出压力值稳定在需要的值上，确保系统压力的稳定。

1）减压阀的分类

（1）按压力调节方式可分为直动式减压阀和先导式减压阀两大类。直动式减压阀是利用手柄或旋钮直接调节调压弹簧来改变减压阀输出压力；先导式减压阀是采用压缩空气代替调压弹簧来调节输出压力的。先导式减压阀又可分为外部先导式和内部先导式。

直动式减压阀的结构原理如图 2-4-7 所示。顺时针方向旋转手柄 1，经过调压弹簧 2、3，推动膜片 5 下移，膜片 5 又推动阀杆 8 下移，进气阀 10 被打开，使出口压力 p_2 增大。同时，输出气压经反馈通道 7 在膜片 5 上产生向上的推力。这个作用力总是企图把进气阀关小，使出口压力降低，这样的作用称为负反馈。当作用在膜片上的反馈力与弹簧的作用力相平衡时，减压阀便有稳定的压力输出。

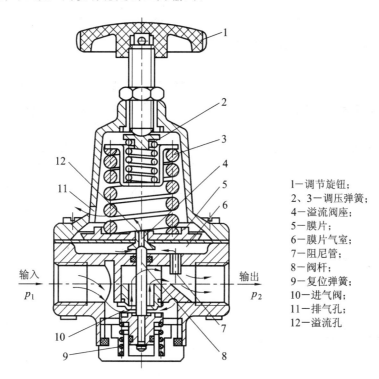

1—调节旋钮；
2、3—调压弹簧；
4—溢流阀座；
5—膜片；
6—膜片气室；
7—阻尼管；
8—阀杆；
9—复位弹簧；
10—进气阀；
11—排气孔；
12—溢流孔

图 2-4-7 直动式减压阀的结构原理

（2）按排气方式可分为溢流式、非溢流式和恒量排气式三种。溢流式减压阀的特点是减压过程中从溢流孔中排出少量多余的气体，维持输出压力不变。非溢流式减压阀没有溢流孔，使用时回路中要安装一个放气阀，以排出输出侧的部分气体，它适用于调节有害气体压力的场合，可防止大气污染。恒量排气式减压阀始终有微量气体从溢流阀座的小孔排出，能更准确地调整压力，一般用于输出压力要求调节精度高的场合。

图 2-4-8 为溢流阀式减压阀的职能符号，图 2-4-9 为非溢流阀式减压阀的职能符号。

图 2-4-8 溢流阀式减压阀的职能符号　　　　图 2-4-9 非溢流阀式减压阀的职能符号

2）减压阀的选择

（1）根据调压精度的不同，选择不同形式减压阀。要求出口压力波动小时，如出口压力波动不大于工作压力最大值±0.5%，则选用精密减压阀。

（2）根据系统控制的要求，如需遥控或通径大于 20 mm 以上时应选用外部先导式减压阀。

（3）确定阀的类型后，由所需最大输出流量选择阀的通径，决定阀的气源压力时应使其大于最高输出压力 0.1 Mpa。

2. 溢流阀

溢流阀(安全阀)在系统中起限制最高压力，保护系统安全作用。当回路、储气罐的压力上升到设定值以上时，溢流阀(安全阀)把超过设定值的压缩空气排入大气，以保持输入压力不超过设定值。

图 2 - 4 - 10(a)、(b)为溢流阀的工作原理图。它由调压弹簧 2、调节机构 1、阀芯 3 和壳体组成。当气动系统的气体压力在规定的范围内时，由于气压作用在阀芯 3 上的力小于调压弹簧 2 的预压力，所以阀门处于关闭状态。当气动系统的压力升高，作用在阀芯 3 上的力超过了弹簧 2 的预压力时，阀芯 3 就克服弹簧力向上移动，阀芯 3 开启，压缩空气由排气孔 T 排出，实现溢流，直到系统的压力降至规定压力以下时，阀重新关闭。开启压力大小靠调压弹簧的预压缩量来实现。图 2 - 4 - 10(c)为溢流阀的职能符号。

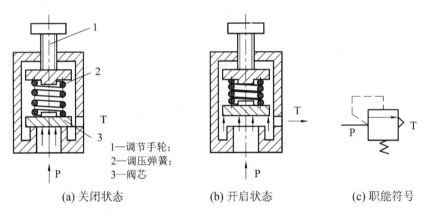

1—调节手轮；
2—调压弹簧；
3—阀芯

(a) 关闭状态　　　　(b) 开启状态　　　　(c) 职能符号

图 2 - 4 - 10　溢流阀的工作原理及职能符号

3. 顺序阀

顺序阀是根据回路中气体压力的大小来控制各种执行机构按顺序动作的压力控制阀。顺序阀常与单向阀组合使用，称为单向顺序阀。

顺序阀靠调压弹簧压缩量来控制其开启压力的大小。图 2 - 4 - 11(a)、(b)为顺序阀工作原理，当压缩空气进入进气腔作用在阀芯上，若此力小于弹簧的压力时，阀为关闭状态，A 无输出。而当作用在阀芯上的力大于弹簧的压力时，阀芯被顶起，阀为开启状态，压缩空气由 P 流入从 A 口流出，然后输出到气缸或气控换向阀。图 2 - 4 - 11(c)为顺序阀的职能符号。

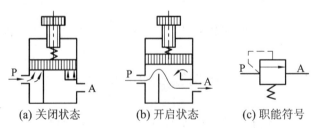

(a) 关闭状态　　　　(b) 开启状态　　　　(c) 职能符号

图 2 - 4 - 11　顺序阀工作原理及职能符号

4. 节流阀

节流阀是通过改变阀的流通面积来调节流量的。用于控制气缸的运动速度。

在节流阀中，针形阀芯用得比较普遍，如图 2-4-12 所示。压缩空气由 P 口进入，经过节流口，由 A 口流出。旋转阀芯螺杆，就可改变节流口开度，从而调节压缩空气的流量。此种节流阀结构简单，体积小，应用范围较广。

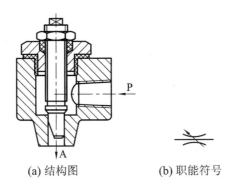

(a) 结构图　　　　　　　(b) 职能符号

图 2-4-12　节流阀的结构及职能符号

5. 换向阀

1) 气压控制换向阀

气压控制换向阀是靠外加的气压信号为动力切换主阀，控制回路换向或开闭。外加的气压称为控制压力。

按照作用原理气控换向阀可分为加压控制、卸压控制和差压控制三种类型。加压控制是给阀开闭件上以逐渐增加的压力值，使阀换向的一种控制方式；卸压控制是给阀开闭件以逐渐减少的压力值，使阀换向的一种控制方式；差压控制是利用控制气压作用在阀芯两端不同面积上所产生的压力差，来使阀换向的一种控制方式。

(1) 单气控加压式换向阀。图 2-4-13(a)、(b) 所示是二位三通单气控加压截止式换向阀的工作原理图。K 口没有控制信号时的状态，阀芯在弹簧与 P 腔气压作用下，使 P 、A 口断开。A、O 口接通，阀处于排气状态。当 K 口有控制信号时(图 2-4-13(b))，P 、A 口接通，A 与 O 口断开，A 口进气。图 2-4-13(c) 是单气控加压截止式换向阀的职能符号。

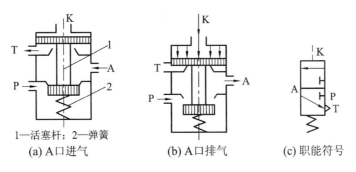

1—活塞杆；2—弹簧
(a) A口进气　　　　　(b) A口排气　　　　　(c) 职能符号

图 2-4-13　单气控加压截止式换向阀的工作原理及职能符号

（2）双气控加压式换向阀。图 2 - 4 - 14 所示为气控阀工作原理图。

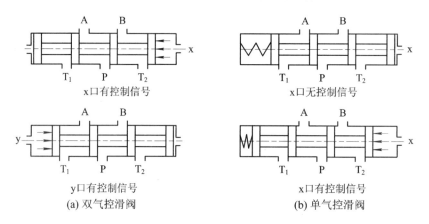

图 2 - 4 - 14　气控阀工作原理

双气控或气压复位的气控阀，如果阀两边气压控制腔所作用的操作活塞面积存在差别，导致在相同控制压力同时作用下，驱动阀芯的力不相等，而使阀换向，则该阀为差压控制阀。

气控阀在其控制压力到阀控制腔的气路上串接一个单向节流阀和固定气室组成的延时环节就构成延时阀。控制信号的气体压力经单向节流阀向固定气室充气，当充气压力达到主阀动作要求的压力时，气控阀换向，阀切换延时时间可通过调节节流阀开口大小来调整。

2）快速排气阀

当气缸或压力容器需短时间排气时，在换向阀和气缸之间加上快速排气阀，这样气缸中的气体就不再通过换向阀而直接通过快速排气阀排气，加快气缸运动速度。尤其当换向阀距离气缸较远，在距气缸较近处设置快速排气阀，气缸内气体可迅速排入大气。图 2 - 4 - 15 为快速排气阀的一种结构形式。当 P 口进气后，阀芯关闭排气口 O，P 与 A 相通，A 有输出；当 P 口无气输入时，A 口的气体使阀芯将 P 口封住，A 与 O 接通，气体快速排出，通口流通面积大、排气阻力小。

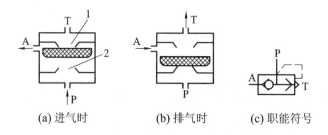

图 2 - 4 - 15　快速排气阀结构图和职能符号

任务 2.4.6　压力控制回路分析

压力控制回路是对系统压力进行调节和控制的回路。在气动控制系统中，进行压力控制主要有两种。第一是控制一次压力，提高气动系统工作的安全性。第二是控制二次压力，给气动装置提供稳定的工作压力，这样才能充分发挥元件的功能和性能。

1. 一次压力控制回路

图2-4-16所示为一次压力控制回路。此回路主要用于把空气压缩机的输出压力控制在一定压力范围内。因为系统中压力过高，除了会增加压缩空气输送过程中的压力损失和泄漏以外，还会使管道或元件破裂而发生危险。因此，压力应始终控制在系统的额定值以下。

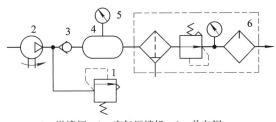

1—溢流阀；2—空气压缩机；3—单向阀；
4—储气罐；5—电触点压力表；6—气源调节装置

图2-4-16　一次压力控制回路

该回路中常用外控型溢流阀1保持供气压力基本恒定和用电触点式压力表5来控制空气压缩机2的转、停，使储气罐4内的压力保持在规定的范围内。一般情况下，空气压缩机的出口压力为0.8 MPa左右。

2. 二次压力控制回路

图2-4-17所示为二次压力控制回路。此回路的主要作用是对气动装置的气源入口处压力进行调节，提供稳定的工作压力。

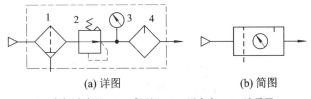

(a) 详图　　　　　　　　　　(b) 简图

1—空气过滤器；2—减压阀；3—压力表；4—油雾器

图2-4-17　二次压力控制回路

该回路一般由空气过滤器、减压阀和油雾器组成，通常称为气动调节装置(气动三联件)。其中，过滤器除去压缩空气中的灰尘、水分等杂质；减压阀调节压力并使其稳定；油雾器使清洁的润滑油雾化后注入空气流中，对需要润滑的气动部件进行润滑。

3. 高低压转换回路

图2-4-18所示为高低压转换回路，此回路主要用于某些气动设备时而需要高压，时而需要低压的需要。

该回路用两个减压阀1和2调出两种不同的压力 p_1 和 p_2，再利用二位三通换向阀3实现高低压转换。

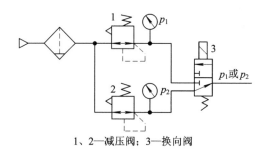

1、2—减压阀；3—换向阀

图 2-4-18 高低压转换回路

任务 2.4.7 安全保护回路分析

气动系统由于采用的元件和连接方式不同，可实现各种不同的功能，而任何复杂的气动控制回路，都是由若干个具有特定功能的基本回路和常用回路组成。

气动系统维护是气动设备使用中的一项十分重要的工作。对气动设备进行良好的维护保养，可有效地减少和防止故障的发生，延长元件和系统的使用寿命，为企业取得良好的效益。

在气动设备中，为了保护操作者的人身安全和设备的正常运转，常采用安全保护回路。

1. 过载保护回路

图 2-4-19 为过载保护回路。操纵手动换向阀 1 使二位五通换向阀 2 处于左位时，气缸活塞伸出，当气缸在伸出途中遇到障碍使气缸过载，左腔压力升高超过预定值时，顺序阀 3 打开，控制气体可经梭阀 4 将主控阀 2 切换至右位（图示位置），使活塞缩回，气缸左腔的压力经阀 2 排掉，防止系统过载。

2. 双手操作回路

用两个二位三通阀 1 和 2 串联的与门逻辑回路，就构成了一个最常用的双手操作回路，如图 2-4-20 所示，二位三通阀可以是手动阀或者脚踏阀。可以看出，只有当双手同时按下二位三通阀时，主控阀 3 才能换位，而只按下其中一只三通阀时主控阀 3 不切换，从而保证了只有用两只手操作才是安全的。

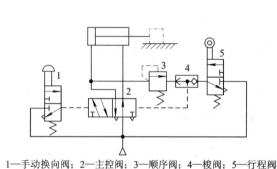

1—手动换向阀；2—主控阀；3—顺序阀；4—梭阀；5—行程阀

图 2-4-19 过载保护回路

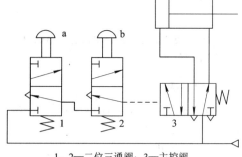

1、2—二位三通阀；3—主控阀

图 2-4-20 双手操作回路

❖ **思考题**

1. 气压传动由哪些部分构成？
2. 气压传动的优缺点是什么？
3. 气体状态方程有哪些？
4. 气动执行元件有哪些？
5. 缸的参数如何计算？
6. 气动控制元件有哪些？
7. 气动换向阀的分类及工作原理是什么？

习　　题

1. 如题图 2 - 1 所示，已知液压缸装置中，$d_1 = 20$ mm，$d_2 = 40$ mm，$D_1 = 75$ mm，$D_2 = 125$ mm，$q_{v1} = 25$ L/min。求 v_1、v_2 和 q_{v2} 各为多少？

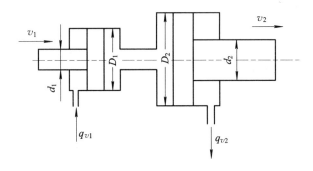

题 2 - 1 图

2. 某液压泵的输出油压 $p = 10$ MPa，转速 $n = 1450$ r/min，排量 $V = 100$ mL/r，容积效率 $\eta_v = 0.95$，总效率 $\eta = 0.9$，求泵的输出功率和电动机的驱动功率。

3. 某变量叶片泵的转子外径 $d = 83$ mm，定于内径 $D = 89$ mm，叶片宽度 $b = 30$ mm，求：

（1）当泵的排量 $V = 16$ mL/r 时，定子与转子间的偏心量有多大？

（2）泵的最大排量是多少？

4. 液压马达的排量 $V = 10$ mL/r，入口压力 $p_1 = 10$ MPa，出口压力 $p_2 = 0.5$ MPa，容积效率 $\eta_v = 0.95$，机械效率 $\eta_m = 0.85$，若输入流量 $q_v = 50$ L/min，求马达的转速 n、转矩 T、输入功率 P_i 和输出功率 P_o 各为多少？

5. 一柱塞缸柱塞固定，缸筒运动，压力油从空心柱塞中通入，压力为 p，流量为 q_v，缸筒内径为 D，柱塞外径为 d，柱塞内孔直径为 d_0，试求缸所产生的推力和运动速度。

6. 题 2 - 2 图所示两个结构相同相互串联的液庄缸，无杆腔的面积 $A_1 = 100 \times 10^{-4}$ m²，有杆腔的面积 $A_2 = 80 \times 10^{-4}$ m²，缸 1 的输入压力 $p_1 = 9$ MPa，输入流量 $q_v = 12$ L/min，不计损失和泄漏，求：

（1）两缸承受相同负载（$F_1 = F_2$）时，该负载的数值及两缸的运动速度。

（2）缸 2 的输入压力是缸 1 的一半（$p_2 = 0.5 \ p_1$）时，两缸各能承受多少负载？

（3）缸 1 不承受负载（$F_1=0$）时，缸 2 能承受多少负载？

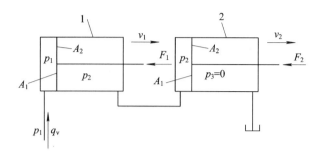

题 2-2 图

7. 题 2-3 图所示双泵供油，差动快进—工进速度换接回路有关数据如下：泵的输出流量 $q_{v1}=16$ L/min，$q_{v2}=4$ L/min，所输油液的密度 $\rho=900$ kg/m³，运动黏度 $\nu=20\times10^{-3}$ m²/s；缸的大小腔面积 $A_1=100$ cm²，$A_2=60$ cm²；快进时的负载 $F=1$ kN；油液流过方向阀时的压力损失 $\Delta p_v=0.25$ MPa，连接缸两腔的油管 $ABCD$ 的内径 $d=1.8$ cm，其中 ABC 段因较长（$L=3$ m），计算时需计及其沿程损失，其他损失及由速度、高度变化形成的影响皆可忽略，试求：

（1）快进时缸速 v 和压力计读数？

（2）工进时若压力计读数为 8 MPa，此时回路承载能力多大（因流量小，不计损失）？

（3）液控顺序阀的调定压力宜选多大？

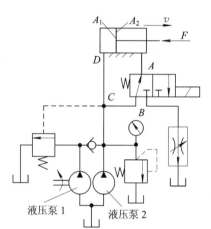

题 2-3 图

8. 空气压缩机向容积为 40 L 的气罐充气直至 $p_1=0.8$ MPa 时停止，此时气罐内温度 $t_1=40℃$，又经过若干小时，缸内温度降至室温 $t=10℃$，问：

（1）此时，罐内表压力为多少？

（2）此时，罐内压缩了多少室温为 10℃的自由空气（设大气压力近似为 0.1 MPa）？

9. 单杆双作用气缸内径 $D=125$ mm，活塞杆直径 $=36$ mm，工作压力 $p=0.5$ MPa，气缸机械效率为 0.9，求该气缸的前进和后退时的输出力各为多少？

10. 单杆双作用气动缸内径为 50 mm，行程为 300 mm，活塞杆直径 20 mm，每分钟往复运动 10 次，求该缸的自由空气耗气量，设工作压力为 0.6 MPa。

项目 3　综合回路的设计与分析

模块 3.1　同步回路的设计与分析

任务 3.1.1　压力表、过滤器及分流集流阀

1. 压力表

压力表用于指示油口处压力，其外形图及职能符号如图 3-1-1 所示。

液/气压系统中各个工作点的压力可用压力表来测量，以便调整和控制。最常用的压力表是弹簧弯管式压力表，其结构原理如图 3-1-2 所示。

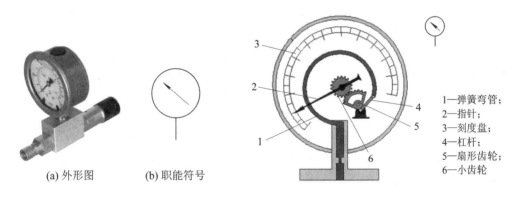

(a) 外形图　　(b) 职能符号

1—弹簧弯管；
2—指针；
3—刻度盘；
4—杠杆；
5—扇形齿轮；
6—小齿轮

图 3-1-1　压力表的外形图及职能符号　　　图 3-1-2　弹簧弯管式压力表的结构原理图

压力油进入弹簧弯管 1，弯管变形，曲率半径增大，管端位移通过杠杆 4 使扇形齿轮 5 产生摆动，扇形齿轮与小齿轮 6 啮合，小齿轮带动指针 2 转动，从刻度盘 3 上便可读出压力值。为防止压力冲击损坏压力表，常在连接压力表的通道上设置阻尼器（例如阻尼小孔）。使用时压力表应垂直安装。

2. 过滤器

液/气压系统中所有的工作介质都含有一定量的某种杂质，如残留在液压系统中的机械杂质；经过加油口、防尘圈等外界进入的灰尘；在工作过程中产生的杂质（如密封件受液压作用形成的碎片，运动间相互摩擦产生的金属粉末，油液氧化变质产生的胶质、沥青质、炭渣等）。这些杂质随着工作介质的循环作用，会导致液/气压元件中相对运动部件之间的间隙、节流孔和缝隙堵塞或运动部件卡死，破坏相对运动部件之间的油膜，划伤间隙表面，增大内部泄漏，降低效率，增加发热，加剧油液的化学作用，使油液变质。因此，维护工作介质的清洁，防止污染，对液/气压系统是十分重要的。

过滤器分为滤油器和空气过滤器。

1）滤油器

滤油器可除去工作油液中颗粒污染物，以降低因工作油液污染而使元件损坏的可能性，增强系统和元件的使用寿命。

（1）对滤油器的要求。液压油中往往含有颗粒状杂质，会造成液压元件相对运动表面的磨损、滑阀卡滞、节流孔口堵塞，使系统工作可靠性大为降低。在系统中安装一定精度的滤油器，是保证液压系统正常工作的必要手段。

滤油器的过滤精度是指滤芯能够滤除的最小杂质颗粒的大小，以直径 d 作为公称尺寸表示，按精度可分为粗滤油器（$d<100$）、普通滤油器（$d<10$）、精滤油器（$d<5$）、特精滤油器（$d<1$）。一般对滤油器的基本要求是：

① 能满足液压系统对过滤精度要求，即能阻挡一定尺寸的杂质进入系统。

② 滤芯应有足够强度，不会因压力而损坏。

③ 通流能力大，压力损失小。

④ 易于清洗或更换滤芯。

（2）滤油器的类型及特点。按滤芯的材料和结构形式，滤油器可分为网式、线隙式、纸质滤芯式、烧结式滤油器等；按滤油器安放的位置不同，还可以分为吸滤器、压滤器和回油滤油器，考虑到泵的自吸性能，吸油滤油器多为粗滤器。

下面介绍按滤芯的材料和结构形式划分滤油器：

① 网式滤油器。网式滤油器的滤芯以铜网为过滤材料，在塑料或金属筒形骨架的周围开有很多孔，并在孔外包着一层或两层铜丝网，其过滤精度取决于铜网层数和网孔的大小。这种滤油器结构简单、通流能力大、清洗方便，但过滤精度低，一般用于液压泵的吸油口。

② 线隙式滤油器。线隙式滤油器的滤芯是用钢线或铝线密绕在筒形骨架的外部组成的，依靠铜丝间的微小间隙滤除混入液体中的杂质。其结构简单，通流能力大，过滤精度比网式滤油器高，但不易清洗，多为回油滤油器。

③ 纸质滤油器。纸质滤油器的滤芯是用平纹或波纹的酚醛树脂或木浆微孔滤纸制成的纸芯，将纸芯围绕在带孔的镀锡铁做成的骨架上，以增大强度。为增加过滤面积，纸芯一般做成折叠形。其过滤精度较高，一般用于油液的精过滤，但堵塞后无法清洗，须经常更换滤芯。

④ 烧结式滤油器。烧结式滤油器的滤芯用金属粉末烧结而成，利用颗粒间的微孔来挡住油液中的杂质通过。其滤芯承受的压力高、抗腐蚀性好、过滤精度高，适用于要求精滤的高压、高温液压系统。

（3）滤油器的安装。

① 泵入口的吸油粗滤器。泵入口粗滤器用来保护泵，使其不致吸入较大的机械杂质。根据泵的要求，可用粗的或普通精度的滤油器，为了不影响泵的吸油性能，防止发生气穴现象，滤油器的过滤能力应为泵流量的两倍以上，压力损失不得超过 0.01~0.035 MPa。

② 泵出口油路上的高压滤油器。这种安装主要用来滤除进入液压系统的污染杂质，一般采用过滤精度 10~15 mm 的滤油器。它应能承受油路上的工作压力和冲击压力，其压力降应小于 0.35 MPa，并应有安全阀或堵塞状态发讯装置，以防泵过载和滤芯损坏。

③ 系统回油路上的低压滤油器。低压滤油器可滤去油液流入油箱以前的污染物，为液压泵提供清洁的油液。因回油路压力很低，可采用滤芯强度不高的精滤油器，并允许滤油器有较大的压力降。

④ 安装在系统以外的旁路过滤系统。大型液压系统可专设一个液压泵和滤油器构成的滤油子系统，滤除油液中的杂质，以保护主系统。

安装滤油器时应注意，一般滤油器只能单向使用，即进、出口不可互换。

2）空气过滤器

根据工作原理，空气过滤器可分为初效过滤器、中效过滤器、高效过滤器及亚高效过滤器等型号。

（1）初、中效过滤器。

初、中效过滤器也称 V 型密褶式过滤器，用于一般通风系统，具有过滤面积大，阻力低，使用寿命长等特点。它可作为高效过滤器的预过滤器使用，从而有效延长高效过滤器的使用寿命。DC、DZ 型初、中效袋式过滤器采用初、中效无纺布做滤料，冷板喷塑做框架，作为一、二级过滤，该产品具有容尘量大、阻力小及可清洗等优点，根据使用环境和选材不同，其过滤器效率等级分为 F5、F6、F7、F8。

（2）高效空气过滤器。

高效空气过滤器适用于常温、常湿，允许含有微量酸、碱有机溶剂的空气过滤，该产品效率高、阻力低、容尘量大，广泛应用于航天、航空、电子、制药、生物工程等领域。

可根据用户需求制作超高效过滤器（0.3～0.1 μm、捕集效率≥99.999%）、各种非标过滤器和亚高效过滤器（95%≤效率≤99.90%）。

3. 分流集流阀

分流集流阀也称速度同步阀，是液压阀中分流阀、集流阀、单向分流阀、单向集流阀和比例分流阀的总称。分流阀可以将流量从 P 口等量分配到 A 口和 B 口，其职能符号如图 3-1-3 所示。

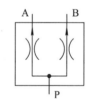

图 3-1-3　分流阀的职能符号

任务 3.1.2　相同位移及相同速度控制回路的设计

相同位移及速度控制回路指的是在多缸系统中，不同的执行元件同时运动，且运动速度相同、运动位移相等。

1. 控制动作的分析

以图 3-1-4 所示的立式车床横梁运动为例。

立式车床主要用于加工直径大，长度短的大型和重型工件。它的主轴处于垂直位置。工作台在水平面内，由导轨支撑。机床工作过程中，刀架可沿床身上的刀架导轨作横向移动，也可由横梁带动作纵向运动。

机床的横梁升降运动，如果使用两个液压缸来完成时，从理论上讲，只要两个液压缸的有效面积相同、输入的流量也相同的情况下，就应该做出同步动作。但是，实际上由于负载分配的不均匀，摩擦阻力不相等，泄露量不同，均会使两液压缸运动不同步，造成横

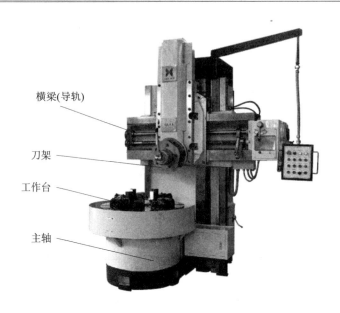

图 3-1-4　立式车床的外形

梁倾斜或卡死现象。如果采用同步回路，就能在一定程度上补偿上述原因造成的不同步运动，使两液压缸基本实现同步运动。

2. 设计同步控制回路

同步回路的控制方法一般有容积控制、流量控制和伺服控制三种。其中容积控制同步精度最低，伺服控制同步精度最高。

1）串联气缸同步回路设计

两个气缸串联时的同步回路如图 3-1-5 所示。

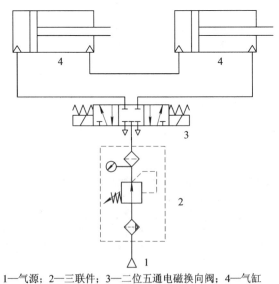

1—气源；2—三联件；3—二位五通电磁换向阀；4—气缸

图 3-1-5　串联气缸同步回路

在活塞伸出的工作行程中，压缩空气经过三联件及三位五通电磁换向阀的左位，进入左缸的无杆腔，左缸的右腔排出的气体被送入右缸的左腔，推动右缸的活塞向右运动。

若两缸的有效工作面积相等，两活塞必然有相同的位移，从而实现同步运动。但是由于制造误差和泄漏等因素的影响，同步精度较低。

2）并联气缸同步回路设计

并联气缸同步回路如图 3-1-6 所示。

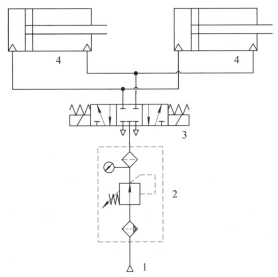

1—气泵；2—三联件；3—三位五通电磁换向阀；4—气缸

图 3-1-6 并联气缸同步回路

当三位五通电磁换向阀 3 处于左位时，两个气缸的无杆腔同时获得空气压缩机输出的压缩空气，且有杆腔同时排气，活塞伸出；当三位五通电磁换向阀 3 处于右位时，两个气缸的有杆腔同时获得压缩空气，且无杆腔同时排气，活塞缩回。

若两缸的有效工作面积相等，则两执行元件有相同的时间、位移及速度，从而实现同步运动。但是同样由于制造误差和泄漏等因素的影响，同步精度较低。

任务 3.1.3 多缸同步运动系统进行流量控制回路的设计

采用调速阀进行流量控制的并联液压缸同步回路如图 3-1-7 所示。

当电磁铁 YA 通电时，换向阀处于左位，液压泵输出的油液经换向阀同时进入两液压缸的左腔，推动活塞向右伸出；换向阀换位即电磁铁 YA 断电时，两液压缸右腔同时获得油液，活塞向左缩回。

串联气缸同步回路、并联气缸同步回路及调速阀控制并联液压缸同步回路三种方案都可实现同步动作，但对执行元件同步的控制均不很精确，其中串、并联气缸同步回路属容积控制式，同步精度较低；调速阀控制并联液压缸同步回路属流量控制式，同步精度较高。

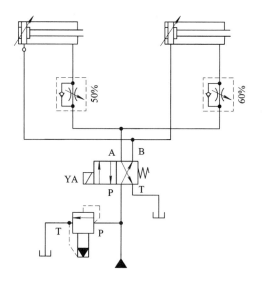

图 3 - 1 - 7　调速阀控制并联液压缸同步回路

任务 3.1.4　分流集流阀控制的同步运动回路设计

　　分流阀控制的同步回路如图 3 - 1 - 8 所示。当 1YA 通电时，液压油经换向阀左位和分流集流阀进入液压缸左腔，活塞伸出；液压缸右腔的油液经分流集流阀和换向阀左位回到油箱。当 2YA 通电时，液压油经换向阀右位进入液压缸右腔；液压缸左腔的油液经分流集流阀和换向阀右位回到油箱。

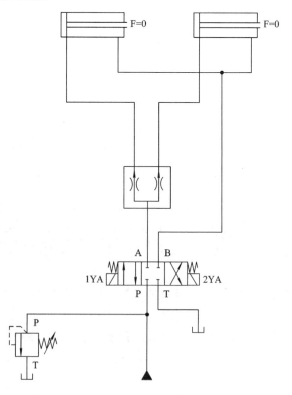

图 3 - 1 - 8　分流阀控制同步回路

❖ **思考题**

1. 在多缸液压系统中，要求以相同的位移或相同速度运动时，应采用什么回路？
2. 同步回路通常有几种控制方法？哪种方法的同步精度最高？
3. 通过查阅资料及思考，设计伺服控制式同步回路或其他能实现精确控制的同步回路。
4. 空气过滤器如何过滤空气？

模块 3.2　顺序动作回路的设计与分析

任务 3.2.1　行程开关

行程开关又称限位开关，用于机械设备的行程控制及限位保护。在实际生产中，将行程开关安装在预先安排的位置，当生产机械运动部件上的撞块撞击行程开关时，行程开关的触点动作，实现电路的切换，因此，行程开关是一种根据运动部件的行程位置而切换电路的电器。行程开关广泛用于各类机床和起重机械，用以控制其行程、进行终端限位保护。

行程开关的外形及职能符号如图 3-2-1 所示。

(a) 外形图　　　　　　　　　　(b) 职能符号

图 3-2-1　行程开关的外形图及职能符号

任务 3.2.2　顺序动作控制回路的设计

1. 顺序动作

系统要同时控制几个执行元件的顺序动作，如在机床上加工工件，必须将工件定位、夹紧后，才能进行切削加工。为了使执行元件能够按照要求的工作循环准确地运动，则需采用顺序动作回路来控制执行元件的运动。

2. 设计控制回路

顺序动作的控制方法一般有行程控制、压力控制和时间控制三种。

1）行程控制顺序动作回路

所谓行程控制，是指利用一个液压缸移动一段规定行程后发出的信号，控制下一个液压缸的动作。

行程控制可以用行程阀和行程开关实现。

（1）行程阀控制顺序动作回路。

行程阀控制顺序动作回路如图 3-2-2 所示。

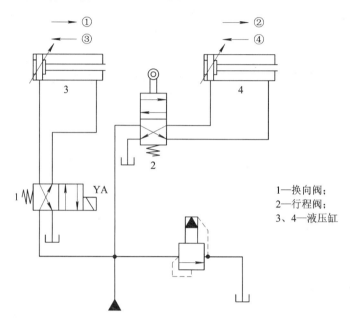

1—换向阀；
2—行程阀；
3、4—液压缸

图 3-2-2　行程阀控制顺序动作回路

当电磁铁 YA 通电时，换向阀 1 右位工作，液压缸 3 的无杆腔进油，活塞右移，完成①的动作；活塞右移至终点，活塞杆上的撞块压下行程阀 2，于是液压缸 4 的无杆腔通过行程阀 2 的上位进油，活塞向右运动，完成②的动作；当换向阀 1 的电磁铁 YA 断电，即换向阀 1 换至图示位置时，液压缸 3 的有杆腔进油，活塞向左退回，完成③的动作；当活塞退到使撞块松开行程阀 2 后，液压缸 4 的有杆腔进油，活塞也向左退回，完成④的动作，到此完成一个工作循环。

这种回路工作可靠，但改变动作顺序比较困难。

（2）行程开关控制顺序动作回路。

图 3-2-3 为用行程开关控制换向阀的顺序动作回路。当 1YA 通电时，电磁换向阀 2 左位工作，液压缸 3 的活塞右移，完成①的动作；当液压缸 3 的活塞运动到预定位置时，其活塞杆上的撞块压下行程开关 S2，使 1YA 断电，3YA 通电，电磁换向阀 1 的左位工作，液压缸 4 的活塞右移，完成②的动作；当液压缸 4 的活塞右移到预定位置时，撞块压下行程开关 S4，使 3YA 断电，2YA 通电，液压缸 3 的活塞左移，完成③的动作；当液压缸 3 的活塞返回到原位时，撞块压下行程开关 S1，使 2YA 断电，4YA 通电，液压缸 4 的活塞左移，完成④的动作。当液压缸 4 活塞返回到原位时，撞块压下行程开关 S3，使 4YA 断电。至此，电磁换向阀都处于中位，完成了一个工作循环。

在气压传动系统中，用行程开关控制的顺序动作回路工作原理与液压传动系统相同。这种回路由于调整行程方便，动作可靠，并且可改变动作顺序，所以应用较广，特别适用于动作循环经常要改变的场合。

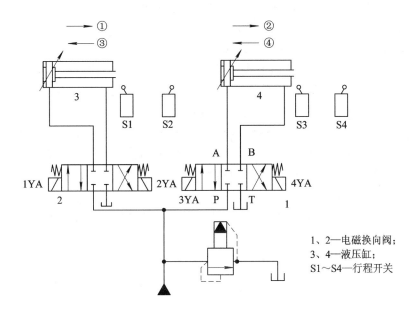

图 3-2-3　行程开关控制顺序动作回路

2）压力控制顺序动作回路设计

压力控制顺序动作回路就是利用压力控制元件实现顺序动作控制的回路。可用压力继电器和顺序阀实现控制。

（1）压力继电器控制顺序动作回路。

如图 3-2-4 所示，当电磁换向阀 1 通电时，液压油经过换向阀 1 的右位进入液压缸 3 的左腔，推动活塞向右运动，当碰上挡块（或工件被夹紧）后，系统压力升高，压力继电器 2 发出信号，使换向阀 5 的电磁铁通电，换向阀 5 的上位工作，液压缸 4 的活塞右移，实现顺序动作。

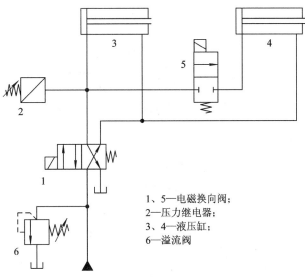

1、5—电磁换向阀；
2—压力继电器；
3、4—液压缸；
6—溢流阀

图 3-2-4　压力继电器控制顺序动作回路

这种回路控制顺序动作回路方便，由于压力继电器的灵敏度高，在液压冲击作用下容易产生误动作，所以同一系统中压力继电器的数目不宜过多。

为了防止压力继电器在先动作的液压缸活塞到达行程终点之前误发信号，压力继电器的调定值应比先动作液压缸的最高工作压力高 $0.3\sim0.5$ MPa；同时，为使压力继电器能可靠的发出信号，其压力调定值应比溢流阀的调整压力低 $0.3\sim0.5$ MPa。

（2）用顺序阀实现压力控制的顺序动作回路。

用顺序阀实现压力控制的顺序动作回路如图 3-2-5 所示。当 1YA 通电时，三位五通电磁换向阀 3 处于左位，气缸 6 的活塞右移，完成①的动作；当气缸 6 的活塞移动到终点，系统压力升高，将顺序阀 4 打开，气缸 7 的活塞右移，完成②的动作；当 1YA 断电，2YA 通电时，换向阀 3 的右位工作，气缸 6 的活塞左移，完成③的动作；气缸 6 的活塞左移到终点，系统压力升高，将顺序阀 5 打开，气缸 7 的活塞左移，完成④的动作。到此完成了①、②、③、④的动作循环。

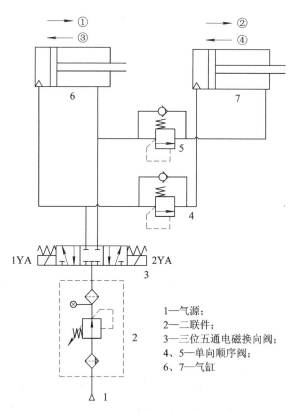

1—气源；
2—二联件；
3—三位五通电磁换向阀；
4、5—单向顺序阀；
6、7—气缸

图 3-2-5　用顺序阀实现压力控制的顺序动作回路

这种回路可靠性差，不适合于要求严格位置控制的场合，多用于控制两个动作的互锁，如工件夹紧后再允许进给。

为了保证严格的动作顺序，即避免由于顺序阀受到外界压力的干扰而过早的打开，使之前已运动的液/气压缸的活塞未到终点，而后一行程液/气压缸的活塞提前发生动作，顺序阀的调整压力必须高于前一行程液压缸的最高工作压力。

　3）时间控制的顺序动作回路

　　时间控制是指某一执行元件发生动作后，间隔一段预先调定的时间，再使另一执行元件动作。可采用时间继电器或延时继电器完成其顺序动作。

　　图 3-2-6 为时间控制的顺序动作回路。当扳动手动换向阀 1 的手动手柄时，由空气压缩机输出的气体先进入气缸 5 的左腔，使活塞右移，完成伸出动作，另一路压缩空气到达气动计数器 2，3 秒后计数器内 1-2 口闭合，气动换向阀 3 换至左位，气缸 4 左腔进气，活塞开始伸出，从而完成两缸顺序动作。

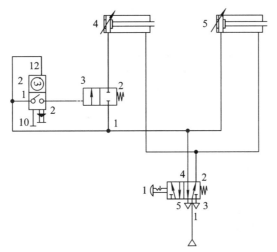

1—手动换向阀；2—气动计数器；3—气动换向阀；4、5—气缸

图 3-2-6　时间控制的顺序动作回路

❖ 思考题

　　1．如果一个液压系统要同时控制几个执行元件按规定顺序运动，应采用什么回路？

　　2．顺序动作回路通常有几种控制方法？

　　3．几种顺序动作控制方法的优缺点各是什么？在压力控制的顺序动作回路中，如何调整顺序阀和压力继电器的调整压力？

　　4．时间控制顺序动作应用在什么场合？

模块 3.3　特殊速度控制回路的设计与分析

任务 3.3.1　蓄能器

　　蓄能器是液压气动系统中的一种能量储蓄装置。它在适当的时机将系统中的能量转变为压缩能或位能储存起来，当系统需要时，又将压缩能或位能转变为液压或气压等能而释放出来，重新补供给系统。当系统瞬间压力增大时，它可以吸收这部分的能量，以保证整个系统压力正常。蓄能器具有辅助动力源、系统保压、缓和液压冲击、吸收压力脉动、回收能量等功用。

1. 蓄能器的类型及工作原理

蓄能器的类型主要有重锤式蓄能器、弹簧式蓄能器、充气式蓄能器，其工作原理分别如下所述。

1）重锤式蓄能器

当蓄能器内部重物势能小于其外部油液压力时，蓄能器处于储油状态；当蓄能器内部重物势能大于其外部油液压力时，蓄能器向系统释放能量。

重锤式蓄能器具有结构简单、容量大、压力稳定等优点，但也具有结构尺寸大而笨重、运动惯性大、反应不灵敏、易漏油、有摩擦损失等缺点。重锤式蓄能器常用于蓄能。

2）弹簧式蓄能器

弹簧式蓄能器的结构如图 3-3-1(a)所示。当蓄能器内部弹簧弹力小于其外部油液压力时，蓄能器处于储油状态；当蓄能器内部弹簧弹力大于其外部油液压力时，蓄能器向系统释放能量。其职能符号如图 3-3-1(b)所示。

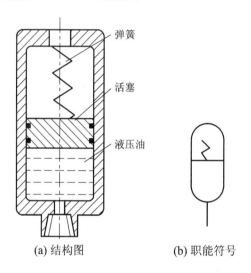

(a) 结构图　　　　　　　(b) 职能符号

图 3-3-1　弹簧式蓄能器的结构图及职能符号

弹簧式蓄能器具有结构简单、反应灵敏的优点，但有容量小、易内泄并有压力损失的缺点。不适于高压和高频动作场合，一般可用于小容量、低压系统，用作蓄能和缓冲。

3）充气式蓄能器

充气式蓄能器包括气瓶式蓄能器、气囊式蓄能器、活塞式蓄能器。

(1) 气瓶式蓄能器(直接接触式蓄能器)。

气瓶式蓄能器的结构如图 3-3-2(a)所示，它由一个封闭的壳体形成容器，在壳体的下部有一个进出液口与液压系统相连，顶部有一个进气孔，安装充气阀充入压缩空气。

当蓄能器内部气体压力小于其外部油液压力时，蓄能器处于储油状态；当蓄能器内部气体压力大于其外部油液压力时，蓄能器向系统释放能量。其职能符号如图 3-3-2(b)所示。

气瓶式蓄能器具有结构简单、容量大、体积小、惯性小、反应灵敏、占地面积小的特点，但由于气体与液体直接接触，易混入油液中，影响系统工作的平稳性；而且耗气量大，

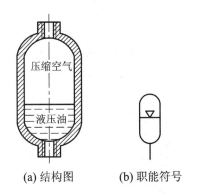

(a) 结构图　　　　(b) 职能符号

图 3-3-2　气瓶式蓄能器的结构图及职能符号

需经常补气。气瓶式蓄能器只能垂直安放，以确保气体被封在壳体上部。因此，这种蓄能器仅适用于要求不高的中、低压大流量系统中。

（2）气囊式蓄能器。

气囊式蓄能器的结构如图 3-3-3(a)所示。气囊用耐油橡胶制成，固定在耐高压的壳体上部。气囊内充有惰性气体，利用气体的压缩和膨胀来储存、释放压力能。壳体下端的提升阀用弹簧加载的菌形阀，由此通入液压油。该结构气液密封性能十分可靠，气囊惯性小。

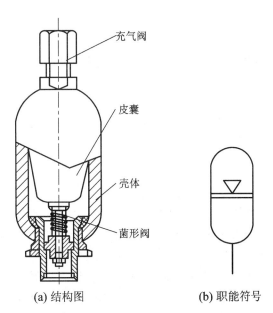

充气阀

皮囊

壳体

菌形阀

(a) 结构图　　　　　　　(b) 职能符号

图 3-3-3　气囊式蓄能器的结构图及职能符号

当蓄能器内部气体压力小于其外部油液压力时，蓄能器处于储油状态；当蓄能器内部气体压力大于其外部油液压力时，蓄能器向系统释放能量。其职能符号如图 3-3-3(b)所示。

气囊式蓄能器的特点是重量轻、尺寸小、安装容易、维护方便、惯性小、反应灵敏，但工艺性差，气囊及壳体制造困难。它既可用于蓄能、又可用于缓和冲击、吸收脉动。

（3）活塞式蓄能器。

活塞式蓄能器的结构如图 3 - 3 - 4(a)所示。活塞的上部为压缩空气，气体由气门充入，其下部经油孔通入液压系统中，气体和油液在蓄能器中由活塞隔开，利用气体的压缩和膨胀来储存、释放压力能。活塞随下部液压油的储存、释放而在缸筒内滑动。

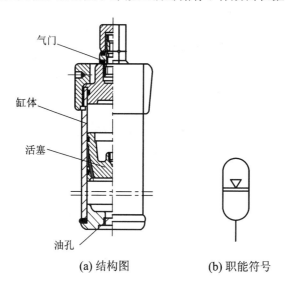

气门

缸体

活塞

油孔

(a) 结构图   (b) 职能符号

图 3 - 3 - 4　活塞式蓄能器的结构图及职能符号

当蓄能器内部气体压力小于其外部油液压力时，蓄能器处于储油状态；当蓄能器内部气体压力大于其外部油液压力时，蓄能器向系统释放能量。其职能符号如图 3 - 3 - 4(b)所示。

活塞式蓄能器的特点是结构简单、工作可靠、安装容易、维护方便、寿命长，但因活塞有一定的惯性及受到摩擦力作用，反应不灵敏，容量较小，一般用于蓄能。

2. 蓄能器的安装

在安装蓄能器时应注意以下事项：

（1）气囊式蓄能器应垂直安装，油口向下。

（2）用作降低噪声、吸收脉动和冲击的蓄能器应尽可能靠近振源。

（3）蓄能器与泵之间应安装单向阀，防止油液倒流以保护泵。

（4）蓄能器与系统之间设置截止阀，以充气或检修时用。

（5）蓄能器必须安装于便于检查、维修的位置，并远离热源。

（6）对用于补油保压的蓄能器应尽可能安装在执行元件附近。

（7）用于缓和液压冲击、吸收压力脉动的蓄能器，应安装于冲击源或脉动源的近旁。

（8）必须用支架或支板将蓄能器固定。

任务3.3.2　快速运动控制的回路设计

为了提高生产率，设备的空行程运动一般需作快速运动。常用的快速运动回路一般有液压缸差动连接的快速运动回路、双泵供油的快速运动回路、采用蓄能器的快速运动回路三种。

1. 液压缸差动连接的快速运动回路

图 3-3-5 所示回路为液压缸差动连接的快速运动回路。当图中只有电磁铁 1YA 通电时，换向阀 1 左位工作，压力油可进入液压缸的左腔，亦经阀 3 的左位与液压缸右腔连通，因活塞左端受力面积大，故活塞差动快速右移。这时如果电磁铁 3YA 也通电，则压力油只能进入缸左腔，缸右腔经单向节流阀 2 回油，实现活塞慢速运动。当 2YA、3YA 同时通电时，压力油经换向阀 1 右位、单向阀、阀 3 右位进入缸右腔，缸左腔回油，活塞快速退回。

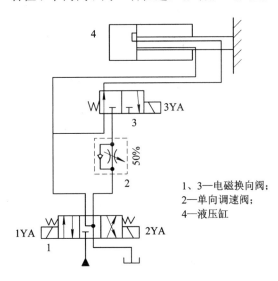

1、3—电磁换向阀；
2—单向调速阀；
4—液压缸

图 3-3-5　液压缸差动连接快速运动回路

2. 双泵供油的快速运动回路

双泵供油的快速运动回路如图 3-3-6 所示，其中 1 为高压小流量泵，用以实现工作进给运动，2 为低压大流量泵，用以实现快速运动。在快速运动时，液压泵 2 输出的油经单向阀 4 和液压泵 1 输出的油共同向系统供油。在工作进给时，系统压力升高，打开液控顺序阀（卸荷阀）3 使液压泵 2 卸荷，此时单向阀 4 关闭，由液压泵 1 单独向系统供油。溢流阀 5 控制液压泵 1 的供油压力是根据系统所需最大工作压力来调节的，而卸荷阀 3 使液压泵 2 在快速运动时供油，在工作进给时则卸荷，因此它的调整压力应比快速运动时系统所需的压力要高，但比溢流阀 5 的调整压力低。

3. 采用蓄能器的快速运动回路

采用蓄能器的快速运动回路如图 3-3-7 所示，该回路用于在短时间内需要大流量的液压系统中。当换向阀 5 处于中位，液压缸不工作时，液压泵 1 经单向阀 3 向蓄能器 4 充油。当蓄能器内的油压达到液控顺序阀 2 的调定压力时，阀 2 被打开，使液压泵 1 卸荷。当换向阀 5 处于左位或右位，液压缸工作时，液压泵 1 和蓄能器 4 同时向液压缸供油，使其实现快速运动。

这种快速回路可用较小流量的泵获得较高的运动速度。其缺点是蓄能器充油时，液压缸必须停止工作，在时间上有些浪费。

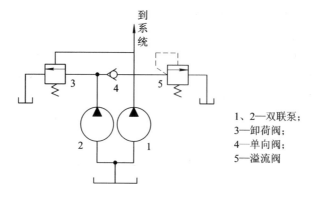

1、2—双联泵；
3—卸荷阀；
4—单向阀；
5—溢流阀

图 3-3-6　双泵供油的快速运动回路

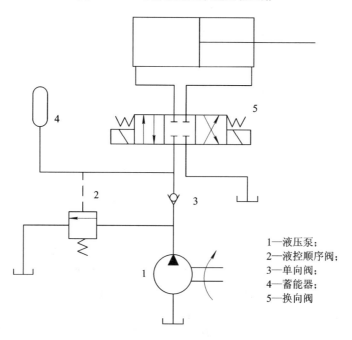

1—液压泵；
2—液控顺序阀；
3—单向阀；
4—蓄能器；
5—换向阀

图 3-3-7　采用蓄能器的快速运动回路

任务 3.3.3　运动速度转换的控制回路的设计

速度换接回路用来实现运动速度的变换，即在原来设计或调节好的几种运动速度中，从一种速度换成另一种速度。对这种回路的要求是速度换接要平稳，即不允许在速度变换的过程中有前冲（速度突然增加）现象。

1. 用行程阀的速度换接回路

图 3-3-8 所示为用行程阀控制的速度换接回路，在图示位置时，液压缸 3 右腔的回油可经行程阀 4 和换向阀 2 流回油箱，使活塞快速向右运动。当快速运动到达所需位置时，活塞杆上挡块压下行程阀 4，将其通路关闭，这时液压缸 3 右腔的回油就必须经过调速阀 6 流回油箱，活塞的运动转换为工作进给运动（简称工进）。当操纵换向阀 2 时，换向阀 2 左位工作，压力油可经换向阀 2 和单向阀 5 进入液压缸 3 右腔，使活塞快速向左退回。

在这种速度换接回路中，因为行程阀的通油路是由液压缸活塞的行程控制阀芯移动而逐渐关闭的，所以换接时的位置精度高，冲出量小，运动速度的变换也比较平稳。这种回路在机床液压系统中应用较多，它的缺点是行程阀要由挡铁压下，其安装位置受一定限制，所以有时管路连接稍复杂。行程阀也可以用电磁换向阀来代替，这时电磁阀的挡铁只需要压下行程开关，安装位置不受限制，但其换接精度及速度变换的平稳性较差。

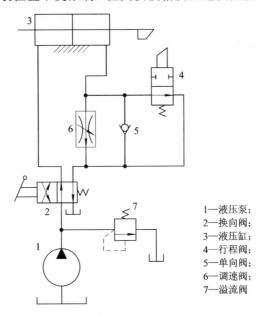

1—液压泵；
2—换向阀；
3—液压缸；
4—行程阀；
5—单向阀；
6—调速阀；
7—溢流阀

图 3-3-8　用行程阀控制的速度换接回路

2. 利用液压缸自身结构的速度换接回路

图 3-3-9 是利用液压缸本身的管路连接实现的速度换接回路。当扳动手柄时，由于液压缸右腔通过换向阀直接与油箱相连，使活塞快速向右移动，液压缸右腔的回油经泵和换向阀流回油箱。当活塞运动到将缸右腔的下口封闭后，液压缸右腔的回油需经调速阀 3 流回油箱，活塞则由快速运动变换为工作进给运动。

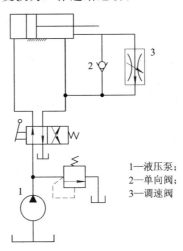

1—液压泵；
2—单向阀；
3—调速阀

图 3-3-9　利用液压缸自身结构的速度换接回路

这种速度换接回路方法简单，换接较可靠，但速度换接的位置不能调整，工作行程也不能过长以免活塞过宽，所以仅适用于工作情况固定的场合。这种回路也常用作活塞运动到达端部时的缓冲制动回路。

3. 调速阀并联以实现两种工作进给速度换接的回路

对于某些自动机床、注塑机等，需要在自动工作循环中变换两种以上的工作进给速度，这时需要采用两种（或多种）工作进给速度的换接回路。图 3 - 3 - 10 是用两个调速阀并联以实现两种工作进给速度换接的回路。

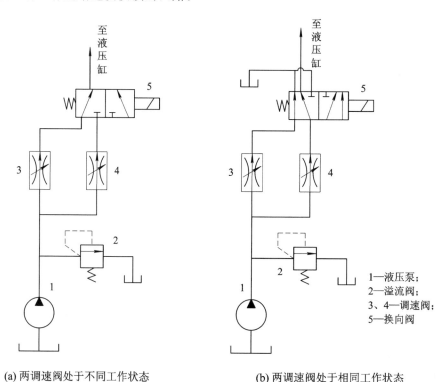

(a) 两调速阀处于不同工作状态   (b) 两调速阀处于相同工作状态

1—液压泵；
2—溢流阀；
3、4—调速阀；
5—换向阀

图 3 - 3 - 10　调速阀并联的速度换接回路

在图 3 - 3 - 10(a) 中，液压泵输出的压力油经调速阀 3 和电磁阀 5 进入液压缸。当需要第二种工作进给速度时，电磁阀 5 通电，其右位接入回路，液压泵输出的压力油经调速阀 4 和电磁阀 5 进入液压缸。这种回路中两个调速阀的节流口可以单独调节，互不影响，即第一种工作进给速度和第二种工作进给速度互相间没有限制。但一个调速阀工作时，另一个调速阀中没有油液通过，它的减压阀则处于完全打开的位置，在速度换接开始的瞬间不能起减压作用，容易出现部件突然前冲的现象。

图 3 - 3 - 10(b) 为另一种调速阀并联的速度换接回路。在这个回路中，两个调速阀始终处于工作状态，在由一种工作进给速度转换为另一种工作进给速度时，不会出现工作部件突然前冲现象，因而工作可靠。但是液压系统在工作中总有一定量的油液通过不起调速作用的那个调速阀流回油箱，造成能量损失，使系统发热。

4. 两个调速阀串联的速度换接回路

如图 3-3-11 所示为两个调速阀串联的速度换接回路，液压泵输出的压力油经调速阀 3 和电磁阀 5 进入液压缸，这时的流量由调速阀 3 控制。当需要第二种工作进给速度时，阀 5 通电，其右位接入回路，则液压泵输出的压力油先经调速阀 3，再经调速阀 4 进入液压缸，这时的流量应由调速阀 4 控制，所以这种串联式回路中调速阀 4 的节流口应小于调速阀 3 的开口，否则调速阀 4 速度换接回路将不起作用。

这种回路在工作时调速阀 3 一直工作，它限制着进入液压缸或调速阀 4 的流量，因此在速度换接时不会使液压缸产生前冲现象，换接平稳性较好。在调速阀 4 工作时，油液需经过两个调速阀，故能量损失较大。系统发热也较大，但却比图 3-3-10(b) 所示的回路要小。

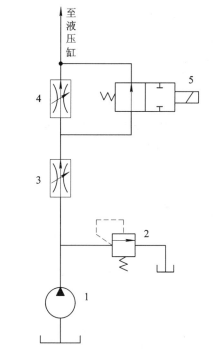

1—液压泵；2—溢流阀；3、4—调速阀；5—换向阀

图 3-3-11　两个调速阀串联的速度换接回路

❖ 思考题

1. 在液压系统中为什么要设置快速运动回路？实现执行元件快速运动的方法有哪些？

2. 怎样用高、低压泵并联实现执行元件的快速运动？

3. 使用蓄能器的快速运动回路是怎样工作的？用这种回路时应注意哪些问题？

4. 什么是差动连接回路？

5. 速度换接回路用于什么场合？这种回路在性能上应满足哪些基本要求？

6. 举例说明怎样实现执行元件的"快、慢、快"运动循环？

7. 举例说明在速度换接回路中如何减少功率的损耗？

模块 3.4　特殊压力控制回路的设计与分析

任务 3.4.1　增压液压缸、伸缩缸、齿轮缸和液控单向阀

1. 增压液压缸

增压液压缸又称增压器，它利用活塞和柱塞有效面积的不同使液压系统中的局部区域获得高压，有单作用和双作用两种形式。

单作用增压缸的工作原理如图 3-4-1(a)所示，当输入活塞缸的液体压力为 p_1，活塞直径为 D，柱塞直径为 d 时，柱塞缸中输出的液体压力为高压 p_2，其值为

$$p_2 = p_1 \left(\frac{D}{d} \right)^2 = K p_1 \qquad (3-4-1)$$

式中：$K = D^2/d^2$，称为增压比，它代表其增压程度。

显然，增压能力是在降低有效能量的基础上得到的。也就是说，增压缸仅仅是增大输出的压力，并不能增大输出的能量。

单作用增压缸在柱塞运动到终点时，不能再输出高压液体，需要将活塞退回到最左端，再向右行时才又输出高压液体。为了克服这一缺点，可采用双作用增压缸，如图 3-4-1(b)所示，由两个高压端连续向系统供油。

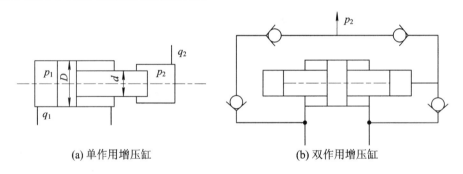

(a) 单作用增压缸　　　　　　　(b) 双作用增压缸

图 3-4-1　增压缸

2. 伸缩缸

伸缩缸由两个或多个活塞缸套装而成，前一级活塞缸的活塞杆内孔是后一级活塞缸的缸筒，伸出时可获得很长的工作行程，缩回时可保持很小的结构尺寸，伸缩缸被广泛用于起重运输车辆上。

伸缩缸可以是如图 3-4-2(a)所示的单作用式，也可以是如图 3-4-2(b)所示的双作用式，前者靠外力回程，后者靠液压回程。

(a) 单作用伸缩缸　　　　　　　(b) 双作用伸缩缸

图 3-4-2　伸缩缸

伸缩缸的外伸动作是逐级进行的。首先是最大直径的缸筒以最低的油液压力开始外伸，当到达行程终点后，稍小直径的缸筒开始外伸，直径最小的末级最后伸出。随着工作级数变大，外伸缸筒直径越来越小，工作油液压力随之升高，工作速度变快，其值为

$$F_i = p_1 \frac{\pi}{4} D_i^2 \tag{3-4-2}$$

$$V_i = \frac{4q}{\pi D_i^2} \tag{3-4-3}$$

式中：i 表示 i 级活塞缸。

3. 齿轮缸

齿轮缸由两个柱塞缸和一套齿条传动装置组成，如图 3-4-3 所示。柱塞的移动经齿轮齿条传动装置变成齿轮的传动，用于实现工作部件的往复摆动或间歇进给运动。

4. 液控单向阀

图 3-4-4(a) 所示是液控单向阀的结构。当控制口 K 处无压力油通入时，它的工作机制和普通单向

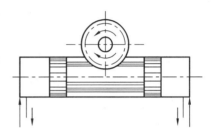

图 3-4-3　齿轮缸

阀一样，压力油只能从通口 P_1 流向通口 P_2，不能反向倒流。当控制口 K 有控制压力油通过时，因控制活塞 1 右侧 a 腔通泄油口，活塞 1 右移，推动顶杆 2 顶开阀芯 3，使通口 P_1 和 P_2 接通，油液就可在两个方向自由通流。图 3-4-4(b) 所示是液控单向阀的职能符号。

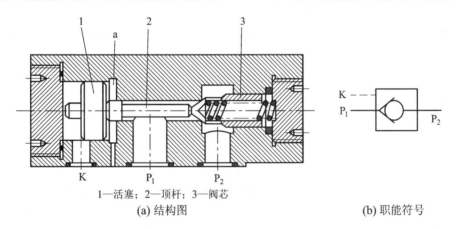

1—活塞；2—顶杆；3—阀芯

(a) 结构图　　　　　　　　　　　　　　　(b) 职能符号

图 3-4-4　液控单向阀的结构图及职能符号

任务 3.4.2　卸荷回路的设计

执行元件在工作中时常需要停歇，在处于不工作状态时，就不需要供油或只需要少量的油液，因此需要卸荷回路，使液压泵输出的油液经卸荷回路，在很低的压力下流回油箱。这样，由于液压泵空载运行，可减少功率消耗，防止系统发热，并且便于实现液压泵空负荷启动，提高泵的寿命和系统效率。

常用的卸荷回路有用换向阀中位机能实现的卸荷回路、用两位两通阀实现的卸荷回路、用先导式溢流阀实现的卸荷回路、用卸荷阀实现的卸荷回路。

用先导式溢流阀和两位两通电磁阀配合使液压泵卸荷的回路如图3-4-5所示。

使先导型溢流阀2的远程控制口直接与两位两通电磁换向阀3相连，便构成一种用先导型溢流阀的卸荷回路。

当两位两通电磁阀3通电后，溢流阀的外控口与油箱相通。此时，由于主阀弹簧很软，主阀芯在进口压力很低的情况下，即可迅速抬起，使泵卸荷，以减少能量消耗，此时，泵接近于空载运转，功耗很小，处于卸荷状态。

卸荷时，泵输出的流量通过溢流阀2的溢流口流回油箱，而通过电磁阀的流量很小，只

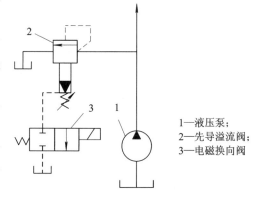

1—液压泵；
2—先导溢流阀；
3—电磁换向阀

图3-4-5 用两位两通阀的卸荷回路

是溢流阀控制腔的流量，故只需选用小规格的电磁阀。该状态下，溢流阀处于全开状态。当停止卸荷系统重新工作时，不会产生压力冲击现象，故宜用于高压大流量系统中。

电磁阀连接溢流阀的外控口后，使溢流阀的控制容积增大，工作时已产生不稳定现象，故需在该两阀间设置阻尼装置(图中没画出)。这种卸荷回路卸荷压力小，切换时冲击也小。

任务3.4.3 系统保压控制回路的设计

保压回路的功用是使某些液压系统在工作过程中保持一定的压力，例如为使机床获得足够而稳定的进给力，保证加工精度，避免发生事故，对于加工或夹紧工件，都要求系统保持一定的压力，并使压力的波动保持在最小的限度内，在这些情况下则需保压回路。

保压回路应能满足保压时间的要求，保压回路的压力应稳定、工作可靠、经济性好。

在液压系统中常用的保压方法有用定量泵和溢流阀直接保持压力、蓄能器保压、液控单向阀保压、保压液压泵保压。

1. 利用液压泵的保压回路

利用液压泵的保压回路是在保压过程中，液压泵仍以较高的压力（保压所需压力）工作，此时，若采用定量泵，则压力油几乎全经溢流阀流回油箱，系统功率损失大，易发热，故只在小功率的系统且保压时间较短的场合下才使用；若采用变量泵，则在保压时泵的压力较高，但输出流量几乎等于零，因而，液压系统的功率损失小，这种保压方法能随泄漏量的变化而自动调整输出流量，因而其效率也较高。

2. 利用蓄能器的保压回路

如图3-4-6(a)所示为单缸系统蓄能器的保压回路，当主换向阀在左位工作时，液压缸向右运动且压紧工件，进油路压力升高至调定值，压力继电器动作使二通阀通电，泵即卸荷，单向阀自动关闭，液压缸则由蓄能器保压。缸压不足时，压力继电器复位使泵重新工作。保压时间的长短取决于蓄能器的容量，调节压力继电器的工作区间即可调节缸中压力的最大值和最小值。

如图3-4-6(b)所示为多缸系统中的保压回路，这种回路当主油路压力降低时，单向

阀 3 关闭，支路由蓄能器保压补偿泄漏，压力继电器 5 的作用是当支路压力达到预定值时发出信号，使主油路开始动作。

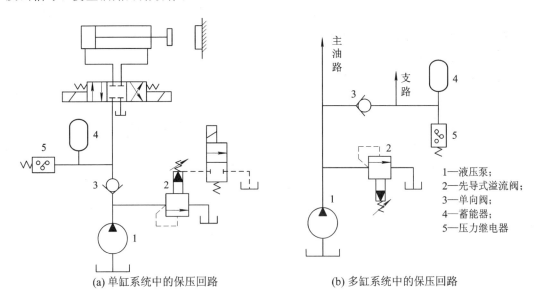

(a) 单缸系统中的保压回路　　　　　　　　(b) 多缸系统中的保压回路

1—液压泵；
2—先导式溢流阀；
3—单向阀；
4—蓄能器；
5—压力继电器

图 3 - 4 - 6　利用蓄能器的保压回路

3. 利用液控单向阀的保压回路

如图 3 - 4 - 7 所示为采用液控单向阀和电接触式压力表的自动补油式保压回路。当 1YA 得电时，换向阀右位接入回路，油液进入液压缸上腔，当液压缸上腔压力上升至电接触式压力表的上限值时，上触点通电，使电磁铁 1YA 失电，换向阀处于中位，M 型的中位机能液压泵卸荷，液压缸由液控单向阀保压。当液压缸上腔压力下降到预定下限值时，电接触式压力表又发出信号，使 1YA 得电，液压泵再次向系统供油，使压力上升。当压力达到上限值时，上触点又发出信号，使 1YA 失电。因此，这一回路能自动地使液压缸补充压力油，使其压力能长期保持在一定范围内。

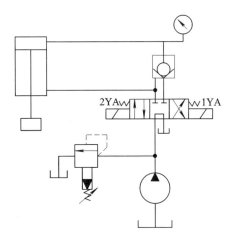

图 3 - 4 - 7　自动补油的保压回路

任务 3.4.4 平衡回路的设计

立式液压缸常常由于自重的作用而下滑，造成事故，有时候垂直向下运动也会因自重出现超速运动现象。为了防止这些现象的产生，在系统中需设置平衡回路，使之产生一定的背压与自重相平衡。

1. 采用单向顺序阀的平衡回路

单向顺序阀的平衡回路如图 3-4-8 所示。当 2YA 得电后换向阀右位工作，油液经单向阀进入竖直液压缸下腔，活塞上行，提升重物，液压缸上腔回油；当 1YA 得电后换向阀左位工作，液压缸上腔进油，活塞下行，此时由于回油路上安装了单向顺序阀故存在着一定的背压，只要将这个背压调得能支承住活塞和与之相连的工作部件自重，活塞就可以平稳地下落；当换向阀处于中位(1YA、2YA 断电时)，活塞就停止运动，不再继续下移。

这种回路当活塞向下快速运动时功率损失大，锁住时活塞和与之相连的工作部件会因单向顺序阀和换向阀的泄漏而缓慢下落，因此它只适用于工作部件重量不大、活塞锁住时定位要求不高的场合。

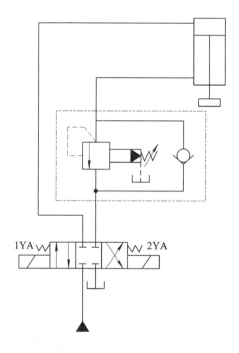

图 3-4-8 采用单向顺序阀的平衡回路

2. 采用液控顺序阀的平衡回路

液控顺序阀的平衡回路如图 3-4-9 所示。当 2YA 得电后换向阀右位工作，油液经单向阀进入竖直液压缸下腔，活塞上行，液压缸上腔回油；当 1YA 得电后换向阀左位工作，液压缸上腔进油，活塞下行，同时控制压力油打开液控顺序阀，背压消失，因而回路效率较高；当停止工作时，换向阀处于中位(1YA、2YA 断电)，液控顺序阀关闭以防止活塞和工作部件因自重而下降。

这种平衡回路具有上腔进油时活塞才下行，比较安全可靠的优点，但是活塞下行时平稳性较差，这是因为活塞下行时，液压缸上腔油压降低，将使液控顺序阀关闭。当顺序阀关闭时，因活塞停止下行，使液压缸上腔油压升高，又打开液控顺序阀。因此液控顺序阀始终工作于启闭的过渡状态，因而影响工作的平稳性。这种回路适用于运动部件重量不很大、停留时间较短的液压系统中。

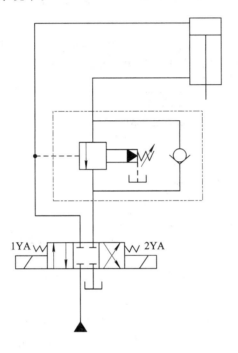

图 3 - 4 - 9　采用液控顺序阀的平衡回路

❖ **思考题**

1．为什么要调整液压系统的压力？如何调整？

2．有些液压系统中为什么要设置保压回路？它应满足哪些基本要求？

3．在液压系统中常用的保压方法有哪些？各有何特点？

4．增压回路的功能是什么？常用的增压回路有哪些？

5．举例说明平衡回路的功用和工作原理。

6．在液压系统中为什么要设有卸荷回路？常用的卸荷回路有哪些？都有什么特点？

7．设计利用保压本进行保压的回路。

8．平衡回路与背压回路有何区别？

模块 3.5　逻辑控制回路的设计与分析

任务 3.5.1　逻辑元件

气动逻辑元件是一种以压缩空气为工作介质，通过元件内部可动部件（如膜片、阀芯）

的动作，改变气流流动的方向，从而实现一定逻辑功能的流体控制元件。气动逻辑元件种类很多，按工作压力分为高压、低压、微压三种；按结构形式分类，主要包括截止式、膜片式、滑阀式和球阀式等几种类型。

1. "与门"（双压阀）元件

"与门"元件即双压阀，是指当只有两个输入端同时输入信号时，才有输出，否则输出端无动作。

"与门"元件的结构及逻辑符号如图 3-5-1 所示。A、B 为信号输入口，S 为输出口。只有当 A 和 B 同时输入信号时，S 才有输出，否则 S 无输出，也即 S＝AB。

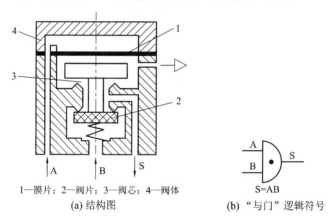

1—膜片；2—阀片；3—阀芯；4—阀体
(a) 结构图　　　　　　(b) "与门"逻辑符号

图 3-5-1　"与门"元件的结构图及逻辑符号

与门工作过程如图 3-5-2 所示。当 P_2 无信号，阀片在弹簧及气源压力作用下右移，关闭阀口，封住 P_1→A 通路，A 无输出，如图 3-5-2(a)所示；当 P_2 有信号，膜片在输入信号作用下，推动阀芯左移，封住 P_2 与排气孔通道，A 无输出，如图 3-5-2(b)所示；同时接通 P_1→A，P_2→A 通路，A 有输出，如图 3-5-2(c)所示，即元件的输入和输出始终保持相同状态。图 3-5-2(d)为与门元件符号图。

"与门"回路真值表如表 3-5-1 所示。

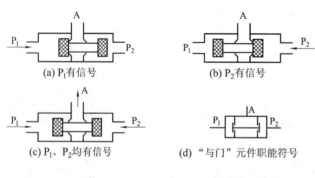

(a) P_1 有信号　　　　　　(b) P_2 有信号

(c) P_1、P_2 均有信号　　　(d) "与门"元件职能符号

图 3-5-2　与门工作过程图解

表 3-5-1　"与门"回路真值表

输　　　入		输　　　出
A	B	S(与门)
0	0	0
0	1	0
1	0	0
1	1	1

2. "或门"（梭阀）元件

"或门"元件即所谓的梭阀。当两个输入端有任一个信号时，有输出。梭阀相当于两个单向阀组合的阀锁，具有逻辑"或门"功能，在逻辑回路和程序控制回路中广泛运用，在手

动—自动回路的转换上常用。

图 3-5-3 为"或门"元件的结构图、逻辑符号及职能符号。当只有 A 信号输入时，阀片 3 被推动下移，打开上阀口，接通 A→S 通路，S 有输出。类似地，当只有 B 信号输入时，B→S 接通，S 也有输出。显然，当 A、B 均有信号输入时，S 定有输出。显示活塞 1 用于显示输出的状态。

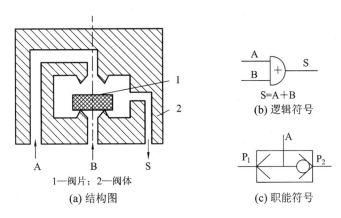

1—阀片；2—阀体

(a) 结构图　　　　　　　　　　(c) 职能符号

S=A+B

(b) 逻辑符号

图 3-5-3　"或门"元件结构图及职能符号

因梭阀在换向过程中存在路路通过程，因此当某一接口进气量或排气量非常小的时候，阀的前后不能产生使阀正常换向的压力差，使阀不能完全换向而中途停止，造成阀的动作失灵。所以在使用时应注意，不要在某一接口处采用变径接头造成通路过小。

如图 3-5-4 所示，可看出梭阀的工作原理，即任意一个输入端有信号或一端信号强于另一端时，就有输出。

"或门"回路真值表如表 3-5-2 所示。

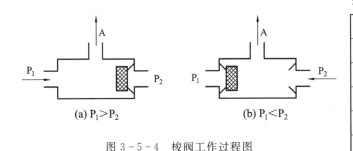

(a) $P_1 > P_2$　　　　　　　(b) $P_1 < P_2$

图 3-5-4　梭阀工作过程图

表 3-5-2　"或门"回路真值表

输　　入		输　　出
a	b	S
0	0	0
0	1	1
1	0	1
1	1	1

任务 3.5.2　**双压阀的控制回路设计**

双压阀回路相当于两个串联的输入信号，即两个阀串联使用。如果两个输入压力一致，会在输出口上产生气压。

双压阀控制的回路如图 3-5-5 所示。只有当手动换向阀 2 和机控换向阀 3 同时换向至左位时，与门型双压阀的输出口才会有气体输出，从而使气动换向阀 5 换向，气体进入气缸的左腔，使气缸的活塞向右运动。当松开换向阀 2 和 3 中的任意一个时，气缸的活塞左移，并退回初始位置。

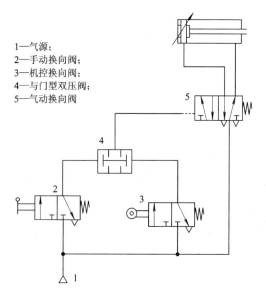

1—气源；
2—手动换向阀；
3—机控换向阀；
4—与门型双压阀；
5—气动换向阀

图 3-5-5　双压阀的控制回路

任务 3.5.3　双手同时动作控制的回路的设计

为使主控阀换向，必须使二位三通手动换向阀同时换向，另外，这两位换向阀必须安装在一个人不能双手同时操作的距离上，在操作时如任何一只手离开，则控制信号消失，主控阀复位，活塞杆后退。双手同时动作控制回路如图 3-5-6 所示。

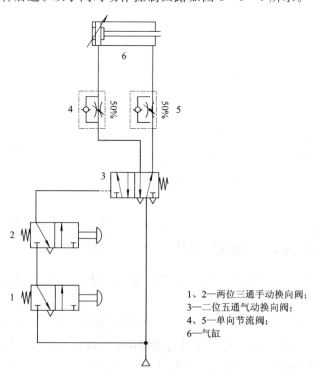

1、2—两位三通手动换向阀；
3—二位五通气动换向阀；
4、5—单向节流阀；
6—气缸

图 3-5-6　双手同时动作运动回路

任务 3.5.4　互锁回路设计

互锁回路属于安全保护回路，它的控制主要是依靠换向元件的相互制约或逻辑控制元件的逻辑控制来实现的。

1. 用换向阀实现的互锁回路

用换向阀实现的互锁回路如图 3-5-7 所示。主控阀的换向将受三个串联的机动三通阀控制，只有三个机动三通阀都接通时，主控阀才能换向，液压缸才能动作。

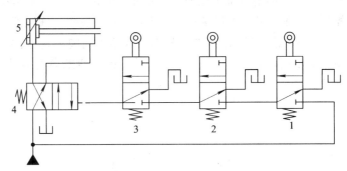

1、2、3—二位三通机控换向阀；4—二位四通液动换向阀；5—液压缸

图 3-5-7　用换向阀实现的互锁回路

当有一个或两个行程阀未被按下，此时液压缸有杆腔无法获得油液，液压缸不动。当三个行程阀都被按下时，液动换向阀 4 的液控口有油液输入，从而推动换向阀阀芯向左运动，使液压油进入液压缸有杆腔，活塞向左运动。

该回路与双手同时动作控制执行元件运动回路都能实现安全保护功能。

2. 用或门逻辑阀实现互锁控制回路

用或门逻辑阀实现互锁控制回路如图 3-5-8 所示。当系统处于图示状态时，两缸均不动作。当电磁阀 2 的电磁铁 1YA 得电时，压缩空气经电磁阀 2 的右位进入双气控阀 4 的

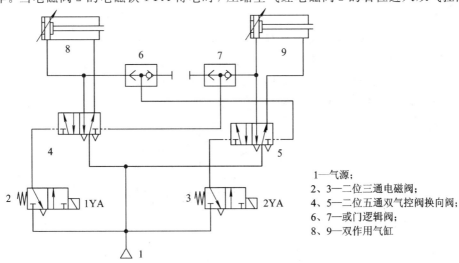

1—气源；
2、3—二位三通电磁阀；
4、5—二位五通双气控阀换向阀；
6、7—或门逻辑阀；
8、9—双作用气缸

图 3-5-8　或门逻辑阀实现互锁控制回路

左侧，使双气控阀 4 的左位接入，压缩空气进入气缸 8 的左腔，活塞向右运行；同时压缩空气经或门逻辑阀 6 进入双气控阀 5 的右侧，使双气控阀 5 一直处在右位工作状态。

同理，当电磁阀 3 的电磁铁 2YA 得电时，压缩空气经电磁阀 3 的右位进入双气控阀 5 的左侧，使双气控阀 5 的左位接入，压缩空气进入气缸 9 的左腔，活塞向右运行；同时压缩空气经或门逻辑阀 7 进入双气控阀 4 的右侧，使双气控阀 4 一直处在右位工作状态。

任务 3.5.5 多地控制回路的设计

多地控制回路是在不同的地方都可以使气缸动作。图 3-5-11 所示为三地控制回路。通过三个输入端控制气缸的回路，即任意按下三个按钮中的一个，气缸都会动作。

如图 3-5-9 所示，当按下手动阀 1 时，压缩空气经手动阀 1、梭阀 4 的左端及输出端进入梭阀 5 的左端及输出端，使换向阀 6 的左位工作，推动活塞向右运动。手动阀 2 和手动阀 3 的控制与其类似。

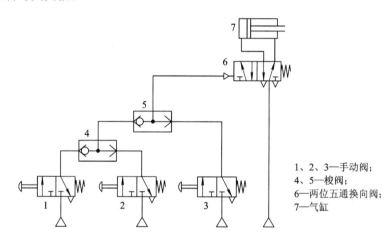

1、2、3—手动阀；
4、5—梭阀；
6—两位五通换向阀；
7—气缸

图 3-5-9 三地控制回路

❖ 思考题

1. 如果要实现三级互锁，应该怎样设计回路？

2. 图 3-5-10 是逻辑或门应用回路。试回答：

(1) 逻辑控制阀的种类及其在系统中所起的作用是什么？

(2) 分析系统的工作原理。

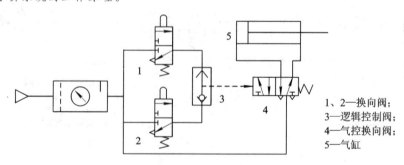

1、2—换向阀；
3—逻辑控制阀；
4—气控换向阀；
5—气缸

图 3-5-10 逻辑或门应用回路

习　题

1. 填空题

(1) 当油液压力达到预定值时便发出电信号的液－电信号转换元件是(　　　　　)。

(2) 过滤器可安装在液压系统的(　　　　)管路上、(　　　　)管路上和(　　　　)管路上等。

2. 判断题

(1) 当溢流阀的远控口通油箱时，液压系统卸荷。(　　　　　)

(2) 液压缸的差动连接可提高执行元件的运动速度。(　　　　　)

(3) 液控顺序阀阀芯的启闭不是利用进油口压力来控制的。(　　　　　)

(4) 先导式溢流阀主阀弹簧刚度比先导阀弹簧刚度小。(　　　　　)

(5) 液压缸差动连接时，能比其他连接方式产生更大的推力。(　　　　　)

(6) 背压阀的作用是使液压缸的回油腔具有一定的压力，保证运动部件工作平稳。(　　　　　)

(7) 顺序阀可用作溢流阀。(　　　　　)

3. 选择题

(1) 在泵－缸回油节流调速回路中，三位四通换向阀处于不同位置时，可使液压缸实现快进—工进—端点停留—快退的动作循环。试分析：在(　　　)工况下，缸输出功率最小。

A. 快进　　　　　　　B. 工进　　　　　　　C. 端点停留　　　　　　D. 快退

(2) 在液压系统中，(　　　)可作背压阀。

A. 溢流阀　　　　　　B. 减压阀　　　　　　C. 液控顺序阀

(3) 在液压系统图中，与三位阀连接的油路一般应画在换向阀符号的(　　　)位置上。

A. 左格　　　　　　　B. 右格　　　　　　　C. 中格

(4) 大流量的系统中，主换向阀应采用(　　　)换向阀。

A. 电磁　　　　　　　B. 电液　　　　　　　C. 手动

(5) 为使减压回路可靠地工作，其最高调整压力应(　　　)系统压力。

A. 大于　　　　　　　B. 小于　　　　　　　C. 等于

4. 简答题

(1) 简述气压传动组成及特点。

(2) 气压传动系统对压缩空气有哪些质量要求？主要依靠哪些设备保证气压系统的压缩空气质量，并简述这些设备的工作原理。

(3) 简述冲压气缸的工作过程及工作原理。

(4) 气动三联件包括哪几个元件，它们的连接次序如何？为什么？

(5) 试述先导式双电控电磁阀工作原理。

(6) 试述延时阀的工作原理。

5. 回路分析题

(1) 题 3-1 图所示为两种常用保护回路，为这两个回路命名，说明回路中用到的控制元件的名称并指出这两种保护回路间的区别。

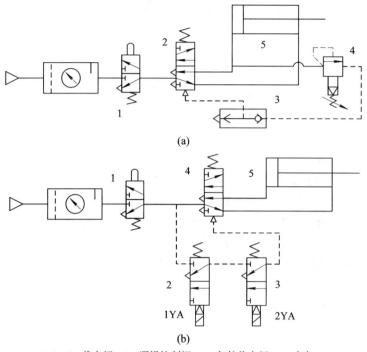

1、2—换向阀；3—逻辑控制阀；4—气控换向阀；5—气缸

题 3-1 图　保护回路

（2）题 3-2 图所示为两种常用同步回路，为这两个回路命名，并指出这两种同步回路间的区别。

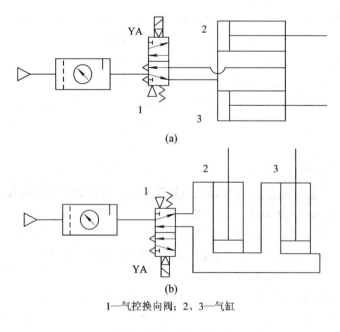

1—气控换向阀；2、3—气缸

题 3-2 图　同步回路

（3）题 3-3 图为逻辑与门回路、逻辑或门回路、逻辑非门回路、逻辑与非门回路、逻辑与或门回路，分析各回路工作原理，指出不同点，并将名称与图正确对应。

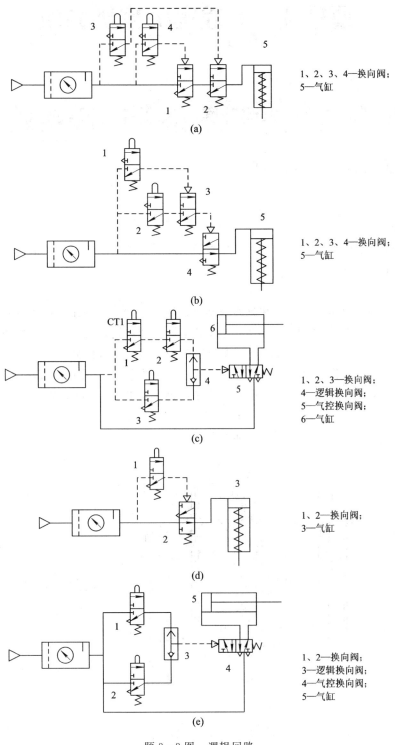

题 3-3 图 逻辑回路

项目 4　工程实际案例分析

模块 4.1　乐池升降台液压控制系统分析

任务 4.1.1　油箱和分流集流阀

1. 油箱

1）油箱功用

油箱主要用于储存油液，此外还起着散热或保温、释出混在油液中的气体、沉淀油液中污物等作用。

2）油箱结构

液压系统中的油箱有整体式和分离式两种。整体式油箱利用主机的内腔作为油箱，这种油箱结构紧凑，各处漏油易于回收，但增加了设计和制造的复杂性，维修不便，散热条件不好，且会使主机产生热变形。分离式油箱单独设置，与主机分开，减少了油箱发热和液压源振动对主机工作精度的影响，因此得到了普遍的采用，特别在精密机械上。

油箱的典型结构如图 4-1-1 所示。油箱内部用隔板 7、9 将吸油管 1 与回油管 4 隔开。顶部、侧部和底部分别装有滤油网 2、液位计 6 和排放污油的放油阀 8。用于安装液压泵及其驱动电机的安装板 5 则固定在油箱顶面上。

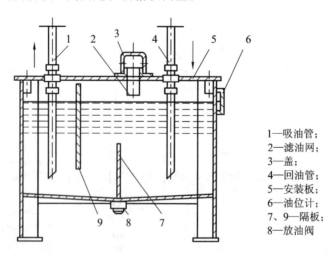

1—吸油管；
2—滤油网；
3—盖；
4—回油管；
5—安装板；
6—油位计；
7、9—隔板；
8—放油阀

图 4-1-1　油箱的外形图

此外，近年来又出现了充气式的闭式油箱，它与图 4-1-1 所示开式油箱的不同之处在于油箱整个是封闭的，顶部有一充气管，可送入 0.05～0.07 MPa 过滤纯净的压缩空气。

空气或者直接与油液接触，或者被输入到蓄能器式的皮囊内不与油液接触。这种油箱的优点是改善了液压泵的吸油条件，但它要求系统中的回油管、泄油管承受背压。油箱本身还须配置安全阀、电接点压力表等元件以稳定充气压力，因此它只在特殊场合下使用。

3）油箱设计

（1）油箱容积设计。

油箱的有效容积（油面高度为油箱高度80%时的容积）应根据液压系统发热、散热平衡的原则来计算，这项计算在系统负载较大、长期连续工作时是必不可少的。但对于一般情况来说，油箱的有效容积可以按液压泵的额定流量 q_p（L/min）估计出来。例如，适用于机床或其他一些固定式机械的估算式为

$$V = \xi q_p \tag{4-1-1}$$

式中：V 为油箱的有效容积（L）；ξ 为与系统压力有关的经验数字，低压系统 $\xi=2\sim4$，中压系统 $\xi=5\sim7$，高压系统 $\xi=10\sim12$。

（2）油箱设计时注意事项。

① 吸油管和回油管应尽量相距远些，两管之间要用隔板隔开，以增加油液循环距离，使油液有足够的时间分离气泡，沉淀杂质，消散热量。隔板高度最好为箱内油面高度的 3/4。

吸油管入口处要装粗滤油器。精滤油器与回油管管端在油面最低时仍应没在油中，防止吸油时卷吸空气或回油冲入油箱时搅动油面而混入气泡。回油管管端宜斜切 45°，以增大出油口截面积，减慢出口处油流速度，此外，应使回油管斜切口面对箱壁，以利油液散热。当回油管排回的油量很大时，应使它出口处高出油面，向一个带孔或不带孔的斜槽（倾角为 5°～15°）排油，使油流散开，一方面减慢流速，另一方面排走油液中空气。减慢回油流速、减少它的冲击搅拌作用，也可以采取让它通过扩散室的办法来达到。泄油管管端亦可斜切并面壁，但不可没入油中。

管端与箱底、箱壁间距离均不宜小于管径的 3 倍。粗滤油器距箱底不应小于 20 mm。

② 为了防止油液污染，油箱上各盖板、管口处都要妥善密封。注油器上要加滤油网。为防止油箱出现负压而设置的通气孔上须装空气滤清器。空气滤清器的容量至少应为液压泵额定流量的 2 倍。油箱内回油集中部分及清污口附近宜装设一些磁性块，以去除油液中的铁屑和带磁性颗粒。

③ 为了易于散热和便于对油箱进行搬移及维护保养，按 GB3766—83 规定，箱底离地至少应在 150 mm 以上。箱底应适当倾斜，在最低部位处设置堵塞或放油阀，以便排放污油。箱体上注油口的近旁必须设置液位计。滤油器在油箱内的安装位置应便于装拆，箱内各处应便于清洗。

④ 油箱中如要安装热交换器，必须考虑好它的安装位置，以及测温、控制等措施。

⑤ 分离式油箱一般用 2.5～4 mm 钢板焊成。箱壁愈薄，散热愈快。建议 100 L 容量的油箱箱壁厚度取 1.5 mm，400 L 以下的取 3 mm，400 L 以上的取 6 mm，箱底厚度大于箱壁，箱盖厚度应为箱壁的 4 倍。大尺寸油箱要加焊角板、筋条，以增加刚性。当液压泵及其驱动电机和其他液压件都要装在油箱上时，油箱顶盖要相应地加厚。

⑥ 油箱内壁应涂上耐油防锈的涂料。外壁如涂上一层极薄的黑漆（不超过 0.025 mm 厚度），会有很好的辐射冷却效果。铸造的油箱内壁一般只进行喷砂处理，不涂漆。

2. 分流集流阀

分流集流阀也称速度同步阀,是液压阀中分流阀、集流阀、单向分流阀、单向集流阀和比例分流阀的总称。分流阀可以将流量从 P 口等量分配到 A 口和 B 口。其职能符号如图 4-1-2 所示。

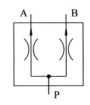

图 4-1-2　分流阀职能符号

同步阀主要是应用于双缸及多缸同步控制液压系统中。通常实现同步运动的方法很多,但其中以采用分流集流阀—同步阀的同步控制液压系统,该系统具有结构简单、成本低、制造容易、可靠性强等优点,因而同步阀在液压系统中得到了广泛的应用。分流集流阀的同步是速度同步,当两油缸或多个油缸分别承受不同的负载时,分流集流阀仍能保证其同步运动。

分流集流阀按调整方式分为固定式分流集流阀、自调式分流集流阀、可调式分流集流阀以及自调和可调式组合的组合调式分流集流阀。以上系列液压阀可设计为小流量分流集流阀。其中固定式结构同步阀又可分为换向活塞式和勾头式两种结构。该系列液压阀按流量分配方式还可分为等流量式分流阀和比例流量式分流阀,并且常采用的比例是 2∶1。也可按要求的比例设计为小流量同步阀。

任务 4.1.2　设计乐池升降台液压控制回路

1. 乐池升降台结构分析

如图 4-1-3 所示,乐池升降台升至舞台平面时,可以扩大舞台表演区。乐池升降台降至乐池底部以便乐队演奏,增强了剧场功能。

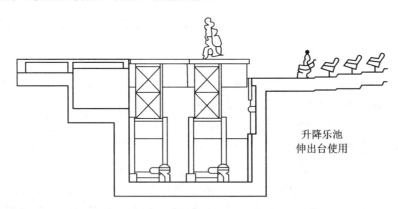

升降乐池
伸出台使用

图 4-1-3　乐池升降台应用图

乐池升降台结构如图 4-1-4 所示,当向乐池升降台本体结构的左、右缸进油时,这两缸下腔进油而上腔排油,则活塞杆伸出,从而左、右钢架摆动。两钢架中的 A_1、B_1、A_2、B_2、C_1、D_1、C_2、D_2 均为滚轮,因而钢架摆动时这四个滚轮分别沿着地面和升降台板 1 向乐池升降台的中心滚动。从而使升降台板 1 升起。当左、右缸 5 和 7 上腔进压力油,下腔排油时,则在升降台板 1 及钢架自重和液压力的共同作用下,使升降台板 1 下降,此时,左、右钢架 4 和 8 中的 A_1、B_1 和 A_2、B_2 处的滚轮均向离开乐池升降台中心的方向运动。随着升降台板继续运动,活塞杆缩回缸内。

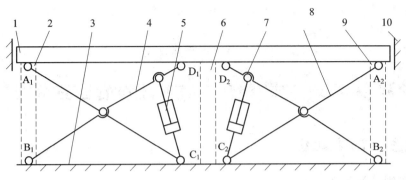

1—升降台板；2、6、9—支承块；3—地面；4、8—钢架；5、7—液压缸；10—导向墙

图 4-1-4　乐池升降台本体机构图

为了避免升降台板下降到极限位置时缸活塞也运动到缸底，导致缸在升降台长期处于下极限位置时承受很大的升降台自重，为此，应在活塞未下降到和缸底接触时，就应用图中的左、中和右支承块 2、6 和 9 限制住升降台，也就是说，升降台板 1 最后落在同样高度的三个支承块上。

2. 乐池升降台液压系统设计与分析

乐池升降台液压系统如图 4-1-5 所示，乐池升降台的两个缸是依靠定量泵供油，利用分流阀（又称同步阀）来实现两缸活塞运动的同步。由于两缸尺寸大小相同，因此该阀为等量分流阀。这样不管两缸的活塞杆承受的载荷有何差距，两活塞杆仍同时上升，从而保证升降台刚性平移上升而不会在上升时产生摆动。两液控单向阀可保证在升降台上升到某一要求高度时稳定可靠地被支承住而不下降。

由于两液控单向阀在这里起一个保压支承作用，因而必须采用具有良好密封性能的锥阀。节流阀一方面可用来调整升降台的速度，另一方面可保证在换向阀处于中位时，泵虽在卸载，但控制油路仍有一定的油压，从而保证换向阀正常换向工作。此外，换向阀采用 H 中位机能的三位四通电动换向阀，可保证当升降台停止运动时，缸能在较低的输出压力情况下卸载到油箱；还可部分地保

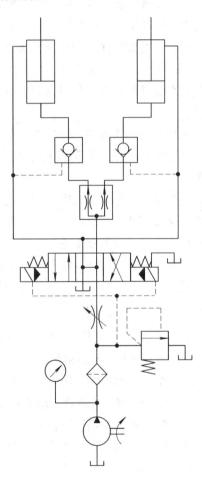

图 4-1-5　乐池升降台液压系统

证运动部分的锁紧，实现升降台准确停在任意位置，也就是当换向阀处于中位时，液控单向阀由于控制口的油压瞬时下降到零，而得以迅速关闭。

❖ **思考题**

分析乐池升降台工作时的不同步故障及其排除方法。

模块 4.2　汽车制动系统液压控制回路分析

任务 4.2.1　汽车制动系统

1. 汽车制动系统分类

制动系统的分类方法很多：

（1）按制动系统作用可分为行车制动系统、驻车制动系统、应急制动系统及辅助制动系统等。用以使行驶中的汽车降低速度甚至停车的制动系统称为行车制动系统；用以使已停驶的汽车驻留原地不动的制动系统则称为驻车制动系统；在行车制动系统失效的情况下，保证汽车仍能实现减速或停车的制动系统称为应急制动系统；在行车过程中，辅助行车制动系统降低车速或保持车速稳定，但不能将车辆紧急制停的制动系统称为辅助制动系统。

上述各制动系统中，行车制动系统和驻车制动系统是每一辆汽车都必须具备的。

（2）按制动操纵能源制动系统可分为人力制动系统、动力制动系统和伺服制动系统等。

以驾驶员的肌体作为唯一制动能源的制动系统称为人力制动系统；完全靠由发动机的动力转化而成的气压或液压形式的势能进行制动的系统称为动力制动系统；兼用人力和发动机动力进行制动的制动系统称为伺服制动系统或助力制动系统。

（3）按制动能量的传输方式制动系统可分为机械式、液压式、气压式、电磁式等。同时采用两种以上传能方式的制动系称为组合式制动系统。

2. 制动系统的组成

制动系统主要由以下几部分组成：

（1）供能装置：包括供给、调节制动所需能量以及改善传动介质状态的各种部件。

（2）控制装置：产生制动动作和控制制动效果各种部件，如制动踏板。

（3）传动装置：包括将制动能量传输到制动器的各个部件如制动主缸、轮缸。

（4）制动器：产生阻碍车辆运动或运动趋势的部件。

制动系统一般由制动操纵机构和制动器两个主要部分组成。

制动操纵机构是产生制动动作、控制制动效果并将制动能量传输到制动器的各个部件以及制动轮缸和制动管路。制动器是产生阻碍车辆的运动或运动趋势的力（制动力）的部件。汽车上常用的制动器都是利用固定元件与旋转元件工作表面的摩擦而产生制动力矩，称为摩擦制动器。它有鼓式制动器和盘式制动器两种结构型式。

汽车制动系统液压控制回路设计与分析

1. 制动系统的基本结构

制动系统主要由车轮制动器和制动传动机构组成。如图 4－2－1 所示。

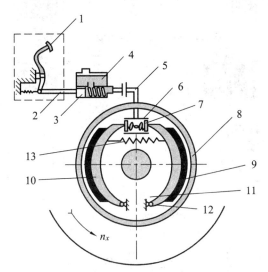

1—制动踏板；2—连杆；3—制动主缸活塞；4—制动主缸；
5—油管；6—制动分缸；7—制动分缸活塞；8—轮圈；
9—摩擦片；10—制动蹄；11—轮盘；12—机架；13—控制弹簧

图 4－2－1　汽车制动装置原理图

车轮制动器主要由旋转部分、固定部分和调整机构组成。旋转部分是制动毂；固定部分包括制动蹄和制动底板；调整机构由偏心支承销和调整凸轮组成，用于调整蹄毂间隙。

制动传动机构主要由制动踏板、推杆、制动主缸、制动轮缸和管路组成。

2. 制动回路的设计与分析

制动系统是利用与车身(或车架)相连的非旋转元件和与车轮(或传动轴)相连的旋转元件之间的相互摩擦来阻止车轮的转动或转动的趋势。液压式制动传动装置组成如图 4－2－2 所示。

1) 单回路制动系统工作分析

(1) 制动系统不工作时，蹄毂间有间隙，车轮和制动毂可自由旋转。

(2) 制动时，要汽车减速，脚踏下制动器踏板通过推杆和主缸活塞，使主缸油液在一定压力下流入轮缸，并通过两轮缸活塞推动使制动蹄绕支承销转动，上端向两边分开而以其摩擦片压紧在制动毂的内圆面上。不转的制动蹄对旋转制动毂产生摩擦力矩，从而产生制动力。

(3) 解除制动。当放开制动踏板时回位弹簧即将制动蹄拉回原位，制动力消失。

如图 4－2－2(a)所示的单回路气压或液压制动系，一处漏气或漏油，四个车轮刹车全无，危险性很大。我国 1988 年规定所有汽车必须采用双回路制动系统。

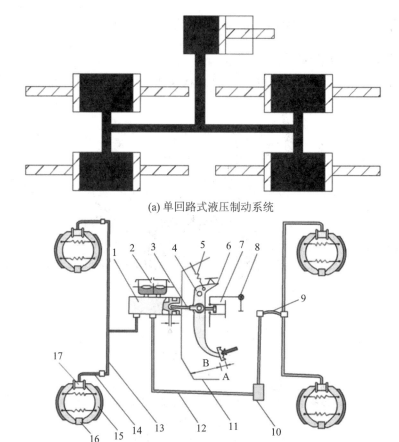

(a) 单回路式液压制动系统

(b) 双回路式液压制动系统

1—制动主缸；2—储油罐；3—推杆；4—支承销；5—回位弹簧；6—制动踏板；
7—制动灯开关；8—指示灯；9、14—软管；10—比例阀；11—地板；12—后桥油管；
13—前桥油管；15—制动蹄；16—支承座；17—轮缸；A—自由行程；B—有效行程

图 4 - 2 - 2　液压制动系统

2）双回路制动系统工作分析

在汽车双回路制动系中，如图 4 - 2 - 2(b)所示行车制动器分属于彼此独立的两个气压或液压回路，这样即使其中一个回路失效，还能够利用另一个回路进行制动，从而提高了汽车制动系的安全性。

3．制动主缸的结构及工作过程

制动主缸的作用是将自外界输入的机械能转换成液压能，液压能通过管路再输给制动轮缸。

制动主缸分单腔和双腔式两种，分别用于单、双回路液压制动系统。

1）单腔式制动主缸

单腔式制动主缸如图 4 - 2 - 3 所示。

（1）结构。

单腔式制动主缸主要由制动主缸、补偿孔、橡胶皮碗、回位弹簧、出油阀和回油阀等部分组成。

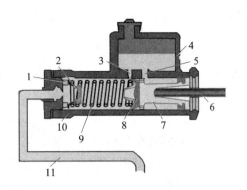

1—回油口；
2—出油口；
3—补偿孔；
4—储油室；
5—进油孔；
6—推杆；
7—活塞；
8—橡胶皮碗；
9—回位弹簧；
10—主缸；
11—油管

图 4-2-3　液压式单腔制动主缸

制动主缸多为铸铁或铝合金制成，有的与储油室铸为一体，为整体式主缸，也有的将两者分开，再由油管连接，为分开式。分开式主缸的储油室多用透明塑料模压制成，有的内装防溅或液面过低报警灯开关。主缸的工作表面精度高而光滑，缸筒上有进油孔和补偿孔，筒内装有铝活塞。储油室通过直径较大的进油孔与补偿室相通。

补偿孔的作用是回油和当温度变化时防止管路压力升高。

橡胶皮碗外缘表面多制有一环形槽，并有若干轴向槽与其相通，以便在工作时能使油液单向补偿。

回位弹簧处于橡胶皮碗与回油阀座之间，它有一定的预紧力，将活塞推靠在后挡板上，并使回油阀关闭。

出油阀和回油阀为环形有骨架的橡胶圈，其中心孔被带弹簧的出油阀所封闭，统称"复合式单向阀"。

活塞的后端装有密封圈，并用挡板和卡环轴向限位。工作长度可调的推杆伸入活塞背面凹部，并保持一定的间隙。

（2）工作情况。

① 制动系统不制动时。活塞头部和皮碗处于进油孔与补偿孔之间，补偿孔与储油室相通。

② 制动系统制动时。推杆使活塞和皮碗左移，至皮碗遮盖住补偿孔后，压力室被封闭，液压升高，随即推开出油阀将油液压入管道，使轮缸中的液压升高，克服蹄毂间隙后，产生制动作用，油压的高低与踏板力成正比，最高可达 8 Mpa。

③ 维持制动时。保持踏板于某一位置，主缸活塞即维持不动，压力室及轮缸内的油压不再升高，出油阀两侧油压平衡，使出油阀和回油阀处于关闭状态，维持一定的制动强度。

④ 缓慢放松制动时。制动踏板、主缸活塞和轮缸活塞均在各自的回位弹簧的作用下回位，高压油液自管路压开回油阀流回主缸，制动随之解除。但管路中存在一定的残余压力。

⑤ 迅速放松制动踏板时。活塞在回位弹簧的作用下迅速右移，压力室内容积迅速扩大，油压迅速降低，管路中的油液由于管路的阻力和回油阀阻力的影响，来不及充分流回压力室，使压力室形成一定的真空度（负压），而活塞后端的补偿室为大气压力，在压力差的作用下，补油室油液即经过活塞头部若干轴向孔并推翻皮碗的边缘流入压力室，以备第二脚制动。

⑥ 解除制动时。撤除踏板力，回位弹簧作用，活塞完全回位，补偿孔开放，管路中多

排出的超量油液经过补偿孔流回储油室。管路中油压降至残余规定值后，回油阀即关闭。

2）双腔式制动主缸

（1）结构。

以一汽奥迪 100 型轿车双回路液压制动系统中的串联式双腔制动主缸为例。

主缸有两腔，如图 4-2-4 所示。第一腔与右前、左后制动器相连；第二腔与左前、右后制动器相通。

每套管路和工作腔又分别通过补偿孔和回油孔与储油罐相通。第二活塞由右端弹簧保持在正确的初始位置，使补偿孔和进油孔与缸内相通。第一活塞在左端弹簧作用下，压靠在套上，使其处于补偿孔和回油孔之间的位置。

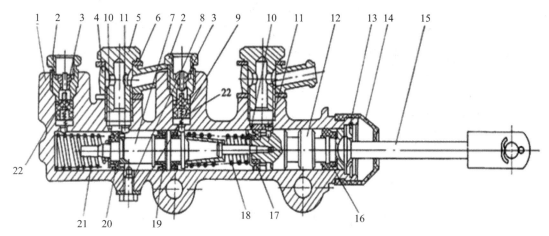

1—主缸缸体；2—出油阀座；3—出油阀；4—进油管接头；5—空心螺栓；6、9—密封垫；7—前缸活塞；8—定位螺钉；10—旁通孔；11—补偿孔；12—后缸活塞；13—挡圈；14—护罩；15—推杆；16—后缸密封圈；17—后活塞皮碗；18—后缸弹簧；19—前缸密封圈；20—前活塞皮碗；21—前缸弹簧；22—回油阀

图 4-2-4　汽车制动装置原理图

（2）工作原理。

制动时，第一活塞左移，油压升高，克服弹力将制动液送入右前左后制动回路；同时又推动第二活塞，使第二腔液压升高，进而两轮制动。

解除制动时，活塞在弹簧作用下回位，液压油自轮缸和管路中流回制动主缸。如活塞回位迅速，工作腔内容积也迅速扩大，使油压迅速降低。储液罐里的油液可经进油孔和活塞上面的小孔推开密封圈流入工作腔。当活塞完全回位时，补偿孔打开，工作腔内多余的油由补偿孔流回储液罐。

若液压系统由于漏油，以及由于温度变化引起主缸工作腔、管路、轮缸中油液的膨胀或收缩，都可以通过补偿孔进行调节。

4. 制动轮缸的结构及工作过程

制动轮缸将液力转变为机械推力。有单活塞和双活塞两种。

（1）结构。

奥迪 100 的双活塞式轮缸体内有两活塞，两皮碗，弹簧使皮碗、活塞、制动蹄紧密接触。

（2）工作过程。

制动时，液压油进入两活塞间油腔，进而推动制动蹄张开，实现制动。

轮缸缸体上有放气螺栓，以保证制动灵敏可靠。

任务 4.2.3　汽车防抱死制动系统设计与分析

1. 抱死现象产生的原因及造成的影响

1）制动时汽车的侧滑

汽车在行驶中，常因制动、转向或其他原因，引起汽车偏离原定的行驶方向，造成侧向滑移，甚至翻车。特别在紧急制动或急转向时，汽车侧滑、翻车更为严重。

汽车制动时侧滑，常出现前轮侧滑和后轮侧滑两种现象。若前轮先抱死，就容易前轮侧滑，偏离行驶方向，同时失去操纵性，但由于侧滑后有自动恢复直线行驶的趋势，偏离行驶方向角度较小，汽车处于稳定状态。若后轮先抱死，就容易引起后轮侧滑，侧滑后能自动增大偏离行驶方向的角度，加速侧滑的趋势，汽车处于不稳定状态。制动侧滑是很危险的，特别是后轮侧滑，容易引起翻车。

现代汽车制动系统中，有的加设一种防抱死装置，制动时，将滑动率控制在 10% ~ 30% 的范围内，能得到最大的附着系数，使车轮处于半抱死半滚动状态，充分利用附着力，获得理想的制动效果。试验证明，装有自动防抱死装置的汽车，在制动时，不仅有良好的防侧滑能力和转向性能，同时缩短了制动距离，减少了轮胎磨损，有利于行车安全。

2）转向时汽车的侧滑

汽车在转向时，侧滑现象时有发生，一般常把汽车抵抗侧滑和翻车的能力称为转向稳定性。为提高汽车的转向稳定性，必须懂得汽车转向时影响侧滑和翻转的因素，以及相互之间的关系。从而根据行驶条件，采取有效措施，保证行车安全。

当汽车转向时，汽车有向外甩的力叫离心力。它的大小与汽车重量、转向时车速、转向半径等因素有关。汽车在平路上转向时，引起侧滑的主要是离心力，如离心力达到附着力时，车轮即开始向外滑动。所以侧滑的条件是离心力等于附着力。

2. 防抱死制动系统设计与分析

一辆汽车制动性能的好坏，主要从以下三方面进行评价：制动效能，即制动距离与制动减速度；制动效能的恒定性，即抗热或水衰退性能；制动时汽车的方向稳定性，即制动时汽车不发生跑偏、侧滑以及失去转向能力的性能。

1）ABS 的原理

ABS 是防抱死制动系统（Anti-lock Braking System，或者是 Anti-Skid Braking System）的英文缩写。该系统在制动过程中可自动调节车轮制动力，防止车轮抱死以取得最佳制动效果。

通常，汽车在制动过程中存在着两种阻力：一种阻力是制动器摩擦片与制动鼓或制动盘之间产生的摩擦阻力，这种阻力称为制动系统的阻力，由于它提供制动时的制动力，因此也称为制动系制动力；另一种阻力是轮胎与道路表面之间产生的摩擦阻力，也称为轮胎——道路附着力。如果制动系制动力小于轮胎—道路附着力，则汽车制动时会保持稳定状态，反之，如果制动系制动力大于轮胎——道路附着力，则汽车制动时会出现车轮抱死和滑移。如果前轮抱死，汽车基本上沿直线向前行驶，汽车处于稳定状态，但汽车失去转向控制能力，这样驾驶员制动过程中躲避障碍物、行人以及在弯道上所应采取的必要的转向操纵控制等就无法实现。如果后轮抱死，汽车的制动稳定性变差，在很小的侧向干扰力下，汽车就会发生甩尾，甚至调头等危险现象。尤其是在某些恶劣路况下，诸如路面湿滑或有冰雪，车轮抱死将难以保证汽车的行车安全。另外，由于制动时车轮抱死，从而导致局部急剧摩擦，将会大大降低轮胎的使用寿命。

ABS 通过控制作用于车轮制动分泵上的制动管路压力，使汽车在紧急刹车时车轮不会抱死，这样就能使汽车在紧急制动时仍能保持较好的方向稳定性。在没有装备 ABS 的汽车上，如果在雪地上刹车，汽车很容易失去方向稳定性；同时驾驶员如果想停车，必须使用液压调节器（又称执行器）。反之，如果汽车上装备有 ABS，则 ABS 能自动向液压调节器发出控制指令，因而能更迅速、准确而有效地控制制动。

2）ABS 的优点和局限

ABS 的功能是通过调节、控制制动管路压力，避免车轮在制动过程中抱死而滑移，使其处于滑移率 15%～25% 的边滚边滑的运动状态。其优点是改善汽车制动时的横向稳定性；改善汽车制动时的方向操纵性；改善制动效能；减少轮胎的局部过度磨损；使用方便，工作可靠。

同时，ABS 系统本身也有局限性。在两种情况下，ABS 系统不能提供最短的制动距离。一种是在平滑的干路上，由有经验的驾驶员直接进行制动。另一种情况是在松散的砾石路面、松土路面或积雪很深的路面上制动。另外，通常在干路面上，最新的 ABS 系统能将滑移率控制在 5%～20% 的范围内，但并不是所有的 ABS 都以相同的速率或相同的程度来进行制动（或放弃制动）。

3）ABS 工作系统

ABS 系统组成如图 4-2-5 所示。

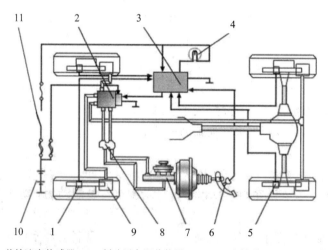

1—前轮速度传感器；2—制动压力调节装置；3—ABS电控单元；4—ABS警告灯；
5—后轮速度传感器；6—停车灯开关；7—制动主缸；8—比例分配阀；
9—制动轮缸；10—蓄电池；11—点火开关

图 4-2-5 ABS 工作系统

ABS 防抱制动系统由汽车微电脑控制，当车辆制动时，它能使车轮保持转动，从而帮助驾驶员控制车辆达到安全的停车。这种防抱制动系统是用速度传感器检测车轮速度，然后把车轮速度信号传送到微电脑里，微电脑根据输入车轮速度，通过重复地减少或增加在轮子上的制动压力来控制车轮的打滑率，保持车轮转动。在制动过程中保持车轮转动，与抱死（锁死）车轮相比，能提供更高的制动力量。

在常规制动阶段，ABS 并不介入制动压力控制。在制动过程中，电子控制装置（ECU单元）根据车轮转速传感器输入的车轮转速信号判定有车轮趋于抱死时，ABS 就进入防抱制动压力调节过程。

ABS 通过使趋于抱死车轮的制动压力循环往复而将趋于防抱车轮的滑动率控制，在峰值附着系数滑动率的附近范围内，直至汽车速度减小至很低或者制动主缸的输出压力不再使车轮趋于抱死时为止。各制动轮缸的制动压力能够被独立地调节，从而使四个车轮都不发生制动抱死现象。

尽管各种 ABS 的结构形式和工作过程并不完全相同，但都是通过对趋于抱死车轮的制动压力进行自适应循环调节，来防止被控制车轮发生制动抱死。

4）ABS 系统调节制动力原理

（1）减小制动力传动系统。

图 4-2-6 为减小制动力系统传动图。减小制动力时，油液通过出油阀排出，流回到低压储液罐，使制动分缸的活塞缩回，减小制动力。

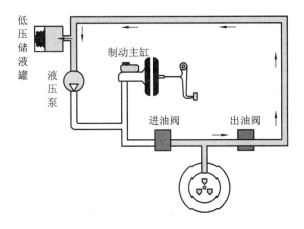

图 4-2-6 减小制动力系统传动图

（2）增大制动力传动系统。

增大制动力时，油液经进油阀流入制动分缸，使制动分缸的活塞伸出，增大制动力。

任务 4.2.4 **东风 EQ1092 型汽车主车制动系统设计与分析**

1. 快速排气阀

图 4-2-7 为快速排气阀工作原理图及图形符号。进气口 P 进入压缩空气，并将密封活塞迅速上推，开启阀口 2，同时关闭排气口 O，使进气口 P 和工作口 A 相通，如图 4-2-7（a）所示。图 4-2-7（b）是 P 口没有压缩空气进入时，在 A 口和 P 口压差作用下，密封活

塞迅速下降,关闭P口,使A口通过O口快速排气。

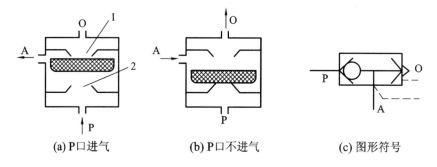

(a) P口进气　　　　　　(b) P口不进气　　　　　　(c) 图形符号

图 4-2-7　快速排气阀工作原理图及图形符号

　　快速排气阀通常安装在换向阀和气缸之间。图4-2-8表示了快速排气阀在回路中的应用。它使气缸的排气不用通过换向阀而快速排出,从而加速了气缸往复的运动速度,缩短了工作周期。快速排气阀应配置在需要快速排气的气动执行元件附近,否则,会影响快排效果。

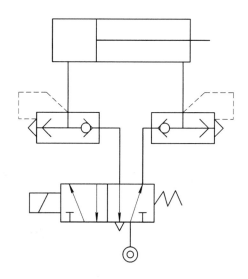

图 4-2-8　快速排气阀的应用回路

2. 东风 EQ1092 型汽车主车气压制动回路的设计与分析

　　图4-2-9所示为东风EQ1092型汽车主车气压制动回路。空气压缩机1由电动机通过皮带驱动,将压缩空气经单向阀2压入储气筒3,然后再分别经过两个相互独立的前桥储气筒5和后桥储气筒6将压缩空气输送到制动控制阀7。当踩下制动踏板时,压缩空气经控制阀进入后轮自动缸11和前轮制动缸10使前后轮同时制动。松开制动踏板,前后轮制动室的压缩空气则经制动阀排入大气,解除制动。

　　该车使用的是风冷单缸空压机,缸盖上设有卸荷装置,压缩机与储气筒之间还装有调压阀和单向阀。当储气筒气压达到规定值后,调压阀就将进气阀打开,使空压机卸荷,一旦调压阀失效,则由安全阀起过载保护作用。单向阀可防止压缩空气倒流。

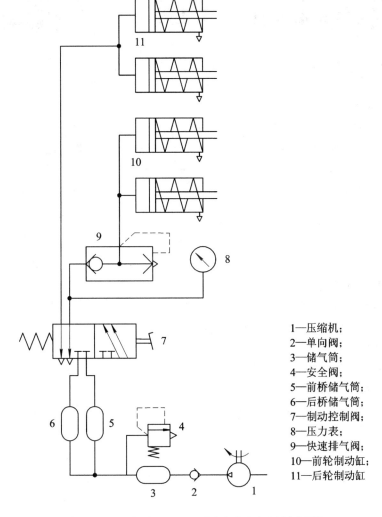

1—压缩机；
2—单向阀；
3—储气筒；
4—安全阀；
5—前桥储气筒；
6—后桥储气筒；
7—制动控制阀；
8—压力表；
9—快速排气阀；
10—前轮制动缸；
11—后轮制动缸

图 4 - 2 - 9　东风 EQ1092 型汽车主车气压制动回路

❖ 思考题

1. 液压制动系统应用的车辆种类有哪些？

2. 何种车辆应用气压制动？

3. 思考气压制动系统工作原理。

4. 在双回路制动系统独立的两个气压或液压回路中，每一个回路一般有 2～4 个分支，控制着二个、三个甚至四个车轮制动器。对双回路制动系中的单个回路来说，存在着与单回路制动系相类似的问题，即在该回路所控制的 2～4 个分支（或车轮制动器）中，只要有一个分支漏气或漏油，该回路就完全失去制动功能，直接影响到汽车的安全。针对这种缺陷设计解决方案。

模块 4.3　扫路车液压控制系统分析

任务 4.3.1　扫路车

1. 车型概述

路面扫路车作为环卫设备之一，是一种集路面清扫、垃圾回收和运输为一体的新型高效清扫设备。可广泛利用于干线公路，市政以及机场路面、城市住宅区、公园等道路清扫。路面扫路车不但可以清扫垃圾，而且还可以对道路上的空气介质进行除尘净化，既保证了道路的美观，维护了环境的卫生，维持了路面的良好工作状况，又减少和预防了交通事故的发生以及进一步延长了路面的使用寿命。目前在国内利用路面扫路车进行路面养护已经成为一种潮流。

2. 扫路车的分类

1) 以作业方式分类

可分为手推式扫路车和手扶式扫路车、自行式扫路车、纯扫式扫路车、吸扫式扫路车、纯吸式扫路车（多功能全吸式扫路车）、干式扫路车（吸尘车）、湿式扫路车、全吸式扫路车。

2) 按底盘生产厂家分类

可分为东风扫路车、庆铃扫路车、江铃扫路车。

3. 干式扫路车介绍

干式扫路车就是一种新型道路扫路车，不用刷子不喷水，全部气流作业，靠的是空气动力学原理。

4. 扫路车结构

扫路车结构如图 4-3-1 所示。由驾驶室、扫刷、灰斗、风机以及吸尘口组成。

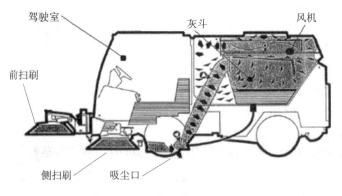

图 4-3-1　扫路车结构示意图

任务 4.3.2　扫路车液压控制回路的设计

1. 扫路车动作分析

当扫路车清扫路面时，扫刷要完成旋转及升降动作，完成清扫动作后，灰斗需完成旋转、升降动作将垃圾倒出。

2. 设计扫路车液压控制回路

1）液压控制回路

液压控制回路如图 4-3-2 所示。该回路给出了扫路车液压控制系统中的执行机构及其主要控制回路。包括 A、B、C 三部分，A、B 部分控制扫刷完成旋转及升降动作，C 部分控制灰斗完成旋转及升降动作。

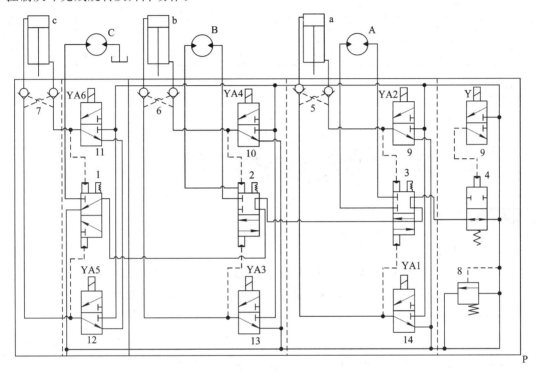

图 4-3-2　扫路车液压控制回路

2）回路分析

当 YA1 通电，YA2 至 YA6 都断电时，液压油经阀 14 上位进入液压缸 a 上腔，活塞下降，同时经阀 3 下位进入液压马达 A，使液压马达 A 旋转；

当 YA2 通电，YA1、YA3 至 YA6 都断电时，液压油经阀 9 上位进入液压缸 a 下腔，活塞缩回，同时停止向液压马达 A 供油，使液压马达 A 停转；

当 YA3 通电，YA1、YA2、YA4 至 YA6 都断电时，液压油经阀 13 上位进入液压缸 b 上腔，活塞下降，同时经阀 2 下位进入液压马达 B，使液压马达 B 旋转；

当 YA4 通电，YA1 至 YA3、YA5、YA6 都断电时，液压油经阀 10 上位进入液压缸 b 下腔，活塞缩回，同时停止向液压马达 B 供油，使液压马达 B 停转；

当 YA5 通电，YA1 至 YA4、YA6 都断电时，液压油经阀 12 上位进入液压缸 c 上腔，活塞下降，同时经阀 1 下位进入液压马达 C，使液压马达 C 旋转；

当 YA6 通电，YA1 至 YA5 都断电时，液压油经阀 11 上位进入液压缸 c 下腔，活塞缩回，同时停止向液压马达 C 供油，使液压马达 C 停转

整个工作过程电磁铁工作状态如表 4-3-1 所示。

表 4 - 3 - 1　扫路车液压系统电磁铁动作顺序表

	YA1	YA2	YA3	YA4	YA5	YA6	液压缸	马达
1	+	−	−	−	−	−	a 下降	A 转
2	−	+	−	−	−	−	a 上升	A 停
3	−	−	+	−	−	−	b 下降	B 转
4	−	−	−	+	−	−	b 上升	B 停
5	−	−	−	−	+	−	c 下降	C 转
6	−	−	−	−	−	+	c 上升	C 停

❖ 思考题

分析扫路车工作时的顺序动作控制故障及其排除方法。

模块 4.4　垃圾车液压控制系统分析

任务 4.4.1　垃圾车

1. 垃圾车的分类

垃圾车按照用途可分为自卸式垃圾车、摆臂式(地坑地面两用型)垃圾车、密封式垃圾车、挂桶式垃圾车、拉臂式垃圾车、压缩式垃圾车、车厢可卸式垃圾车、后装卸式垃圾车等。

2. 垃圾车结构

图 4 - 4 - 1 所示为采用东风 140 型汽车设计改装而成的垃圾车。该垃圾运输车主要由全密封车厢、液压推送装置和液压强力压缩装置、液压提升斗、垃圾液压自卸装置等组成。

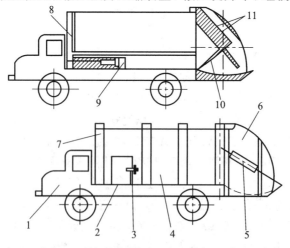

1—东风140汽车；2—垃圾压缩箱检查口；3—检查口门锁；4—垃圾压缩箱；
5—装料斗升降缸；6—装料斗；7—密封车厢加固梁；8—卸垃圾推板；
9—卸车多级缸；10—垃圾压缩板；11—压缩垃圾升降缸

图 4 - 4 - 1　垃圾车结构示意图

其动作机构全部采用液压驱动,(推送)压缩力大,能够使车厢内的垃圾填充密实,使载荷分布均匀。其装载量相当于敞开松散式的五倍多,大幅度降低了垃圾中转运输的成本。

任务 4.4.2 设计垃圾车液压控制回路

1. 垃圾车动作分析

液压系统中的执行机构带动机构运动,进行废弃物装车,在装车过程中伴随着废弃物压缩的动作,这样可以增加垃圾的运送量;当车运行到目的地后,装料斗升起,废弃物推卸机构由液压系统驱动将垃圾卸到指定位置。

2. 垃圾车液压控制回路

垃圾车的液压控制回路如图4-4-2所示。该回路由四部分组成,执行元件1所在支路完成废弃物的装车动作,回路采用双缸并联同步动作,当换向阀处于右位时,液压缸1下腔进油,活塞伸出,抓取垃圾;当换向阀处于左位时,液压缸1上腔进油,活塞收回,将垃圾装车。

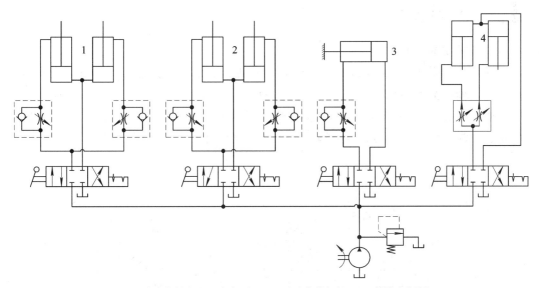

1、2—废弃物装车和压缩液压缸;3—废弃物推卸缸;4—装料斗升降缸

图4-4-2 垃圾车液压控制回路

执行元件2所在支路完成废弃物的压缩动作,回路同1相同,采用双缸并联同步动作,当换向阀处于右位时,液压缸2下腔进油,活塞伸出,对垃圾进行压缩;当换向阀处于左位时,液压缸2上腔进油,活塞收回,空行程返回。

执行元件3所在支路完成废弃物的推卸动作,执行液压缸采用杆固式,可增大推力。当换向阀处于右位时,液压缸3右腔进油,液压缸3向右伸出,完成垃圾推卸;当换向阀处于左位时,液压缸3左腔进油,液压缸3向左缩回,空行程返回。

执行元件4所在支路完成装料斗的升降动作,回路中采用等量分流阀,可确保同步运动。当换向阀处于右位时,液压缸4上腔进油,活塞伸出,装料斗升起;当换向阀处于左位时,液压缸4下腔进油,活塞收回,装料斗回落。

3. 垃圾车液压控制系统分析

（1）该回路采用并联式手动换向阀控制，方便操作又省却了维修的麻烦，还可以实现两个动作同时工作，加快了工作进度；

（2）各执行机构的速度可单独调节，使各执行机构的运动速度更恰当；

（3）针对各机构同步要求的不同，既有普通并联供油，又有同步阀供油的同步控制方式。

❖ **思考题**

分析垃圾车工作时的顺序动作控制故障及其排除方法。

模块 4.5　多角度自卸车液压控制系统分析

任务 4.5.1　自卸车

1. 自卸车结构及原理

自卸车是指通过液压或机械举升而自行卸载货物的车辆，又称翻斗车。由汽车底盘、液压举升机构、货厢和取力装置等部件组成。自卸车的结构如图 4-5-1 所示。它的发动机、底盘及驾驶室的构造和一般载重汽车相同。其车厢分后向倾翻和侧向倾翻两种，通过操纵系统控制活塞杆运动，后向倾翻较普遍，推动活塞杆使车厢倾翻，少数双向倾翻。

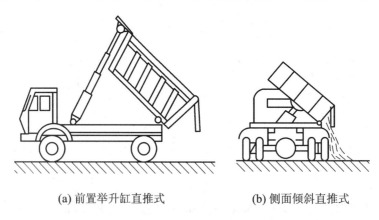

(a) 前置举升缸直推式　　　　　　(b) 侧面倾斜直推式

图 4-5-1　自卸车结构图

车厢液压倾翻机构由油箱、液压泵、分配阀、举升液压缸、控制阀和油管等组成。高压油经分配阀、油管进入举升液压缸，车厢前端有驾驶室安全防护板。发动机通过变速器、取力装置驱动液压泵，高压油经分配阀、油管进入举升液压缸，推动活塞杆使车厢倾翻。

自卸车以后向倾翻较普遍，通过操纵系统控制活塞杆运动，可使车厢停止在任何需要的倾斜位置上。车厢利用自身重力和液压控制复位。

2. 自卸车操作失误引起的液压系统故障

不可在满载举升中途突然将升降手柄推向"下降位置"。如发生此操作失误，车厢将猛然冲下，会给车架带来很大的冲击力，甚至发生意外事故。因此，应尽量避免上述操作，如有特殊情况需要也必须小心操作，尽量放慢降落速度，切忌猛然将车厢落到底。

不可使用猛提车—猛刹车卸货。由于猛提车的惯性力很大（一般是额定举升力的5～20倍），极易造成车架永久变形、车厢和副车架开焊、烧毁油泵或破坏密封圈、破坏液压缸等，车辆的使用寿命降低，严重者还会出现翻车事故。所以一般自卸车禁止举升时行车。

自卸车卸完货后须脱开取力器才可行车。如发生此操作失误，自卸车在行驶时，由于取力器处于"接合"位置，举升油泵则在"小循环"状态下高速长时间无负荷运转。导致液压油油温上升很快，易造成油泵油封的损坏，甚至发生油泵"烧死"的现象；更严重的是油泵的运转意味着液压系统有动力源，在行车过程中易出现车厢自动升起的事故。

行驶时取力器不可位于"接通"位置。若在"接通"状态（红灯亮着），则油泵将继续转动，液压系统就有动力源，这样就会因为在气控操纵阀上的误操作而引起车厢自动举升；此时气控分配阀即使在"下降"位置，油也会进入油泵，这样会使油泵烧坏。

任务 4.5.2　设计自卸车举升液压回路

自卸车举升液压回路如图4-5-2所示，该回路执行元件采用单作用液压缸，液压油进入缸下腔，推动活塞伸出，举升车厢；当液压泵停止供油时，活塞因为自重而回落，同时带动车厢回到原位。

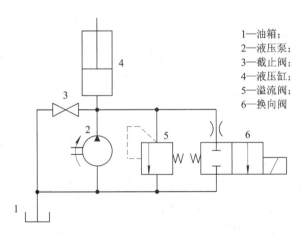

1—油箱；
2—液压泵；
3—截止阀；
4—液压缸；
5—溢流阀；
6—换向阀

图 4-5-2　举升机构液压系统图

溢流阀5起到了稳定、调整系统压力的作用。回路右侧的电磁换向阀6与截止阀3则起到了在活塞带动车厢回落时液压缸下腔回油的作用，电磁换向阀上的节流装置可控制活塞下落速度。

任务 4.5.3　多角度自卸车液压控制系统设计

1. 多角度自卸车机构组成

多角度自卸车机构组成如图4-5-3所示。车厢由连杆机构支撑，液压缸的伸缩带动连杆机构运动，完成车厢的升降；车厢的旋转靠转动梁实现，即可实现多面卸货；车厢升起时，车体可能会发生中心不稳，因此增加蛙式支腿，保持车身稳定。

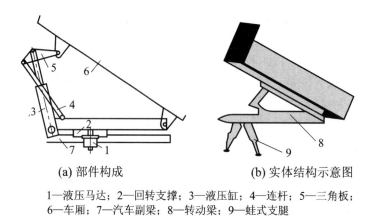

(a) 部件构成　　　　　(b) 实体结构示意图

1—液压马达；2—回转支撑；3—液压缸；4—连杆；5—三角板；
6—车厢；7—汽车副梁；8—转动梁；9—蛙式支腿

图 4 - 5 - 3　多角度自卸车机构组成

2. 液压控制系统设计

1）多角度自卸车动作分析

当自卸车行驶到目的地后，先放下支腿，使其支撑车体不致倾倒。然后液压系统驱动举升机构将车厢升起，最后控制液压马达旋转，带动车厢转动一定角度完成最佳位置卸货。

2）设计多角度自卸车液压控制回路

液压控制回路如图 4 - 5 - 4 所示。该回路分为三部分：执行元件 9 完成车厢升降；执行元件 13 完成车厢旋转；执行元件 16 实现蛙式支腿的支撑。

车厢升降回路装有液压锁即液控单向阀，可防止车厢升起后由于自重而失控回落。当换向阀处于左位时，液压缸下腔进油，活塞伸出，车厢升起，反之车厢回落。

车厢旋转回路装有双向液压锁，可保证车厢转动角度的稳定性。当换向阀处于不同工作位置时，液压马达可实现双向旋转。

支腿回路中的双向液压锁，可防止软腿现象的发生。当换向阀处于左位时，液压缸下腔进油，活塞伸出，支腿放下，反之支腿收起。

该设计回路采用并联式电磁换向阀控制，且中位机能采用 Y 型，可以实现两个动作同时工作，加快了工作进度；也可分步控制，实现了顺序控制。中位机能采用 Y 型，可保证换向阀换至中位时，液压锁立即锁紧，从而防止液压缸因自重而下滑。

各执行机构的速度分别单独调节，使各执行机构的运动速度更恰当；针对机构运动特点及承受载荷，在每条支路均设置了锁紧机构。以防止液压缸由于车身自重而下滑，起到了一定的安全作用。

该系统还设置了卸荷回路，以满足执行元件在工作间歇时的系统需求，便于远程控制，减少系统发热。并且便于液压泵空负荷启动，提高泵的寿命和系统效率。

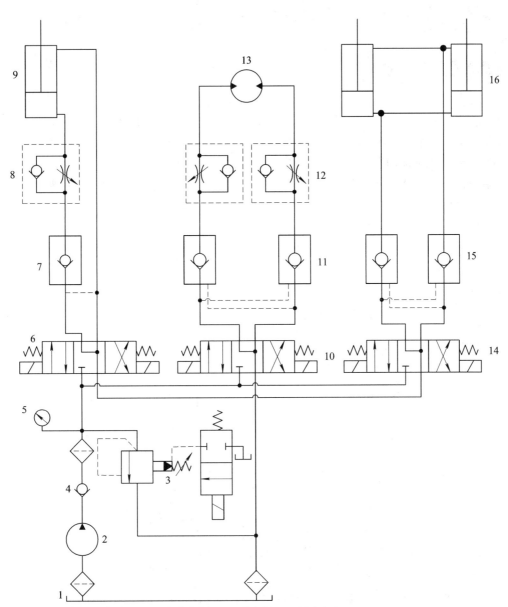

1—油箱；2—齿轮泵；3—电磁溢流阀；4—单向阀；5—压力表；
6、10、14—电磁换向阀；7—液控单向阀；8—节流阀；9—升降液压缸；
11、15—双向液控单向阀；12—双向节流阀；13—摆动液压马达；16—支撑液压缸

图 4-5-4　多角度自卸车液压控制系统

❖ **思考题**

　　分析多角度自卸车工作时的顺序动作控制故障及其排除方法。

模块 4.6　汽车起重机液压控制系统分析

任务 4.6.1　汽车起重机

汽车起重机是装在普通汽车底盘或特制汽车底盘上的一种起重机，其行驶驾驶室与起重操纵室分开设置。这种起重机的优点是机动性好，转移迅速。缺点是工作时需支腿，不能负荷行驶，也不适合在松软或泥泞的场地上工作。

汽车起重机外形简图如图 4-6-1 所示，主要由起升机构、回转机构、变幅机构、伸缩机构和支腿部分等组成，这些工作机构动作的完成由液压系统来驱动。一般要求输出力大，动作平稳，耐冲击，操作灵活、方便、安全、可靠。

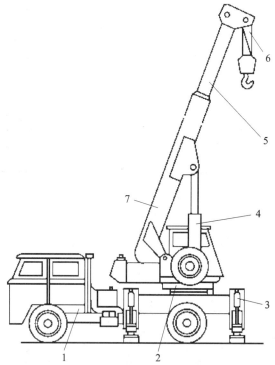

1—载重汽车；2—回转机构；3—支腿；4—吊臂变幅缸；
5—吊臂伸缩缸；6—起升机构；7—基本臂

图 4-6-1　汽车起重机外形图

任务 4.6.2　起重机液压回路设计与分析

起重机液压回路如图 4-6-2 所示。主要由支腿回路、起升回路、大臂伸缩回路、变幅回路、回转油路等五部分构成，具体分析如下。

1. 支腿回路

汽车轮胎的承载能力是有限的，在起吊重物时，必须由支腿液压缸来承受负载，而使轮胎架空，这样也可以防止起吊时整机的前倾或颠覆。

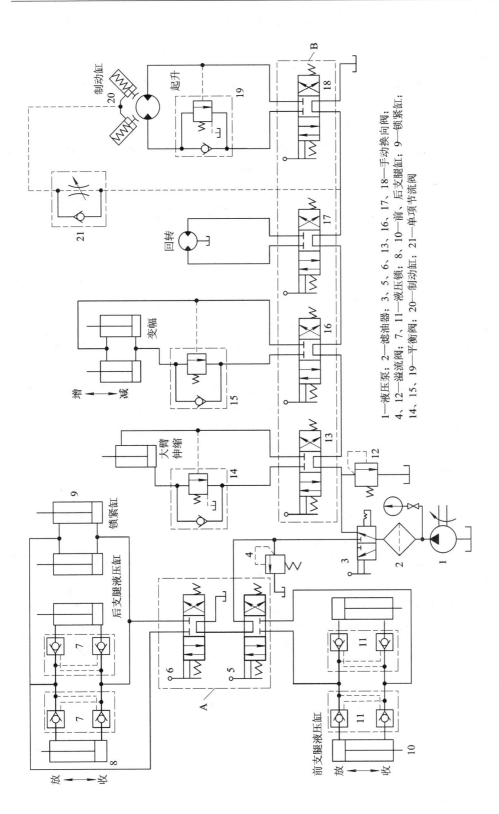

图4-6-2　汽车起重机液压系统原理图

1—液压泵；2—滤油器；3、5、6、13、16、17、18—手动换向阀；4、12—溢流阀；7、11—液压锁；8、10—前、后支腿缸；9—锁紧缸；14、15、19—平衡阀；20—制动缸；21—单项节流阀

支腿动作的顺序是：缸 8 下腔放下后支腿到所需位置，再由缸 10 上腔放下前支腿。作业结束后，先收前支腿，再收后支腿。

（1）当手动换向阀 6 右位工作时，后支腿放下。

进油路线为：滤油器→泵→滤油器→5 中位→6 右位→双向液压锁→8 下腔；

回油路线为：8 上腔→双向液压锁→6 右位→油箱。

（2）当手动换向阀 6 左位工作时，后支腿收起。

进油路线为：滤油器→泵→滤油器→5 中位→6 左位→双向液压锁→8 上腔；

回油路线为：8 下腔→双向液压锁→6 左位→油箱。

前支腿液压缸用阀 5 控制，其油流路线与后支腿相同。

回路中的双向液压锁的作用是防止液压支腿在支撑过程中因泄漏出现"软腿现象"，或行走过程中支腿自行下落，或因管道破裂而发生倾斜事故。

2. 起升回路

起升回路中采用柱塞液压马达带动重物升降。变速和换向是通过改变手动换向阀 18 的开口大小来实现的；用液控单向顺序阀 19 来限制重物超速下降；单作用液压缸 20 是制动缸；单向节流阀 21 是保证液压油先进入马达，使马达产生一定的转矩，再解除制动，以防止重物带动马达旋转而向下滑。制动缸中的油立刻与油箱相通，保证吊物升降停止时，使马达迅速制动。

重物起升时的动作顺序是：阀 3 至右位→阀 13、16、17 至中位，油液→阀 18 左位→液控单向顺序阀 19 中的单向阀进入马达左腔；同时压力油经单向节流阀到制动缸，从而解除制动、使马达旋转。

重物下降时的动作顺序是：手动换向阀 18 切换至右位工作，液压马达反转，回油经阀 19 的液控顺序阀→阀 18 右位→油箱。

3. 大臂伸缩回路

汽车起重机的大臂伸缩采用单级长液压缸驱动。改变阀 13 的开口大小和方向，即可调节大臂运动速度和使大臂伸缩；行走时，应将大臂收缩回；大臂缩回时，因液压力与负载力方向一致，为防止吊臂在重力作用下自行收缩，在收缩缸的下腔回油腔安置了平衡阀 5，提高了收缩运动的可靠性。

（1）吊臂伸出。

进油路线为：滤油器→泵→滤油器→3 右位→13 左位→液控单向顺序阀 14 中的单向阀→伸缩缸下腔；

回油路线为：伸缩缸上腔→13 右位→阀 16、17、18 中位→油箱。

（2）吊臂缩回。

进油路线为：滤油器→泵→滤油器→3 右位→13 右位→伸缩缸上腔；

回油路线为：伸缩缸下腔→13 右位→液控单向顺序阀 14 中的顺序阀→阀 16、17、18 中位→油箱。

4. 变幅回路

大臂变幅机构是用于改变作业高度，要求能带载变幅，动作要平稳。本机若采用两个液压缸并联，则会提高变幅机构承载能力。其要求以及油路与大臂伸缩油路相同。

（1）吊臂增幅。

进油路线为：滤油器→泵→滤油器→阀 3 右位→阀 13 中位→阀 16 左位→液控单向顺序阀 14 中的单向阀→变幅缸下腔；

回油路线为：变幅缸上腔→阀 16 左位→阀 17、18 中位→油箱。

（2）吊臂减幅。

进油路线为：滤油器→泵→滤油器→阀 3 右位→阀 13 中位→阀 16 右位→变幅缸上腔；

回油路线为：变幅缸下腔→液控单向顺序阀 15 中的顺序阀→阀 16 右位→阀 17、18 中位→油箱。

5. 回转油路

回转机构要求大臂能在任意方位起吊。由于惯性小，一般不设缓冲装置，操作换向阀 E，可使马达正、反转或停止。其油流路线为：

进油路线为：滤油器→泵→滤油器→阀 3 右位→阀 13、16 中位→阀 17→回转液压马达；

回油路线为：回转液压马达→阀 17→阀 18 中位→油箱。

❖ **思考题**

分析汽车起重机工作时的顺序动作控制故障及其排除方法。

模块 4.7　注塑机液压系统分析

任务 4.7.1　注塑机

注塑机是将颗粒状塑料加热至流动状态后，以高压、快速注入模具内腔，保压一定时间后冷却凝固，成型为塑料制品的塑料注射成型设备。塑料制品注射成型的工作循环图如图 4-7-1 所示。

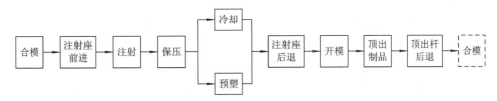

图 4-7-1　注射成型工作循环图

根据注塑成型工艺的需要，注塑机液压系统应满足如下要求：

（1）有足够的合模力。合模装置由定模板、动模板、启模合模机构和制品顶出机构等组成。在注射过程中，常以 40～150 MPa 的注射压力将塑料熔体射入模腔。为防止塑料制品产生溢边或脱模困难，要求具有足够的合模力。为了减小合模缸的尺寸和工作压力，常采用连杆增力机构来实现合模与锁模。为了缩短空行程时间，保证制品质量和避免冲击，在启、合模过程中，要求合模缸有慢、快、慢的速度变化。

（2）注射座可整体前进与后退。注射部件由加料装置、料筒、螺杆、喷嘴、加料预塑装置、注射缸及注射座移动缸等组成。注射座缸固定，其活塞与注射座整体由液压缸驱动，应保证在注射时注射座有足够的推力，使喷嘴与模具浇口紧密接触，以防流涎。

（3）根据原料、制品几何形状和模具浇口布局的不同，注射压力应有相应的变化。例如，黏度较高的熔液注射压力比黏度较低的聚苯乙烯或尼龙等注射压力要高些，薄壁制品、面积大和形状复杂的制品及流道细长时，注射压力应适当增大些。因此要求注射压力可调节。注射速度直接影响制品的质量。注射速度过低，熔体不易充满复杂的型腔，或制品中易形成冷接缝；速度过高，流过通道时会因摩擦而产生高温，使某些材料颜色发生变化或化学分解，所以，随制品的不同，注射速度应能调节。

（4）可保压冷却。当熔体注入型腔后，要保压和冷却。在冷却凝固时材料体积有收缩，故型腔内应能补充熔体，否则会因充料不足而出现残品。因此，保压压力和保压时间应能调节。

（5）预塑过程可调节。在型腔熔体冷却凝固阶段，使料斗内的塑料颗粒通过料筒内螺杆的回转卷入料筒，连续向喷嘴方向推移，同时加热塑化、搅拌和挤压成为熔体。在注塑成型加工中，料筒每小时能塑化材料的重量（称为塑化能力）在料筒结构尺寸决定后，应随塑料的熔点、流动性和制品的不同而有所改变，即应使预塑过程的塑化能力可以调节。

（6）可顶出制品。制品在冷却成型后要从模具中顶出。为了在制品脱模被顶出时防止其受损，顶出缸的运动要平稳，其运动速度应能根据制品的形状、尺寸的不同而调节。

任务 4.7.2 注塑机液压系统的分析

图 4-7-2 为 SZ-100/80 型注塑机的液压系统图。该系统是由合模液压缸、注射座移动缸、注射缸、预塑液压马达、顶出缸等执行元件及其控制回路组成的较为复杂的中高压系统。

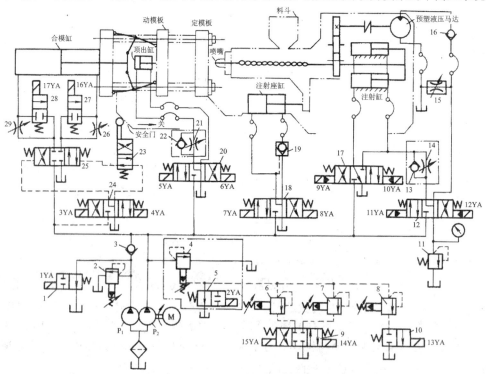

1、5、9、10、12、17、18、20、24、25、27、28—电磁换向阀；2、4、6、7、8—溢流阀；
3、16—单向阀；11—背压阀；13、14—单向节流阀；15—调速阀；19—液控单向阀；
21、22—单向节流阀；23—行程阀；26、29—节流阀

图 4-7-2 SZ-100/80 型注塑机液压系统图

该系统由额定压力为 16 MPa 的中高压双联叶片泵（YB‑E50/25）供油。P_1 为大流量泵，其工作压力由溢流阀 2 调定为较低压力，当电磁铁 1YA 不通电时，P_1 泵的油可经电磁换向阀 1 卸荷。P_2 为小流量泵，其最高工作压力由先导式溢流阀 4 调为高压。当电磁铁 2YA 不通电时，P_2 泵的油可由电磁换向阀 5 控制，经过阀 4 卸荷。当电磁铁 2YA 通电时，分别改变电磁换向阀 9 和 10 的通油状态，可使 P_2 泵输出油液的压力分别由先导式溢流阀 6、7、8 调节为比较低（比阀 4 调压低）的数值。系统中需获得快速时，可由双泵同时供油，需慢速工作时，可使大泵 P_1 卸荷，而由小泵 P_2 向系统供油。

该系统有"调整"、"手动"、"半自动"、"全自动"四种操作方式，表 4‑7‑1 中为工作循环和电磁铁通电顺序表。

表 4‑7‑1　SZ‑100/80 型注塑机工作循环及电磁铁通电顺序表

工作循环			信号来源	电磁铁（YA）动作情况																
				1	2	3	4	5	6	7	8	9	10	11	12	13	14	15	16	17
1	合模	慢速	关门按钮		+	+													+	
		快速	行程开关 S_1	+	+	+													+	+
		慢速	行程开关 S_2		+	+													+	
		低压慢速	行程开关 S_3		+	+												+	+	
		高压慢速	行程开关 S_4		+	+														
2	注射座前进		行程开关 S_5		+					+										
3	注射	慢速	行程开关 S_6		+					+				+		+				
		快速	行程开关 S_7	+	+					+	+			+		+				
4	保压		行程开关 S_8		+									+			+			
5	预塑		时间继电器	+	+					+					+					
6	防流涎		行程开关 S_9		+						+		+							
7	注射座后退		行程开关 S_{10}		+					+										
8	开模	慢速	行程开关 S_{11}		+		+													+
		快速	行程开关 S_{12}	+	+		+												+	+
		慢速	行程开关 S_{13}		+		+													+
9	顶出	顶出制品	行程开关 S_{14}		+			+												
		顶出缸复位	行程开关 S_{14}		+				+											
10	停止		终点开关 S_{15}							+										

现以"全自动"方式工作为例叙述液压系统的工作过程。

1. 合模

1）慢速合模

先关闭安全门，使行程阀 23 下位接入系统。再按动启动按钮，电磁铁 2YA、3YA、16YA 通电。这时阀 1 右位，大泵 P_1 卸荷；阀 5 右位，小泵 P_2 供油，系统压力由阀 4 调为高压。在合模缸子系统中，先导电磁换向阀 24 左位接入系统，二位二通电磁阀 27 上位接入系统，压力油进入合模缸左腔，缸右腔油流回油箱，其活塞右移，使动模板右移合模。

（1）控制油路。

进油路线为：泵 P_2→阀 24 左位→阀 23 下位→液动换向阀 25 右端；

回油路线为：阀 25 左端→阀 24 左位→油箱。

（2）主油路。

进油路线为：泵 P_2→阀 25 右位→节流阀 29→合模缸左腔；

回油路线为：合模缸右腔→阀 27 上位→阀 25 右位→油箱。

2）快速合模

当动模板上的挡块压下行程开关 S_1 时，电磁铁 1YA、17YA 通电（ZYA、3YA、16YA 保持原通电状态）。这时阀 1 换为左位，大泵 P_1 与 P_2 同时向合模缸供油；二位二通电磁阀 28 换为上位，主进油路不再经过节流阀 29，故合模缸快速合模。由于双泵并联，故系统的工作压力由溢流阀 2 限定。它的控制油路及主回油路同 1，主进油路为：

泵（P_1、P_2）→阀 25 右位→阀 28 上位→合模缸左腔（快速合模）。

3）慢速合模

当挡块压下行程开关 S_2 时，电磁铁 1YA、17YA 断电（2YA、3YA、16YA 仍保持通电状态），子系统完全恢复到 1 状态，P_1 泵卸荷，节流阀 29 接入系统，实现慢速合模。

4）低压慢速合模

当挡块压下行程开关 S_3 时，电磁铁 15YA 通电，（2YA、3YA、16YA 保持通电），P_2 泵供油。阀 9 换为左位，远程调压阀 6 接入系统，使系统压力为低压，合模缸低压慢速合模。这样可以防止在两模板接近时，中间有硬质异物使模具损坏。

5）慢速高压锁模

当挡块压下行程开关 S_4 时，15YA 又断电，系统又恢复为慢速高压合模状态，其油路与 1 全相同。这时，合模缸活塞慢速前进并带动双连杆增力机构将模具锁紧。

2. 注射座前进

合模缸锁紧后其终点开关 S_5 被压下，使 2YA、8YA 通电（3YA、16YA 断电、阀 24 换为中位，阀 27 换为下位）。这时，P_2 供油，阀 4 调压；电磁换向阀 18 右位接入系统，压力油经液控单向阀 19 进入注射座缸右腔，缸左腔回油，注射座整体左移，直至注射喷嘴与浇口顶接为止。液控单向阀 19 的作用是在注射座缸前进到位时将注射座锁紧，防止喷嘴与浇口接触处松开。

这时阀 24、阀 25 均换为中位，合模缸两腔油路被封闭在锁紧位置上。

3. 注射

1）慢速注射

当注射座缸使注射座整体移动到位时，挡块压下开关 S_6 时，使 11YA、13YA 通电

（2YA、8YA 保持通电状态），阀 12 左位接入系统，阀 10 换为右位，系统由小泵 P_2 供油，由远程调压阀 8 调压。这时，压力油经阀 12、阀 14 进入注射缸右腔，注射缸左腔油由阀 17 回油，其活塞带动螺杆前进慢速注射。

进油路线为：泵 P_2 →阀 12 左位→节流阀 14→注射缸右腔；

回油路线为：注射缸左腔→阀 17 中位→油箱。

2）快速注射

当挡块压下行程开关 S_7 时，使 1YA、9YA 通电（2YA、8YA、11YA、13YA 保持通电），双泵供油，阀 8 调压。阀 17 换为左位，压力油经阀 17 进入注射缸右腔，注射缸左腔回油，活塞带动螺杆快速左移注射。

进油路线为：

$$泵\begin{Bmatrix} P_1 \\ P_2 \end{Bmatrix} \Rightarrow \begin{cases} 阀\ 17（左）→注射缸右腔 \\ 阀\ 12（左）→阀\ 14→注射缸右腔 \end{cases}$$

回油路线为：注射缸右腔→阀 17 中位→油箱。

4. 保压

当挡块压下行程开关 S_8 时，使 1YA、9YA、13YA 断电、14YA 通电（2YA、8YA、11YA 保持通电）并使时间继电器延时计时。系统由 P_2 泵供油，阀 9 换为右位，远程调压阀 7 调压。阀 17 恢复中位、阀 12 左位，压力油可经节流阀 14 进入注射缸右腔，补充泄漏油实现注射缸保压。

进油路线为：泵 P_2 →阀 12 左位→阀 14→注射缸右腔；

回油路线为：注射缸左腔→阀 17 中位→油箱。

5. 预塑

当保压至预定时间，时间继电器发出信号使 1YA、12YA 通电，11YA、14YA 断电（2YA、8YA 保持通电）。这时双泵供油，阀 12 右位接入系统，阀 2 调压。压力油进入预塑液压马达，使预塑马达旋转，并带动螺杆转动，将料斗中的颗粒塑料卷入料筒，并被不断推至前端加热预塑。螺杆转动速度由旁油路调速阀 15 调节。预塑马达的油路为：

进油路：泵(P_1, P_2)阀12(右) ── 单向阀16 ── 液压马达进油口
　　　　　　　　　　　　　　└─ 调速阀15 ──┐
　　　　　　　　　　　　　　　　　　　　　└─ 油箱

回油路：液压马达回油口 ─────────────┘

这时注射缸活塞在螺杆反推力作用下右移，注射缸右腔回油，左腔由油箱中吸油。

进油路线为：油箱→阀 17 中位→缸左腔；

回油路线为：缸右腔→单向阀 13→阀 12 右位→背压阀 11→油箱。

6. 防流涎

螺杆退至预定位置，挡块压下行程开关 S_9 时，使 10YA 通电（2YA、8YA 保持通电），1YA、12YA 断电，这时 P_2 供油，阀 4 调压，阀 17 换为右位，注射缸左腔进压力油，右腔回油，使螺杆强制后退。

进油路线为：泵 P_2 →阀 17 右位→注射缸左腔；

回油路线为：注射缸右腔→阀 17 右位→油箱。

这时注射座缸仍处于左端位置，且由液控单向阀 19 锁紧，以防喷嘴流涎。

7. 注射座缸后退

当挡块压下行程开关 S_{10} 时，7YA 通电、8YA、10YA 断电（2YA 保持通电），压力油经阀 18 左位进入注射座缸左腔并打开液控单向阀 19，使缸右腔油经阀 19 及阀 18 左位回油，注射座整体后退。这时 P_2 泵供油，阀 4 调压。

8. 开模

1）慢速开模

当挡块压下行程开关 S_{11} 时，使 2YA、4YA、17YA 通电，P_2 供油，阀 4 调压。阀 24 右位，使阀 25 换为左位，阀 28 上位。这时压力油经节流阀 26 进入合模缸右腔，缸左腔回油，实现慢速开模，其速度由阀 26 调节。

2）快速开模

当挡块压下行程开关 S_{12} 时，使 1YA、2YA、4YA、16YA、17YA 通电，双泵供油，阀 2 调压；阀 27 上位，压力油经阀 27 进入合模缸，不再经过节流阀 26，因而实现快速开模。

3）慢速开模

由挡块压下行程开关 S_{13} 控制、油路同 1。

9. 顶出制品

1）顶出制品

挡块压下行程开关 S_{14}，使 2YA、5YA 通电，P_2 供油，阀 4 调压。顶出缸左腔经阀 20（左）及节流阀 21 进压力油，右腔回油。顶出杆右移顶出制品，其移动速度由阀 21 调节。

2）顶出缸退回

当顶出杆到位将工件顶出后，挡块压下行程开关 S_{15}，使 2YA、6YA 通电（5YA 断电），阀 20 换为右位，P_2 供油，阀 4 调压。顶出缸右腔进压力油，左腔经单向阀 22 回油，其活塞退回原位。挡块压下终点开关 S_{16} 时，可使 2YA、6YA 断电停止工作；也可使 2YA、3YA、16YA 同时通电，开始下一次工作循环。

任务 4.7.3 注塑机液压系统的特点分析

SZ – 100/80 型注塑机液压系统具有以下特点：

（1）该液压系统为多缸复杂系统，但其各子系统并不复杂。各子系统之间的工作顺序有严格的要求，它采用了多个行程开关控制电磁换向阀电磁铁的通断电顺序实现，比较方便、可靠。在注射保压阶段采用了时间继电器控制，使设备能实现全自动工作。

（2）该系统工作循环各工作阶段要求的压力和速度各不相同。它采用了由双联泵、先导式溢流阀、远程调压阀及多个电磁换向阀组成的快速回路、多级调压回路和卸荷回路满足系统各工作阶段对速度和工作压力的要求。其元件数量多，发热大，控制系统也较复杂。

该系统若采用变量泵供油，采用电液比例阀控制系统的流量、压力等参数，则元件数量可大为减少，效率也会提高。若用计算机对其工作循环及循环中每一动作的参数按预先编好的程序进行控制，并对设备进行相应的改进，则可进一步优化注塑工艺。

模块 4.8　液压压力机的液压系统

任务 4.8.1　液压压力机

液压压力机是一种利用静压力来加工金属材料、塑料、橡胶、粉末冶金制品的设备，可以进行冲剪、弯曲、翻边、拉深、冷挤、成型等多种加工。压力机的类型很多，其中以四柱式液压压力机应用最广泛。

该压力机对液压系统的要求是：压力要能经常变化、调节，且能产生很大的推力；空程时速度大，加压时推力大，功率利用合理；工作平稳性和安全可靠性要高。

任务 4.8.2　YB32-200 型液压压力机的分析

YB32-200 型液压压力机的液压系统图如图 4-8-1 所示，其上有上、下两个液压缸，安装在四个立柱之间，其液压系统的最高工作压力为 32 MPa。上液压缸为主缸，最大压制力为 2000 KN，驱动上滑块实现的工作循环是：快速下行→慢速加压→保压延时→卸压换向→快速退回→原位停止。下液压缸为顶出缸，驱动下滑块实现的工作循环是：向上顶出→停留→向下退回→原位停止。在进行薄板件拉伸压边时，要求下滑块实现的工作循环是：上位停留→浮动压边（即下滑块随上滑块短距离下降）→原位停止。

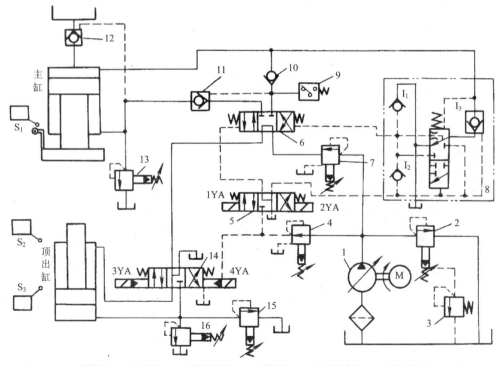

1—变量泵；2—安全阀；3—远程调压阀；4—减压阀；5—电磁换向阀；6—液动换向阀；
7—顺序阀；8—预泄换向阀组；9—压力继电器；10—单向阀；11、12—液控单向阀；
13—安全阀；14—电液换向阀；15—背压阀；16—安全阀

图 4-8-1　YB32-200 型液压压力机的液压系统图

该系统的工作压力范围为 10～32 MPa，主油路的最高工作压力由安全阀 2 限定，实际工作压力可由远控调压阀 3 调整，控制油路的压力由减压阀 4 调整，液压泵的卸荷压力由顺序阀 7 调整。

电磁铁和预泄阀的动作顺序如表 4-8-1 所示。

表 4-8-1　电磁铁和预泄阀的动作顺序表

动作		电磁铁 1YA	电磁铁 2YA	预泄阀	电磁铁 3YA	电磁铁 4YA
主缸	快速下行	＋				
	慢速加压	＋				
	保压延时					
	卸压换向		＋			
	快速退回		＋	下位		
	原位停止					
顶出缸	向上顶出					＋
	停留					＋
	向下退回				＋	
	原位停止					

注："＋"表示电磁铁通电；空格表示电磁铁断电或预泄阀处于上位。

1. 主缸运动

1）快速下行

（1）控制油路。

进油线路：泵 1 → 减压阀 4 → 换向阀 5(左) → 换向阀 6(左)；

回油线路：换向阀 6(右) → 单向阀 I_2 → 换向阀 5(左) → 油箱。

（2）主油路。

主油路中的压力油进入主缸上腔的同时，顶部充液箱中的油液也经液控单向阀 12 流入主缸上腔(起补油作用)，主缸快速下行。

进油线路：泵 1 → 顺序阀 7 → 换向阀 6(左) → 单向阀 10 → 主缸上腔；

充液箱 → 液控单向阀 12 → 主缸上腔；

回油线路：主缸下腔 → 液控单向阀 11 → 换向阀 6(左) → 换向阀 14(中) → 油箱。

2）慢速加压

当主缸上滑块接触到被压制工件时开始，主缸上腔压力升高，液控单向阀 12 关闭，加压速度由液压泵流量决定。这时除充液箱不再向主缸上腔供油外，其余油路与快速下行的相同。

3）保压延时

当系统压力升高至压力继电器 9 的开启压力时，压力继电器发出信号，电磁铁 1YA 断电，换向阀 5、6 处于中位，主缸上、下腔油路均被封闭保压，保压时间由时间继电器(图中未画出)控制，可在 0～24 min 范围内调节，此时液压泵卸荷。保压延时的卸荷油路为：泵 1 → 顺序阀 7 → 换向阀 6(中) → 换向阀 14(中) → 油箱。

4) 泄压换向

保压延时结束后,时间继电器发出信号,电磁铁 2YA 通电。为了防止保压延时状态向快速退回状态转变过快,设置了预泄换向阀组 8,它的作用是 2YA 通电后,其控制压力油必须在上缸的上腔卸压后,才能使换向阀 6 换向。

(1) 控制油路。

进油线路:泵 1 → 减压阀 4 → 换向阀 5(右)→液控单向阀 I_3。

(2) 主油路。

回油线路:主缸上腔 → 液控单向阀 I_3→预泄换向阀组 8(上)→油箱。

5) 快速退回

主缸上腔泄压后,预泄换向阀组 8 下位、换向阀 6 右位处于工作状态。主缸上腔油返回充液箱,上滑块则快速上升,退回至原位。

(1) 控制油路。

进油线路:泵 1 → 减压阀 4 → 换向阀 5(左) → 换向阀组 8(下) → 换向阀 6(右);

回油线路:换向阀 6(左) → 换向阀 5(左) → 油箱。

(2) 主油路。

进油线路:泵 1 → 顺序阀 7 → 换向阀 6(右) → 液控单向阀 11 → 主缸下腔;

回油线路:主缸上腔 → 液控单向阀 12 → 充液箱。

6) 原位停止

当上滑块返回至原始位置,压下行程开关 S_1 时,主缸上、下腔封闭,上滑块停止运动。安全阀 13 起平衡上滑块重量作用,可防止与上滑块相连的运动部件在上位时因自重而下滑。

2. 顶出缸运动

1) 向上顶出

当主缸返回原位,压下行程开关 S_1 时,电磁铁 2YA 断电,4YA 通电。压力油经换向阀 14 进入顶出缸下腔,下滑块上移,将压制好的工件从模具中顶出,这时系统的最高工作压力可由溢流阀 15 调整。主油路控制为

进油线路:泵 1 → 顺序阀 7 → 换向阀 6(中) → 换向阀 14(右) → 顶出缸下腔;

回油线路:顶出缸上腔 → 换向阀 14(右) → 油箱。

2) 停留

当下滑块上移到其活塞碰到缸盖时,便可停留在此位置上。同时碰到上位开关 S_2,使时间继电器动作,延时停留的时间可由时间继电器调整。油路与顶出的相同。

3) 向下退回

当停留结束时,时间继电器发出信号,电磁铁 3YA 通电,4YA 断电。压力油进入顶出缸上腔,下滑块下移。

进油线路:泵 1 → 顺序阀 7 → 换向阀 6(中) → 换向阀 14(左) → 顶出缸上腔;

回油线路:顶出缸下腔→换向阀 14(左) → 油箱。

4) 原位停止

当下滑块退至原位时,挡块压下下位开关 S_3,电磁铁 3YA 断电,换向阀 14 中位处于

工作状态,运动停止。顶出缸上腔和泵的油液均由换向阀 14 中位流入油箱。

3. 浮动压边

1)上位停留

先使电磁铁 4YA 通电,顶出缸下滑块上升至顶出位置,由行程开关或按钮发信号再使 4YA 断电,下滑块停在顶出位置上。此时顶出缸下腔封闭,上腔通油箱。

2)浮动压边

主缸上腔进压力油(主缸油路同慢速加压油路),主缸下腔油进入顶出缸上腔,顶出缸下腔油可经背压阀 15 流回油箱。主缸上滑块下压薄板时,下滑块也在此压力下随之下行。背压阀 15 能保证顶出缸下腔有足够的压力,安全阀 16 起过载保护作用。

进油线路:主缸下腔 → 液控单向阀 11 → 换向阀 6(左) → 换向阀 14(中) → 顶出缸上腔;油箱 → 顶出缸上腔;

回油线路:顶出缸下腔 → 背压阀 15 → 油箱。

任务 4.8.3　YB32-200 型液压压力机的特点分析

YB32-200 型液压压力机的液压系统以压力变化为主,是典型的高压大流量系统,具有以下特点:

(1)采用了恒功率斜盘式轴向柱塞泵-液压缸式容积调速回路,空载快速时压力低而供油量最大。低速压制时压力高而供油量自动减小,无溢流损失和节流损失,功率利用合理。

(2)采用了减压回路,使控制油路获得低且稳的压力。

(3)采用了电液换向阀的换向回路,可用小规格的、反应灵敏的电磁阀方便控制高压大流量的主油路换向。

(4)采用顶置充液箱,上滑块快速下行时直接流入主缸上腔补油。这样既可使系统采用流量较小的泵供油,又可避免在长管道中有高速大流量油流而造成能量损耗或故障,还减小了下置油箱的尺寸(充液箱与下置油箱有管路连通,油量超过时可溢回下油箱)。

(5)采用了保压回路,利用管道和油液的弹性变形来保压,方法简单,使用方便,但对液控单向阀、液压缸等元件的密封性能要求较高。

(6)采用了预泄换向阀组,使主缸上腔卸压后才能换向,保证动作平稳。

(7)采用两主换向阀中位串联的互锁回路,一个缸工作时,另一个缸因油路被断开而停止运动,两缸各有一个安全阀起过载保护和平衡作用。当主换向阀均为中位时,液压泵卸荷。浮动压边时,两缸同时动作,但不存在动作不协调的问题。

模块 4.9　组合机床液压控制系统分析

任务 4.9.1　组合机床

1. 组合机床概述

组合机床是以通用部件为基础,配以按工件特定形状和加工工艺设计的专用部件和夹具,组成的半自动或自动专用机床。

2. 组合机床部件分类

组合机床由通用部件、支承部件、输送部件、控制部件及辅助部件组成。

通用部件按功能可分为动力部件、支承部件、输送部件、控制部件和辅助部件五类。动力部件是为组合机床提供主运动和进给运动的部件。主要有动力箱、切削头和动力滑台。

支承部件是用以安装动力滑台、带有进给机构的切削头或夹具等部件，有侧底座、中间底座、支架、可调支架、立柱和立柱底座等。

输送部件是用以输送工件或主轴箱至加工工位的部件，主要有分度回转工作台、环形分度回转工作台、分度鼓轮和往复移动工作台等。

控制部件是用以控制机床的自动工作循环的部件，有液压站、电气柜和操纵台等。

辅助部件有润滑装置、冷却装置和排屑装置等。

任务 4.9.2　组合机床液压控制回路设计与分析

组合机床液压控制回路如图 4-9-1 所示。带有液压夹紧的驱式动力滑台的液压系统原理图，这个系统采用限压式变量泵供油，并配有二位二通电磁阀卸荷，变量泵与进油路的调速阀组成容积节流调速回路，用电液换向阀控制液压系统的主油路换向，用行程阀实现快进和工进的速度换接。它可实现多种工作循环，下面以定位"夹紧→快进→工进→二工进→死挡铁停留→快退→原位停止松开工件"的自动工作循环为例，说明组合机床液压系统的工作原理。

1. 夹紧工件

夹紧油路一般所需压力要求小于主油路，故在夹紧油路上装有减压阀 6，以减小夹紧缸的压力。

按下启动按钮，泵启动并使电磁铁 4YA 通电，夹紧缸 24 松开以便安装并定位工件。当工件定位好以后，发出讯号使电磁铁 4YA 断电，夹紧缸活塞夹紧工作。

进油线路为：泵 1→单向阀 5→减压阀 6→单向阀 7→换向阀 11 左位→夹紧缸上腔；

回油线路为：夹紧缸下腔→换向阀 11 左位回油箱。于是夹紧缸活塞下移夹紧工件，单向阀 7 用以保压。

2. 进给缸快进前进

当工件夹紧后，油压升高压力继电器 14 发出讯号使 1YA 通电，电磁换向阀 13 和液动换向阀 9 均处于左位。其油路为：

进油线路为：泵 1→单向阀 5→液动阀 9 左位→行程阀 23 右位→进给缸 25 左腔。

回油线路为：进给缸 25 右腔→液动阀 9 左位→单向阀 10→行程阀 23 右位→进给缸 25 左腔，形成差动连接，液压缸 25 快速前进。

因快速前进时负载小，压力低，故顺序阀 4 打不开(其调节压力应大于快进压力)，变量泵以调节好的最大流量向系统供油。

3. 一工进

当滑台快进到达预定位置(即刀具趋近工件位置)，挡铁压下行程阀 23，于是调速阀 12 接入油路，压力油必须经调速阀 12 才能进入进给缸左腔，负载增大，泵的压力升高，打开

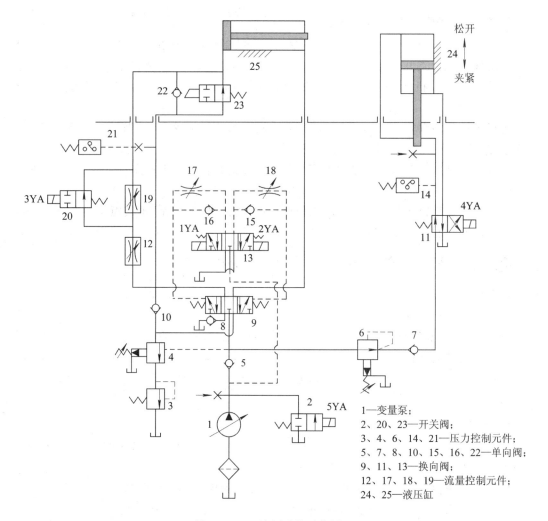

图 4-9-1 液压系统工作原理

1—变量泵；
2、20、23—开关阀；
3、4、6、14、21—压力控制元件；
5、7、8、10、15、16、22—单向阀；
9、11、13—换向阀；
12、17、18、19—流量控制元件；
24、25—液压缸

液控顺序阀 4，单向阀 10 被高压油封死，此时油路为：

进油线路为：泵 1→单向阀 5→换向阀 9 左位→调速阀 12→换向阀 20 右位→进给缸 25 左腔。

回油线路为：进给缸 25 右腔→换向阀 9 左位→顺序阀 4→背压阀 3→油箱。

一工进的速度由调速阀 12 调节。由于此压力升高到大于限压式变量泵的限定压力，泵的流量便自动减小到与调速阀的节流量相适应。

4. 二工进

当第一工进到位时，滑台上的另一挡铁压下行程开关，使电磁铁 3YA 通电，于是阀 20 左位接入油路，由泵来的压力油须经调速阀 12 和 19 才能进入 25 的左腔。

其他各阀的状态和油路与一工进相同。二工进速度由调速阀 19 来调节，但阀 19 的调节流量必须小于阀 12 的调节流量，否则调速阀 19 将不起作用。

5. 死挡铁停留

当被加工工件为不通孔且轴向尺寸要求严格，或需刮端面等情况时，则要求实现死挡铁停留。当滑台二工进到位碰上预先调好的死挡铁，活塞不能再前进，停留在死挡铁处，停留时间用压力继电器 21 来调节和控制。

6. 快速退回

滑台在死挡铁上停留后，泵的供油压力进一步升高，当压力升高到压力继电器 21 的预调动作压力时，压力继电器 21 发出信号，使 1YA 断电，2YA 通电，换向阀 13 和 9 均处于右位。这时油路为：

进油线路为：泵 1→单向阀 5→换向阀 9 右位→进给缸 25 右腔。

回油线路为：进给缸 25 左腔→单向阀 22→换向阀 9 右位→单向阀 8→油箱。

于是液压缸 25 便快速左退。由于快速时负载压力小于泵的限定压力，限压式变量泵便自动以最大调节流量向系统供油。因为进给缸为差动缸，所以快退速度基本等于快进速度。

压力继电器 21 的预调动作压力是指其入口压力等于泵的出口压力，它的压力增值主要决定于调速阀 19 的压差。

7. 进给缸原位停止，夹紧缸松开

当进给缸左退到原位，挡铁碰行程开关发出信号，使 2YA、3YA 断电，同时使 4YA 通电，于是进给缸停止，夹紧缸松开工件。当工件松开后，夹紧缸活塞上挡铁碰行程开关，使 5YA 通电，液压泵卸荷，一个工作循环结束。当下一个工件安装定位好后，则又使 4YA、5YA 均断电，重复上述步骤。

任务 4.9.3　组合机床液压控制回路特点分析

本系统采用限压式变量泵和调速阀组成容积节流调速系统，把调速阀装在进油路上，而在回油路上加背压阀。这样就获得了较好的低速稳定性、较大的调速范围和较高的效率。而且当滑台需死挡铁停留时，用压力继电器发出信号实现快退比较方便。

采用限压式变量泵，并在快进时采用差动连接，不仅使快进速度和快退速度相同，而且比不采用差动连接的流量可减小一半，其能量得到合理利用，系统效率进一步得到提高。

采用电液换向阀使换向时间可调，改善和提高了换向性能。采用行程阀和液控顺序阀来实现快进与工进的转换，比采用电磁阀的电路简化，而且使速度转换动作可靠，转换精度也较高。此外，用两个调速阀串联来实现两次工进，使转换速度平稳而无冲击。

夹紧油路中串接减压阀，不仅可使其压力低于主油路压力，而且可根据工件夹紧力的需要来调节并稳定其压力；当主系统快速运动时，即使主油路压力低于减压阀所调压力，因为有单向阀 7 的存在，夹紧系统也能维持其压力（保压）。夹紧油路中采用二位四通阀 11，它的常态位置是夹紧工件，这样即使在加工过程中临时停电，也不至于使工件松开，保证了操作安全可靠。

本系统可较方便地实现多种动作循环。例如可实现多次工进和多级工进。工作进给速度的调速范围可达 6.6～660 mm/min，而快进速度可达 7 m/min。所以它具有较大的通用性。

此外，本系统采用两位两通阀卸荷，比用限压式变量泵在高压小流量下卸荷方式的功率消耗要小。

❖ **思考题**

分析组合机床工作时液压系统可能会产生的故障及其排除方法。

模块 4.10　数控机床液压系统

任务 4.10.1　数控机床液压系统的分析

CK3225 数控机床可以车削内圆柱、外圆柱和圆锥及各种圆弧曲线,适用于形状复杂、精度高的轴类和盘类零件的加工。

图 4-10-1 为 CK3225 系列数控机床的液压系统。它的作用是用来控制卡盘的夹紧与松开;主轴变挡、转塔刀架的夹紧与松开;转塔刀架的转位和尾座套筒的移动。

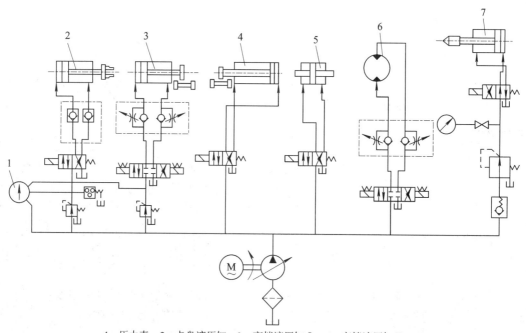

1—压力表;2—卡盘液压缸;3—变挡液压缸Ⅰ;4—变挡液压缸Ⅱ;
5—转塔夹紧缸;6—转塔转位液压马达;7—尾座液压缸

图 4-10-1　CK3225 系列数控机床液压系统图

1. 卡盘支路

支路中减压阀的作用是调节卡盘夹紧力,使工件既能夹紧,又尽可能减小变形。压力继电器的作用是当液压缸压力不足时,立即使主轴停转,以免卡盘松动,将旋转工件甩出,危及操作者的安全以及造成其他损失。该支路还采用液控单向阀的锁紧回路。在液压缸的进、回油路中都串联液控单向阀(又称液压锁),活塞可以在行程的任何位置锁紧,其锁紧精度只受液压缸内少量的内泄漏影响,因此锁紧精度较高。

2. 刀架系统的液压支路

根据加工需要，CK3225 数控车床的刀架有八个工位可供选择。因以加工轴类零件为主，转塔刀架采用回转轴线与主轴轴线平行的结构形式，如图 4 - 10 - 2 所示。

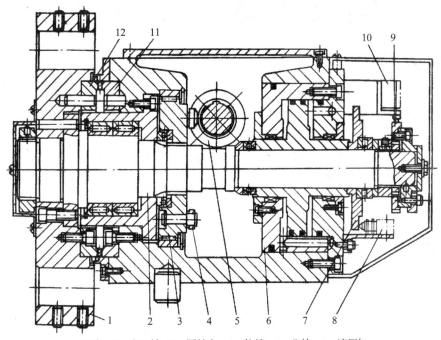

1—刀盘；2—中心轴；3—回转盘；4—柱销；5—凸轮；6—液压缸；
7—盘；8—开关；9—选位凸轮；10—计数开关；11、12—鼠牙盘

图 4 - 10 - 2　CK3225 数控车床刀架结构

刀架的夹紧和转动均由液压驱动。当接到转位信号后，液压缸 6 后腔进油，将中心轴 2 和刀盘 1 抬起，使鼠牙盘 12 和 11 分离；随后液压马达驱动凸轮 5 旋转，凸轮 5 拨动回转盘 3 上的八个柱销 4，使回转盘带动中心轴 2 和刀盘旋转。凸轮每转一周，拨过一个柱销，使刀盘转过一个工位；同时，固定在中心轴 2 尾端的八面选位凸轮 9 相应压合计数开关 10 一次。当刀盘转到新的预选工位时，液压马达停转。液压缸 6 前腔进油，将中心轴和刀盘拉下，两鼠牙盘啮合夹紧，这时盘 7 压下开关 8，发出转位停止信号。该结构的特点是定位稳定可靠，不会产生越位；刀架可正反两个方向转动；自动选择最近的回转行程，缩短了辅助时间。

任务 4.10.2　数控机床液压系统特点分析

CK3225 系列数控机床液压系统具有以下特点：

（1）该液压系统为多缸复杂系统，但其各支路系统并不复杂。该系统包含有减压回路、容积节流联合调速回路、电磁阀换向回路、锁紧回路。

（2）对高速回转的卡盘支路，采用了液控单向阀的双向锁紧回路。活塞可在行程的任何位置锁紧，且锁紧精度高。

（3）该系统还采用了压力继电器检测系统压力，确保设备及操作人员安全。

❖ **思考题**

分析数控机床工作时液压系统可能会产生的故障及其排除方法。

模块 4.11　外圆磨床液压控制系统分析

任务 4.11.1　外圆磨床

外圆磨床分为普通外圆磨床和万能外圆磨床，在普通外圆磨床上可磨削工件的外圆柱面和外圆锥面，在万能外圆磨床上还能磨削内圆柱面、内圆锥面和端面。外圆磨床的主参数为最大磨削直径。

外圆磨床(又叫顶心磨床或圆筒磨床)是以两顶心为中心，以砂轮为刀具，将圆柱型钢件研磨出精密同心度的磨床。

主机由床身、车头、车尾、磨头、传动吸尘装置等部件构成。车头、磨头可转角度，用于修磨顶针及皮辊倒角用专用夹具。

任务 4.11.2　外圆磨床液压控制回路设计与分析

1. 机床液压系统的功能

以 M1432A 型万能外圆磨床为例。

M1432A 型万能外圆磨床主要用于磨削 IT5～IT7 精度的圆柱形或圆锥形外圆和内孔，表面粗糙度在 Ra1.25～0.08 之间。该机床的液压系统具有以下功能：

(1) 能实现工作台的自动往复运动，并能在 0.05～4 m/min 之间无级调速，工作台换向平稳，起动制动迅速，换向精度高。

(2) 在装卸工件和测量工件时，为缩短辅助时间，砂轮架具有快速进退动作，为避免惯性冲击，控制砂轮架快速进退的液压缸设置有缓冲装置。

(3) 为方便装卸工件，尾架顶尖的伸缩采用液压传动。

(4) 工作台可作微量抖动：切入磨削或加工工件略大于砂轮宽度时，为了提高生产率和改善表面粗糙度，工作台可作短距离(1～3 mm)频繁往复运动(100～150 次/min)。

(5) 传动系统具有必要的联锁动作，具体为：

① 工作台的液动与手动联锁，以免液动时带动手轮旋转引起工伤事故。

② 砂轮架快速前进时，可保证尾架顶尖不后退，以免加工时工件脱落。

③ 磨内孔时，为使砂轮不后退，传动系统中设置有与砂轮架快速后退联锁的机构，以免撞坏工件或砂轮。

④ 砂轮架快进时，头架带动工件转动，冷却泵启动；砂轮架快速后退时，头架与冷却泵电机停转。

2. 液压控制系统分析与设计

M1432 型外圆磨床液压系统原理图如图 4-11-1 所示。

1) 工作台的往复运动

(1) 工作台右行。如图所示状态，先导阀、换向阀阀芯均处于右端，开停阀处于右位。

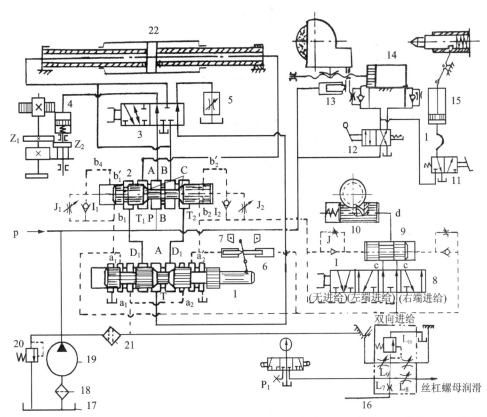

1—先导阀；2—换向阀；3—开停阀；4—互锁缸；5—节流阀；6—抖动缸；7—挡块；8—选择阀；9—进给阀；
10—进给缸；11—尾架换向阀；12—快动换向阀；13—闸缸；14—快动缸；15—尾架缸；16—润滑稳定器；
17—油箱；18—粗过滤器；19—油泵；20—溢流阀；21—精过滤器；22—工作台进给缸

图 4-11-1　M1432 型外圆磨床液压系统原理图

其主油路为：

进油线路为：液压泵 19→换向阀 2 右位（P→A）→液压缸 2 右腔；

回油线路为：液压缸 9 左腔→换向阀 2 右位（B→T_2）→先导阀 1 右位→开停阀 3 右位→节流阀 5→油箱。液压油推液压缸带动工作台向右运动，其运动速度由节流阀来调节。

（2）工作台左行。当工作台右行到预定位置，工作台上左边的挡块拨与先导阀 1 的阀芯相连接的杠杆，使先导阀芯左移，开始工作台的换向过程。先导阀阀芯左移过程中，其阀芯中段制动锥 A 的右边逐渐将回油路上通向节流阀 5 的通道（D_2→T）关小，使工作台逐渐减速制动，实现预制动；当先导阀阀芯继续向左移动到先导阀芯右部环形槽，使 a_2 点与高压油路 a_2' 相通，先导阀芯左部环槽使 a_1→a_1' 接通油箱时，控制油路被切换。这时借助于抖动缸推动先导阀向左快速移动（快跳）。其油路是：

进油线路为：泵 19→精过滤器 21→先导阀 1 右位（a_2'→a_2）→抖动缸 6 左端。

回油线路为：抖动缸 6 右端→先导阀 1 左位（a_1→a_1'）→油箱。

因为抖动缸的直径很小，上述流量很小的压力油足以使之快速右移，并通过杠杆使先导阀芯快跳到左端，从而使通过先导阀到达换向阀右端的控制压力油路迅速打通，同时又使换向阀左端的回油路也迅速打通（畅通）。

这时的控制油路是：

进油线路为：泵 19→精过滤器 21→先导阀 1 右位（$a_2' \to a_2$）→单向阀 I_2→换向阀 2 右端。

回油线路为：换向阀 2 左端回油路在换向阀芯左移过程中有三种变换。

首先换向阀 2 左端 $b_1' \to$先导阀 1 左位（$a_1 \to a_1'$）→油箱。换向阀芯因回油畅通而迅速左移，实现第一次快跳。当换向阀芯 2 快跳到制动锥 C 的右侧时，关小主回油路（$B \to T_2$）通道，工作台便迅速制动（终制动）。换向阀芯继续迅速左移到中部台阶处于阀体中间沉割槽的中心处时，液压缸两腔都通压力油，工作台便停止运动。

换向阀芯在控制压力油作用下继续左移，换向阀芯左端回油路改为：换向阀 2 左端→节流阀 J_1→先导阀 1 左位→油箱。这时换向阀芯按节流阀（停留阀）J_1 调节的速度左移，由于换向阀体中心沉割槽的宽度大于中部台阶的宽度，所以在阀芯慢速左移的一定时间内，液压缸两腔继续保持互通，使工作台在端点保持短暂的停留。其停留时间在 $0 \sim 5$ s 内由节流阀 J_1、J_2 调节。

最后当换向阀芯慢速左移到左部环形槽与油路（$b_1 \to b_1'$）相通时，换向阀左端控制油的回油路又变为换向阀 2 左端→油路 b_1→换向阀 2 左部环形槽→油路 b_1'→先导阀 1 左位→油箱。这时由于换向阀左端回油路畅通，换向阀芯实现第二次快跳，使主油路迅速切换，工作台则迅速反向启动（左行）。主油路是：

进油线路为：泵 19→换向阀 2 左位（$P \to B$）→工作台进给缸 22 左腔。

回油线路为：工作台进给缸 22 右腔→换向阀 2 左位（$A \to T_1$）→先导阀 1 左位（$D_1 \to T$）→开停阀 3 右位→节流阀 5→油箱。

当工作台左行到位时，工作台上的挡铁又碰杠杆推动先导阀右移，重复上述换向过程，实现工作台的自动换向。

2）工作台液动与手动的互锁

工作台液动与手动的互锁是由互锁缸 4 来完成的。当开停阀 3 处于图 4-11-1 所示位置时，互锁缸 4 的活塞在压力油的作用下压缩弹簧并推动齿轮 Z_2 和 Z_1 脱开，这样，当工作台液动（往复运动）时，手轮不会转动。

当开停阀 3 处于左位时，互锁缸 4 通油箱，活塞在弹簧力的作用下带着齿轮 Z_2 移动，Z_2 与 Z_1 啮合，工作台就可用手摇机构摇动。

3）砂轮架的快速进、退运动

砂轮架的快速进退运动是由手动二位四通换向阀 12（快动阀）来操纵，由快动缸来实现的。在图 4-11-1 所示位置时，快动阀右位接入系统，压力油经快动阀 12 右位进入快动缸 14 右腔，砂轮架快进到前端位置，快进终点是靠活塞与缸体端盖相接触来保证其重复定位精度；当快动缸左位接入系统时，砂轮架快速后退到最后端位置。为防止砂轮架在快速运动到达前后终点处产生冲击，在快动缸两端设缓冲装置，并设有抵住砂轮架的闸缸 13，用以消除丝杠和螺母间的间隙。

手动换向阀 12（快动阀）的下面装有一个自动启、闭头架电动机和冷却电动机的行程开关和一个与内圆磨具联锁的电磁铁（图上均未画出）。当手动换向阀 12（快动阀）处于右位使砂轮架处于快进时，手动阀的手柄压下行程开关，使头架电动机和冷却电动机启动。当翻下内圆磨具进行内孔磨削时，内圆磨具压另一行程开关，使联锁电磁铁通电吸合，将快动阀锁住在左位(砂轮架在退的位置),以防止误动作,保证安全。

4)砂轮架的周期进给运动

砂轮架的周期进给运动是由选择阀 8、进给阀 9、进给缸 10 通过棘爪、棘轮、齿轮、丝杠来完成的。选择阀 8 根据加工需要可以使砂轮架在工件左端或右端时进给,也可在工件两端都进给(双向进给),也可以不进给,共四个位置可供选择。

图 4-11-1 所示为双向进给,周期进给油路为:压力油从 a_1 点→J_4→进给阀 9 右端;进给阀 9 左端→I_3→a_2→先导阀 1→油箱。进给缸 10→d→进给阀 9→c_1→选择阀 8→a_2→先导阀 1→油箱,进给缸柱塞在弹簧力的作用下复位。当工作台开始换向时,先导阀换位(左移)使 a_2 点变高压、a_1 点变为低压(回油箱),此时周期进给油路为:压力油从 a_2 点→J_3→进给阀 9 左端;进给阀 9 右端→I_4→a_1 点→先导阀 1→油箱,使进给阀右移;与此同时,压力油经 a_2 点→选择阀 8→c_1→进给阀 9→d→进给缸 10,推进给缸柱塞左移,柱塞上的棘爪拨棘轮转动一个角度,通过齿轮等推砂轮架进给一次。在进给阀活塞继续右移时堵住 c_1 而打通 c_2,这时进给缸右端→d→进给阀→c_2→选择阀→a_1→先导阀 a_1'→油箱,进给缸在弹簧力的作用下再次复位。当工作台再次换向,再周期进给一次。若将选择阀转到其他位置,如右端进给,则工作台只有在换向到右端才进给一次,其进给过程不再赘述。从上述周期进给过程可知,每进给一次是由一股压力油(压力脉冲)推进给缸柱塞上的棘爪拨棘轮转一角度。调节进给阀两端的节流阀 J_3、J_4 就可调节压力脉冲的周期长短,从而调节进给量的大小。

5)尾架顶尖的松开与夹紧

尾架顶尖只有在砂轮架处于后退位置时才允许松开。为操作方便,采用脚踏式二位三通阀 11(尾架阀)来操纵,由尾架缸 15 来实现。由图 4-11-1 可知,只有当快动阀 12 处于左位、砂轮架处于后退位置,脚踏尾架阀处于右位时,才能有压力油通过尾架阀进入尾架缸推杠杆拨尾顶尖松开工件。当快动阀 12 处于右位(砂轮架处于前端位置)时,油路 L 为低压(回油箱),这时误踏尾架阀 11 也无压力油进入尾架缸 14,顶尖也就不会推出。尾顶尖的夹紧是靠弹簧力。

6)抖动缸的功用

抖动缸 6 的功用有两个:第一是帮助先导阀 1 实现换向过程中的快跳;第二是当工作台需要作频繁短距离换向时实现工作台的抖动。

当砂轮作切入磨削或磨削短圆槽时,为提高磨削表面质量和磨削效率,需工作台频繁短距离换向—抖动。这时将换向挡铁调得很近或夹住换向杠杆,当工作台向左或向右移动时,挡铁带杠杆使先导阀阀芯向右或向左移动一个很小的距离,使先导阀 1 的控制进油路和回油路仅有一个很小的开口。通过此很小开口的压力油不可能使换向阀阀芯快速移动,这时,因为抖动缸柱塞直径很小,所通过的压力油足以使抖动缸快速移动。抖动缸的快速移动推动杠带先导阀快速移动(换向),迅速打开控制油路的进、回油口,使换向阀也迅速换向,从而使工作台作短距离频繁往复换向—抖动。

任务 4.11.3　外圆磨床液压控制回路特点分析

由于机床加工工艺的要求,M1432A 型万能外圆磨床液压系统是机床液压系统中要求较高、较复杂的一种。其主要特点是:

（1）系统采用节流阀回油节流调速回路，功率损失较小。

（2）工作台采用了活塞杆固定式双杆液压缸，保证左、右往复运动的速度一致，并使机床占地面积不大。

（3）本系统在结构上采用了将开停阀、先导阀、换向阀、节流阀、抖动缸等组合一体的操纵箱。使结构紧凑、管路减短、操纵方便，又便于制造和装配修理。此操纵箱属行程制动换向回路，具有较高的换向位置精度和换向平稳性。

❖ 思考题

分析万能外圆磨床工作时液压系统可能会产生的故障及其排除方法。

模块 4.12　飞机起落架液压控制系统分析

任务 4.12.1　飞机起落架的基本结构

任何人造的飞行器都有离地升空的过程，而且除了一次性使用的火箭导弹和不需要回收的航天器之外，绝大部分飞行器都有着陆或回收阶段。对飞机而言，实现这一起飞着陆功能的装置主要就是起落架。它是飞机在地面停放、滑行、起降滑跑时用于支持飞机重量、吸收撞击能量的飞机部件。

起落架的主要作用是承受飞机在地面停放、滑行、起飞着陆滑跑时的重力；承受、消耗和吸收飞机在着陆与地面运动时的撞击和颠簸能量；滑跑与滑行时的制动；滑跑与滑行时操纵飞机。

为适应飞机起飞、着陆滑跑和地面滑行的需要，起落架的最下端装有带充气轮胎的机轮。为了缩短着陆滑跑距离，机轮上装有刹车或自动刹车装置。此外还包括承力支柱、减震器（常用承力支柱作为减震器外筒）、收放机构、前轮减摆器和转弯操纵机构等。承力支柱将机轮和减震器连接在机体上，并将着陆和滑行中的撞击载荷传递给机体。前轮减摆器用于消除高速滑行中前轮的摆振。前轮转弯操纵机构可以增加飞机地面转弯的灵活性。对于在雪地和冰上起落的飞机，起落架上的机轮用滑橇代替。

1. 减震器

飞机在着陆接地瞬间或在不平的跑道上高速滑跑时，与地面发生剧烈的撞击，除充气轮胎可起小部分缓冲作用外，大部分撞击能量要靠减震器吸收。现代飞机上应用最广的是油液空气减震器。当减震器受撞击压缩时，空气的作用相当于弹簧，储存能量。而油液以极高的速度穿过小孔，吸收大量撞击能量，把它们转变为热能，使飞机撞击后很快平稳下来，不致颠簸不止。

2. 收放系统

收放系统一般以液压作为正常收放动力源，以冷气、电力作为备用动力源。一般前起落架向前收入前机身，而某些重型运输机的前起落架是侧向收起的。主起落架收放形式大致可分为沿翼展方向收放和翼弦方向收放两种。收放位置锁用来把起落架锁定在收上和放下位置，以防止起落架在飞行中自动放下和受到撞击时自动收起。对于收放系统，一般都有位置指示和警告系统。

3. 机轮和刹车系统

机轮的主要作用是在地面支持收飞机的重量，减少飞机地面运动的阻力，吸收飞机着陆和地面运动时的一部分撞击动能。主起落架上装有刹车装置，可用来缩短飞机着陆的滑跑距离，并使飞机在地面上具有良好的机动性。机轮主要由轮毂和轮胎组成。刹车装置主要有弯块式、胶囊式和圆盘式三种。应用最为广泛的是圆盘式，其主要特点是摩擦面积大，热容量大，容易维护。

任务 4.12.2　飞机起落架收放液压控制回路设计与分析

起落架收放、刹车系统包括前起落架、主起落架、左右机轮护板以及收放起落架后自动刹车等，均采用液压系统控制。前起落架及主起落架(包括左右两路)的三套液压系统基本相同。图 4-12-1 为某型飞机前起落架收放液压系统原理图。

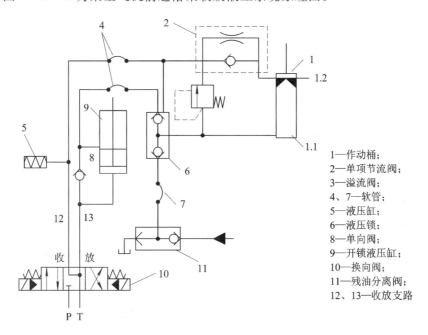

图 4-12-1　某型飞机前起落架收放液压系统原理图

1—作动桶；
2—单项节流阀；
3—溢流阀；
4、7—软管；
5—液压缸；
6—液压锁；
8—单向阀；
9—开锁液压缸；
10—换向阀；
11—残油分离阀；
12、13—收放支路

三位四通电磁换向阀 10 处于中位时，两个电磁铁都未通电，收油路 12、放油路 13 均与回油路 T 相通。当换向阀 10 处于右位时，放下油路 13 接通高压油液，因单向阀 8 闭锁，高压油首先进入开锁液压缸 9，然后接通液压锁 6，高压油进入起落架收放液压缸的放下腔 1.1，其上腔与回油路相通，将起落架放下。在液压缸上腔 1.2 出口油路上安装一单向节流阀 2，用来减小起落架放下时的速度，缓和冲击力，放下结束后，液压锁 6 将收放液压缸放下腔油液闭锁，以备起落架收放液压缸钢珠损坏时，仍能将起落架保持在放下位置。

与液压锁并联的高压溢流阀 3 是当收放液压缸放下腔 1.1 压力超过某定值时，此阀打开，将放下腔 1.1 的超压油液排到回油路，防止损坏机件。

收起落架的过程是，当三位四通电磁换向阀切换至左位时，高压油液经单向节流阀 2 接通液压缸上腔 1.2，其工作工程与放下起落架的过程相类似。

自动刹车液压缸 5 的功用是在收起起落架时，能自动刹住高速旋转的机轮，以免飞机产生振动。

残油分离阀 11 右侧接应急油路，在应急时接通液压缸下腔 1.1 直接放下起落架。

❖ 思考题

飞机前轮如何实现转向？

模块 4.13 液压传动系统设计与计算

任务 4.13.1 工况分析

在设计液压系统时，首先应明确以下问题，并将其作为设计依据：

（1）主机的用途、工艺过程、总体布局以及对液压传动装置的位置和空间尺寸的要求。

（2）主机对液压系统的性能要求，如自动化程度、调速范围、运动平稳性、换向定位精度以及对系统的效率、温升等的要求。

（3）液压系统的工作环境，如温度、湿度、振动冲击以及是否有腐蚀性和易燃物质存在等情况。

在上述工作的基础上，应对主机进行工况分析，工况分析包括运动分析和动力分析，对复杂的系统还需编制负载和动作循环图，由此了解液压缸或液压马达的负载和速度随时间变化的规律，以下对工况分析的内容作具体介绍。

1. 运动分析

主机的执行元件按工艺要求的运动情况，可以用位移循环图（$L—t$）、速度循环图（$v—t$）、速度与位移循环图表示，由此对运动规律进行分析。

1）位移循环图 $L—t$

图 4 - 13 - 1 为液压机的液压缸位移循环图。纵坐标 L 表示活塞位移，横坐标 t 表示从活塞启动到返回原位的时间，曲线斜率表示活塞移动速度。该图清楚地表明液压机的工作循环分别由快速下行、减速下行、压制、保压、泄压慢回和快速回程六个阶段组成。

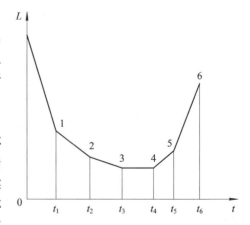

图 4 - 13 - 1 位移循环图

2）速度循环图 $v—t$（或 $v—L$）

工程中液压缸的运动特点可归纳为三种类型。图 4 - 13 - 2 为三种类型液压缸的 $v—t$图：第一种如图中实线所示，液压缸开始作匀加速运动，然后匀速运动，最后匀减速运动到终点；第二种，液压缸在总行程的前一半作匀加速运动，在另一半作匀减速运动，且加速度的数值相等；第三种，液压缸在总行程的一大半以上以较小的加速度作匀加速运动，然后匀减速至行程终点。$v—t$ 图的三条速度曲线，不仅清楚地表明了三种类型液压缸的运动规律，也间接地表明了三种工况的动力特性。

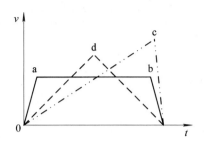

图 4 - 13 - 2　速度循环图

2. 动力分析

动力分析是研究机器在工作过程中，其执行机构的受力情况，对液压系统而言，就是研究液压缸或液压马达的负载情况。

1）液压缸的负载力计算

工作机构作直线往复运动时，液压缸必须克服的负载由六部分组成：

$$F = F_c + F_f + F_i + F_G + F_m + F_b \tag{4-13-1}$$

式中：F_c 为切削阻力；F_f 为摩擦阻力；F_i 为惯性阻力；F_G 为重力；F_m 为密封阻力；F_b 为排油阻力。

（1）切削阻力 F_c。

为液压缸运动方向的工作阻力，对于机床来说就是沿工作部件运动方向的切削力，此作用力的方向如果与执行元件运动方向相反为正值，两者同向为负值。该作用力可能是恒定的，也可能是变化的，其值要根据具体情况计算或由实验测定。

（2）摩擦阻力 F_f。

为液压缸带动的运动部件所受的摩擦阻力，它与导轨的形状、放置情况和运动状态有关，其计算方法可查有关的设计手册。

图 4 - 13 - 3 为最常见的两种导轨形式，其摩擦阻力的值为

平导轨：

$$F_f = f \sum F_n \tag{4-13-2}$$

V 形导轨：

$$F_f = \frac{f \sum F_n}{\sin \dfrac{\alpha}{2}} \tag{4-13-3}$$

式中：f 为摩擦因数，参阅表 4 - 13 - 1 选取；$\sum F_n$ 为作用在导轨上总的正压力或沿 V 形导轨横截面中心线方向的总作用力；α 为 V 形角，一般为 $90°$。

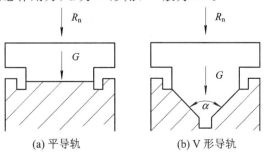

(a) 平导轨　　　　　　　　(b) V 形导轨

图 4 - 13 - 3　导轨形式

表 4 - 13 - 1　摩擦因数 f

导轨类型	导轨材料	运动状态	摩擦因数(f)
滑动导轨	铸铁对铸铁	启动时	0.15~0.20
		低速($v<0.16$ m/s)	0.1~0.12
		高速($v>0.16$ m/s)	0.05~0.08
滚动导轨	铸铁对滚柱(珠)	—	0.005~0.02
	淬火钢导轨对滚柱(珠)		0.003~0.006
静压导轨	铸铁		0.005

（3）惯性阻力 F_i。

惯性阻力 F_i 为运动部件在启动和制动过程中的惯性力，可按下式计算：

$$F_i = ma = \frac{G}{g}\frac{\Delta v}{\Delta t}\ (\text{N}) \qquad (4-13-4)$$

式中：m 为运动部件的质量（kg）；a 为运动部件的加速度（m/s²）；G 为运动部件的重量（N）；g 为重力加速度，$g=9.81$（m/s²）；Δv 为速度变化值（m/s）；Δt 为启动或制动时间（s），一般机床 $\Delta t=0.1\sim0.5$ s，运动部件重量大的取大值。

（4）重力 F_G。

垂直放置和倾斜放置的移动部件，其本身的重量也成为一种负载，当上移时，负载为正值，下移时为负值。

（5）密封阻力 F_m。

密封阻力指装有密封装置的零件在相对移动时的摩擦力，其值与密封装置的类型、液压缸的制造质量和油液的工作压力有关。在初算时，可按缸的机械效率（$\eta_m=0.9$）考虑；验算时，按密封装置摩擦力的计算公式计算。

（6）排油阻力 F_b。

排油阻力为液压缸回油路上的阻力，该值与调速方案、系统所要求的稳定性、执行元件等因素有关，在系统方案未确定时无法计算，可放在液压缸的设计计算中考虑。

（7）液压缸运动循环各阶段的总负载力。

液压缸运动循环各阶段的总负载力计算，一般包括启动加速、快进、工进、快退、减速制动等几个阶段，每个阶段的总负载力是有区别的。

① 启动加速阶段：这时液压缸或活塞处于由静止到启动并加速到一定速度，其总负载力包括导轨的摩擦力、密封装置的摩擦力（按缸的机械效率 $\eta_m=0.9$ 计算）、重力和惯性力等项，即

$$F = F_f + F_i \pm F_G + F_m + F_b \qquad (4-13-5)$$

② 快速阶段：

$$F = F_f \pm F_G + F_m + F_b \qquad (4-13-6)$$

③ 工进阶段：

$$F = F_f + F_c \pm F_G + F_m + F_b \qquad (4-13-7)$$

④ 减速：

$$F = F_f \pm F_G - F_i + F_m + F_b \qquad (4-13-8)$$

对简单液压系统,上述计算过程可简化。例如采用单定量泵供油,只需计算工进阶段的总负载力,若简单系统采用限压式变量泵或双联泵供油,则只需计算快速阶段和工进阶段的总负载力。

(8) 液压缸的负载循环图。

对较为复杂的液压系统,为了更清楚地了解该系统内各液压缸(或液压马达)的速度和负载的变化规律,应根据各阶段的总负载力和它所经历的工作时间 t 或位移 L 按相同的坐标绘制液压缸的负载时间(F—t)或负载位移(F—L)图,然后将各液压缸在同一时间 t(或位移)的负载力叠加。

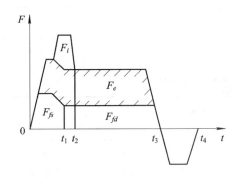

图 4 - 13 - 4　负载循环图

图 4 - 13 - 4 为一部机器的 F—t 图,其中:$0\sim t_1$ 为启动过程;$t_1\sim t_2$ 为加速过程;$t_2\sim t_3$ 为恒速过程;$t_3\sim t_4$ 为制动过程。它清楚地表明了液压缸在动作循环内负载的规律。图中最大负载是初选液压缸工作压力和确定液压缸结构尺寸的依据。

2) 液压马达的负载

工作机构作旋转运动时,液压马达必须克服的外负载为

$$M = M_e + M_f + M_i \tag{4-13-9}$$

(1) 工作负载力矩 M_e。工作负载力矩可能是定值,也可能随时间变化,应根据机器工作条件进行具体分析。

(2) 摩擦力矩 M_f。为旋转部件轴颈处的摩擦力矩,其计算公式为

$$M_f = GfR \tag{4-13-10}$$

式中:G 为旋转部件的重量(N);f 为摩擦因数,启动时为静摩擦因数,启动后为动摩擦因数;R 为轴颈半径(m)。

(3) 惯性力矩 M_i。为旋转部件加速或减速时产生的惯性力矩,其计算公式为

$$M_i = J\varepsilon = J\frac{\Delta\omega}{\Delta t} \tag{4-13-11}$$

式中:ε——角加速度(r/s²);$\Delta\omega$——角速度的变化(r/s);Δt——加速或减速时间(s);J——旋转部件的转动惯量(kg·m²),$J = 1GD^2/4g$。GD^2 为回转部件的飞轮效应(Nm²)。各种回转体的 GD^2 可查《机械设计手册》。

任务 4.13.2　确定液压系统主要参数

1. 液压缸的设计计算

1) 初定液压缸工作压力

液压缸工作压力主要根据运动循环各阶段中的最大总负载力来确定,此外,还需要考虑以下因素:

(1) 各类设备的不同特点和使用场合。

(2) 考虑经济和重量因素,压力选得低,则元件尺寸大,重量重;压力选得高一些,则

元件尺寸小,重量轻,但对元件的制造精度,密封性能要求高。

所以,液压缸的工作压力的选择有两种方式:一是根据机械类型选(如表 4 - 13 - 2 所示);二是根据切削负载选(如表 4 - 13 - 3 所示)。

表 4 - 13 - 2　按机械类型选择液压缸工作压力

机械类型	机　　床				农业机械	工程机械
	磨床	组合机床	龙门刨床	拉床		
工作压力/MPa	≤2	3～5	≤8	8～10	10～16	20～32

表 4 - 13 - 3　按负载选择液压缸的工作压力

负载/N	<5000	500～10 000	10 000～20 000	20 000～30 000	30 000～50 000	>50 000
工作压力 MPa	≤0.8～1	1.5～2	2.5～3	3～4	4～5	>5

2)液压缸主要尺寸的计算

缸的有效面积和活塞杆直径,可根据缸受力的平衡关系具体计算。

3)液压缸的流量计算

液压缸的最大流量为

$$q_{max} = A \cdot v_{max} \tag{4 - 13 - 12}$$

式中:A 为液压缸的有效面积 A1 或 A2(m^2);v_{max} 为液压缸的最大速度(m/s)。

液压缸的最小流量为

$$q_{min} = A \cdot v_{min} \tag{4 - 13 - 13}$$

式中:v_{min} 为液压缸的最小速度。

液压缸的最小流量 q_{min} 应等于或大于流量阀或变量泵的最小稳定流量。若不满足此要求时,则需重新选定液压缸的工作压力,使工作压力低一些,缸的有效工作面积大一些,所需最小流量 q_{min} 也大一些,以满足上述要求。

流量阀和变量泵的最小稳定流量,可从产品样本中查到。

2. 液压马达的设计计算

1)计算液压马达排量

液压马达排量根据下式决定:

$$V_m = \frac{6.28T}{\Delta p_m \eta_{min}} V \tag{4 - 13 - 14}$$

式中:T 为液压马达的负载力矩(N · m);Δp_m 为液压马达进出口压力差(N/m^3);η_{min} 为液压马达的机械效率,一般齿轮和柱塞马达取 0.9～0.95,叶片马达取 0.8～0.9。

2)计算液压马达所需流量

液压马达的最大流量为

$$q_{max} = V_m \cdot n_{max}$$

式中:V_m 为液压马达排量(m^3/r);N_{max} 为液压马达的最高转速(r/s)。

任务 4.13.3 液压元件的选择

1. 液压泵的确定与所需功率的计算

1）液压泵的确定

（1）确定液压泵的最大工作压力。

液压泵所需工作压力的确定，主要根据液压缸在工作循环各阶段所需最大压力 p_1，再加上油泵的出油口到缸进油口处总的压力损失 $\sum \Delta p$，即

$$p_B = p_1 + \sum \Delta p \qquad (4-13-15)$$

$\sum \Delta p$ 包括油液流经流量阀和其他元件的局部压力损失、管路沿程损失等，在系统管路未设计之前，可根据同类系统经验估计，一般管路简单的节流阀调速系统 $\sum \Delta p$ 为 $(2 \sim 5) \times 10^5$ Pa，用调速阀及管路复杂的系统 $\sum \Delta p$ 为 $(5 \sim 15) \times 10^5$ Pa，$\sum \Delta p$ 也可只考虑流经各控制阀的压力损失，而将管路系统的沿程损失忽略不计，各阀的额定压力损失可从液压元件手册或产品样本中查找，也可参照表 4-13-4 选取。

表 4-13-4 常用中、低压各类阀的压力损失（Δp_n）

阀名	$\Delta p_n (\times 10^5 \text{Pa})$	阀名	$\Delta p_n (\times 10^5 \text{Pa})$
单向阀	$0.3 \sim 0.5$	背压阀	$3 \sim 8$
换向阀	$1.5 \sim 3$	节流阀	$2 \sim 3$
调速阀	$3 \sim 5$	行程阀	$1.5 \sim 2$
转阀	$1.5 \sim 2$	顺序阀	$1.5 \sim 3$

（2）确定液压泵的流量 q_B。泵的流量 q_B 根据执行元件动作循环所需最大流量 $q_{\max}$ 和系统的泄漏确定。

① 多液压缸同时动作时，液压泵的流量要大于同时动作的几个液压缸（或马达）所需的最大流量，并应考虑系统的泄漏和液压泵磨损后容积效率的下降，即

$$q_B \geqslant K \left(\sum q \right)_{\max} \qquad (4-13-16)$$

式中：K 为系统泄漏系数，一般取 $1.1 \sim 1.3$，大流量取小值，小流量取大值；$\left(\sum q \right)_{\max}$ 为同时动作的液压缸（或马达）的最大总流量（m^3/s）。

② 采用差动液压缸回路时，液压泵所需流量为：

$$q_B \geqslant K (A_1 - A_2) v_{\max} \qquad (4-13-17)$$

式中：A_1、A_2 分别为液压缸无杆腔与有杆腔的有效面积（m^2）；$v_{\max}$ 为活塞的最大移动速度（m/s）。

③ 当系统使用蓄能器时，液压泵流量按系统在一个循环周期中的平均流量选取，即

$$q_b = \sum_{i=1}^{z} \frac{V_i K}{T_i} \qquad (4-13-18)$$

式中：V_i 为液压缸在工作周期中的总耗油量（m^3）；T_i 为机器的工作周期（s）；z 为液压缸的个数。

（3）选择液压泵的规格。根据上面所计算的最大压力 p_B 和流量 q_B，查液压元件产品样本，选择与 p_B 和 q_B 相当的液压泵的规格型号。

上面所计算的最大压力 p_B 是系统静态压力，系统工作过程中存在着过渡过程的动态压力，而动态压力往往比静态压力高得多，所以泵的额定压力 p_B 应比系统最高压力大 $25\%\sim60\%$，使液压泵有一定的压力储备。若系统属于高压范围，压力储备取小值；若系统属于中低压范围，压力储备取大值。

2）确定驱动液压泵的功率

（1）当液压泵的压力和流量比较衡定时，所需功率为

$$p = \frac{p_B q_B}{10^3 \eta_B} \qquad (4-13-19)$$

式中：p_B 为液压泵的最大工作压力（N/m^2）；q_B 为液压泵的流量（m^3/s）；η_B 为液压泵的总效率，各种形式液压泵的总效率可参考表 $4-13-5$ 估取，液压泵规格大，取大值，反之取小值，定量泵取大值，变量泵取小值。

表 4 – 13 – 5　液压泵的总效率

液压泵类型	齿轮泵	螺杆泵	叶片泵	柱塞泵
总效率	$0.6\sim0.7$	$0.65\sim0.80$	$0.60\sim0.75$	$0.80\sim0.85$

（2）在工作循环中，泵的压力和流量有显著变化时，可分别计算出工作循环中各个阶段所需的驱动功率，然后求其平均值，即

$$P = \sqrt{\frac{\sum_{i=1}^{n} P_i^2 t_i}{\sum_{i=1}^{n} t_i}} \qquad (4-13-20)$$

式中：t_i 为一个工作循环中第 i 个阶段持续的时间（s）；P_i 为一个工作循环中各阶段所需的功率（kW）。

按上述功率和泵的转速，可以从产品样本中选取标准电动机，再进行验算，使电动机发出最大功率时，其超载量在允许范围内。

2. 阀类元件的选择

1）选择依据

选择依据为：额定压力、最大流量、动作方式、安装固定方式、压力损失数值、工作性能参数和工作寿命等。

2）注意的问题

选择阀类元件应注意以下问题：

（1）应尽量选用标准定型产品，除非不得已时才自行设计专用件。

（2）阀类元件的规格主要根据流经该阀油液的最大压力和最大流量选取。选择溢流阀时，应按液压泵的最大流量选取；选择节流阀和调速阀时，应考虑其最小稳定流量满足机器低速性能的要求。

（3）一般选择控制阀的额定流量应比系统管路实际通过的流量大一些，必要时，允许通过阀的最大流量超过其额定流量的 20%。

3. 蓄能器的选择

蓄能器的选择分以下两种情况：

（1）蓄能器用于补充液压泵供油不足时，其有效容积为

$$V = \sum A_i L_i K - q_B t \tag{4-13-21}$$

式中：A 为液压缸有效面积（m^2）；L 为液压缸行程（m）；K 为液压缸损失系数，估算时可取 $K=1.2$；q_B 为液压泵供油流量（m^3/s）；t 为动作时间（s）。

（2）蓄能器作应急能源时，其有效容积为

$$V = \sum A_i L_i K \tag{4-13-22}$$

当蓄能器用于吸收脉动缓和液压冲击时，应将其作为系统中的一个环节与其关联部分一起综合考虑其有效容积。

根据求出的有效容积并考虑其他要求，即可选择蓄能器的形式。

4. 管道的选择

1）油管类型的选择

液压系统中使用的油管分硬管和软管，选择的油管应有足够的通流截面和承压能力，同时，应尽量缩短管路，避免急转弯和截面突变。

（1）钢管：中高压系统选用无缝钢管，低压系统选用焊接钢管，钢管价格低，性能好，使用广泛。

（2）铜管：紫铜管工作压力在 $6.5\sim10$ MPa 以下，易变曲，便于装配；黄铜管承受压力较高，达 25 MPa，不如紫铜管易弯曲。铜管价格高，抗震能力弱，易使油液氧化，应尽量少用，只用于液压装置配接不方便的部位。

（3）软管：用于两个相对运动件之间的连接。高压橡胶软管中夹有钢丝编织物；低压橡胶软管中夹有棉线或麻线编织物；尼龙管是乳白色半透明管，承压能力为 $2.5\sim8$ MPa，多用于低压管道。因软管弹性变形大，容易引起运动部件爬行，所以软管不宜装在液压缸和调速阀之间。

2）油管尺寸的确定

（1）油管内径：

$$d = \sqrt{\frac{4q}{\pi v}} = 1.13 \times 10^3 \sqrt{\frac{q}{v}} \tag{4-13-23}$$

式中：q 为通过油管的最大流量（m^3/s）；v 为管道内允许的流速（m/s）。一般吸油管取 $0.5\sim5$（m/s）；压力油管取 $2.5\sim5$（m/s）；回油管取 $1.5\sim2$（m/s）。

② 油管壁厚：

$$\delta \geqslant p \cdot \frac{d}{2[\sigma]} \tag{4-13-24}$$

式中：p 为管内最大工作压力；$[\sigma]$ 为油管材料的许用压力，$[\sigma]=\sigma_b/n$；σ_b 为材料的抗拉强度；n 为安全系数，钢管 $p<7$ MPa 时，取 $n=8$；$p<17.5$ MPa 时，取 $n=6$；$p>17.5$ MPa 时，取 $n=4$。

根据计算出的油管内径和壁厚，查手册选取标准规格油管。

5. 油箱的设计

油箱的作用是储油，散发油的热量，沉淀油中杂质，逸出油中的气体。其形式有开式和闭式两种：开式油箱油液液面与大气相通；闭式油箱油液液面与大气隔绝。开式油箱应

用较多。

1) 油箱设计要点

（1）油箱应有足够的容积以满足散热，同时其容积应保证系统中油液全部流回油箱时不渗出，油液液面不应超过油箱高度的 80%。

（2）吸箱管和回油管的间距应尽量大。

（3）油箱底部应有适当斜度，泄油口置于最低处，以便排油。

（4）注油器上应装滤网。

（5）油箱的箱壁应涂耐油防锈涂料。

2) 油箱容量计算

油箱的有效容量 V 可近似用液压泵单位时间内排出油液的体积确定。

$$V = K \sum q \qquad (4-13-25)$$

式中：K 为系数，低压系统取 $2\sim4$，中、高压系统取 $5\sim7$；$\sum q$ 为同一油箱供油的各液压泵流量总和。

6. 滤油器的选择

选择滤油器的依据有以下几点：

（1）承载能力：按系统管路工作压力确定。

（2）过滤精度：按被保护元件的精度要求确定，选择时可参阅表 $4-13-6$。

（3）通流能力：按通过最大流量确定。

（4）阻力压降：应满足过滤材料强度与系数要求。

表 $4-13-6$ 滤油器过滤精度的选择

系统	过滤精度（μm）	元件	过滤精度（μm）
低压系统	$100\sim150$	滑阀	1/3 最小间隙
70×10^5 Pa 系统	50	节流孔	1/7 孔径（孔径小于 1.8 mm）
100×10^5 Pa 系统	25	流量控制阀	$2.5\sim30$
140×10^5 Pa 系统	$10\sim15$	安全阀溢流阀	$15\sim25$
电液伺服系统	5		
高精度伺服系统	2.5		

任务 4.13.4　液压系统性能的验算

为了判断液压系统的设计质量，需要对系统的压力损失、发热温升、效率和系统的动态特性等进行验算。由于液压系统的验算较复杂，只能采用一些简化公式近似地验算某些性能指标，如果设计中有经过生产实践考验的同类型系统供参考或有较可靠的实验结果可以采用时，可以不进行验算。

1. 管路系统压力损失的验算

当液压元件规格型号和管道尺寸确定之后，就可以较准确的计算系统的压力损失，压力损失包括油液流经管道的沿程压力损失 Δp_L、局部压力损失 Δp_ζ 和流经阀类元件的压力

损失 Δp_V，即：

$$\Delta p = \Delta p_L + \Delta p_c + \Delta p_V \qquad (4-13-26)$$

计算沿程压力损失时，如果管中为层流流动，可按以下经验公式计算：

$$\Delta p_l = 4.3\nu \cdot q \cdot \frac{L \times 10^6}{d^4} \qquad (4-13-27)$$

式中：q 为通过管道的流量（m^3/s）；L 为管道长度（m）；d 为管道内径（mm）；ν 为油液的运动黏度（m^2）。

局部压力损失可按下式估算：

$$\Delta p_c = (0.05 \sim 0.15)\Delta p_L \qquad (4-13-28)$$

阀类元件的 Δp_V 值可按下式近似计算：

$$\Delta p_V = \Delta p_n \left(\frac{q_V}{q_{VN}}\right)^2 \qquad (4-13-29)$$

式中：q_{Vn} 为阀的额定流量（m^3/s）；q_V 为通过阀的实际流量（m^3/s）；Δp_n 为阀的额定压力损失（Pa）。

计算系统压力损失的目的，是为了正确确定系统的调整压力和分析系统设计的好坏。系统的调整压力：

$$p_0 \geqslant p_1 + \Delta p \qquad (4-13-30)$$

式中：p_0 为液压泵的工作压力或支路的调整压力；p_1 为执行件的工作压力。

如果计算出来的 Δp 比在初选系统工作压力时粗略选定的压力损失大得多，应该重新调整有关元件、辅件的规格，重新确定管道尺寸。

2. 系统发热温升的验算

系统发热来源于系统内部的能量损失，如液压泵和执行元件的功率损失、溢流阀的溢流损失、液压阀及管道的压力损失等。这些能量损失转换为热能，使油液温度升高。油液的温升使黏度下降，泄漏增加，同时，使油分子裂化或聚合，产生树脂状物质，堵塞液压元件小孔，影响系统正常工作，因此必须使系统中油温保持在允许范围内。一般机床液压系统正常工作油温为 30℃～50℃；矿山机械正常工作油温为 50℃～70℃；最高允许油温为 70℃～90℃。

（1）系统发热功率 P 的计算

$$P = P_B(1-\eta) \qquad (4-13-31)$$

式中：P_B 为液压泵的输入功率（W）；η 为液压泵的总效率。

若一个工作循环中有几个工序，则可根据各个工序的发热量，求出系统单位时间的平均发热量：

$$P = \frac{1}{T}\sum_{i=1}^{n} P_i(1-\eta)t_i \qquad (4-13-32)$$

式中：T 为工作循环周期（s）；t_i 为第 i 个工序的工作时间（s）；P_i 为循环中第 i 个工序的输入功率（W）。

（2）系统的散热和温升系统的散热量可按下式计算：

$$P = \sum_{i=1}^{m} K_j A_j \Delta t \qquad (4-13-33)$$

式中：K_j 为散热系数（$W/m^2℃$），当周围通风很差时，$K \approx 8 \sim 9$；周围通风良好时，$K \approx 15$；用风扇冷却时，$K \approx 23$；用循环水强制冷却时的冷却器表面 $K \approx 110 \sim 175$；A_j 为散热面积（m^2），当油箱长、宽、高比例为 $1:1:1$ 或 $1:2:3$，油面高度为油箱高度的 80% 时，油箱散热面积近似看成 $A = 0.065 \sqrt[3]{V^2}$（m^2）；V 为油箱体积（L）；Δt 为液压系统的温升（℃），即液压系统比周围环境温度的升高值；j 为散热面积的次序号。

当液压系统工作一段时间后，达到热平衡状态，则

$$P = P'$$

所以液压系统的温升为

$$\Delta t = \frac{p}{\sum_{i=1}^{m} K_j A S_j} \tag{4-13-34}$$

计算所得的温升 Δt，加上环境温度，不应超过油液的最高允许温度。

当系统允许的温升确定后，也能利用上述公式来计算油箱的容量。

3. 系统效率验算

液压系统的效率是由液压泵、执行元件和液压回路效率来确定的。

液压回路效率 η_C 一般可用下式计算：

$$\eta_C = \frac{p_1 q_1 + p_2 q_2 + \cdots}{p_{b1} q_{b1} + p_{b2} q_{b2}} \tag{4-13-35}$$

式中：p_1，q_1；p_2，q_2；……为每个执行元件的工作压力和流量；p_{b1}，q_{b1}；p_{b2}，q_{b2} 为每个液压泵的供油压力和流量。

液压系统总效率：

$$\eta = \eta_B \eta_C \eta_m \tag{4-13-36}$$

式中：η_B 为液压泵总效率；η_m 为执行元件总效率；η_C 为回路效率。

任务 4.13.5 绘制正式工作图和编写技术文件

经过对液压系统性能的验算和必要的修改之后，便可绘制正式工作图，它包括绘制液压系统原理图、系统管路装配图和各种非标准元件设计图。

正式液压系统原理图上要标明各液压元件的型号规格。对于自动化程度较高的机床，还应包括运动部件的运动循环图和电磁铁、压力继电器的工作状态。

管道装配图是正式施工图，各种液压部件和元件在机器中的位置、固定方式、尺寸等应表示清楚。

自行设计的非标准件，应绘出装配图和零件图。

编写的技术文件包括设计计算书，使用维护说明书，专用件、通用件、标准件、外购件明细表，以及试验大纲等。

经过对液压系统性能的验算和必要的修改之后，即可。

任务 4.13.6 液压系统设计计算举例

某厂汽缸加工自动线上要求设计一台卧式单面多轴钻孔组合机床，机床有主轴 16 根，钻 14 个 $\phi13.9$ mm 的孔，2 个 $\phi8.5$ mm 的孔，要求的工作循环是：快速接近工件，然后以

工作速度钻孔，加工完毕后快速退回原始位置，最后自动停止；工件材料：铸铁，硬度 HB 为 240；假设运动部件重 $G=9800$ N；快进快退速度 $v_1=0.1$ m/s；动力滑台采用平导轨，静、动摩擦因数 $\mu_s=0.2$，$\mu_d=0.1$；往复运动的加速、减速时间为 0.2 s；快进行程 $L_1=100$ mm；工进行程 $L_2=50$ mm。试设计计算其液压系统。

1. 作 F—t 与 v—t 图（如图 4-13-5 所示）

（1）计算切削阻力。

钻铸铁孔时，其轴向切削阻力可用以下公式计算：

$$F_c=25.5DS^{0.8}\ 硬度^{0.6}$$

式中：D 为钻头直径（mm）；S 为每转进给量（mm/r）。

选择切削用量：钻 $\phi13.9$ mm 孔时，主轴转速 $n_1=360$ r/min，每转进给量 $S_1=0.147$ min/r；钻 $\phi8.5$ mm 孔时，主轴转速 $n_1=550$ r/min，每转进给量 $S_2=0.096$ min/r。则 $F_c=14\times25.5D_1S_1^{0.8}$。

硬度$^{0.6}=14\times25.5\times13.9\times0.147^{0.8}\times240^{0.6}+2\times25.5\times8.5\times0.096^{0.8}\times240^{0.6}=30\ 500$ N

（2）计算摩擦阻力。

静摩擦阻力：$F_s=f_sG=0.2\times9800=1960$ N

动摩擦阻力：$F_d=f_dG=0.1\times9800=980$ N

（3）计算惯性阻力。

$$F_i=\frac{G}{g}\cdot\frac{\Delta v}{\Delta t}=\frac{9800}{9.8}\times\frac{0.1}{0.2}=500\text{ N}$$

（4）计算工进速度。

工进速度可按加工 $\phi13.9$ 的切削用量计算，即

$$v_2=n_1S_1=\frac{360}{60}\times0.147=0.88\text{ mm/s}=0.88\times10^{-3}\text{ m/s}$$

（5）根据以上分析计算各工况负载如表 4-13-7 所示。

表 4-13-7　液压缸负载的计算

工　况	计算公式	液压缸负载 F/N	液压缸驱动力 F_0/N
启　动	$F=f_aG$	1960	2180
加　速	$F=f_dG+\dfrac{G}{g}\dfrac{\Delta v}{\Delta t}$	1480	1650
快　进	$F=f_dG$	980	1090
工　进	$F=F_c+f_dG$	31 480	35 000
反向启动	$F=f_sG$	1960	2180
加　速	$F=f_dG+\dfrac{G}{g}\dfrac{\Delta v}{\Delta t}$	1480	1650
快　退	$F=f_dG$	980	1090
制　动	$F=f_dG-\dfrac{G}{g}\dfrac{\Delta v}{\Delta t}$	480	532

其中，取液压缸机械效率 $\eta_{cm}=0.9$。

（6）计算快进、工进时间和快退时间

快进：

$$t_1 = \frac{L_1}{v_1} = \frac{100 \times 10^{-3}}{0.1} = 1 \text{ s}$$

工进：

$$t_2 = \frac{L_2}{v_2} = \frac{50 \times 10^{-3}}{0.88 \times 10^{-3}} = 56.6 \text{ s}$$

快退：

$$t_3 = \frac{L_1 + L_2}{v_1} = \frac{(100 + 50) \times 10^{-3}}{0.1} = 1.5 \text{ s}$$

（7）根据上述数据绘液压缸 $F—t$ 与 $v—t$ 图如图 4 - 13 - 5 所示。

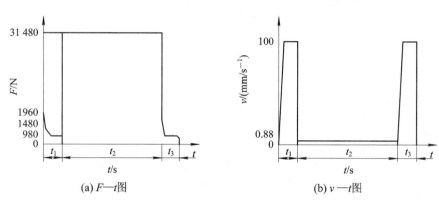

(a) $F—t$图　　　　　　　　(b) $v—t$图

图 4 - 13 - 5　$F—t$ 与 $v—t$ 图

2. 确定液压系统参数

（1）初选液压缸工作压力。

由工况分析中可知，工进阶段的负载力最大，所以，液压缸的工作压力按此负载力计算，根据液压缸与负载的关系，选 $p_1 = 40 \times 10^5$ Pa。本机床为钻孔组合机床，为防止钻通时发生前冲现象，液压缸回油腔应有背压，设背压 $p_2 = 6 \times 10^5$ Pa，为使快进快退速度相等，选用 $A_1 = 2A_2$ 差动油缸，假定快进、快退的回油压力损失为 $\Delta p = 7 \times 10^5$ Pa。

（2）计算液压缸尺寸由式 $(p_1 A_1 - p_2 A_2) \eta_{cm} = F$ 得：

$$A_1 = \frac{F}{\eta_{cm}\left(p_1 - \frac{p_2}{2}\right)} = \frac{31\,480}{0.9\left(40 - \frac{6}{2}\right) \times 10^3} = 94 \times 10^{-4} \text{m}^2 = 94 \text{ cm}^2$$

液压缸直径：

$$D = \sqrt{\frac{4A_1}{\pi}} = \sqrt{\frac{4 \times 94}{\pi}} = 10.9 \text{ cm}$$

取标准直径：$D = 110$ mm

因为 $A_1 = 2A_2$，所以

$$d = \frac{D}{\sqrt{2}} \approx 80 \text{ mm}$$

则液压缸有效面积：

$$A_1 = \frac{\pi D^2}{4} = \frac{\pi \times 11^2}{4} = 95 \text{ cm}^2$$

$$A_2 = \frac{\pi}{4(D^2-d^2)} = \frac{\pi}{4 \times (11^2-8^2)} = 47 \text{ cm}^2$$

（3）计算液压缸在工作循环中各阶段的压力、流量和功率液压缸工作循环各阶段压力、流量和功率。如表 4-13-8 所示。

表 4-13-8 液压缸工作循环各阶段压力、流量和功率计算表

工况		计算公式	F_0/N	p_2/Pa	p_1/Pa	$q/(10^{-3}\text{m}^3/\text{s})$	P/kW
快进	启动	$p_1 = \dfrac{F_0}{A_1-A_2} + p_0$	2180	$p_2=0$	4.6×10^5	0.5	
	加速	$q = (A_1-A_2)v_1$	1650	$p_2=7\times10^5$	10.5×10^5		
	快进	$P = p_1 q$	1090	$p_2=7\times10^5$	$P_2=7\times10^5$		0.5
工进		$p_1 = F_0/a_1 + p_2/2$ $q = A_1 v_2$ $P = p_1 q$	3500	$p_2=6\times10^5$	40×10^5	0.83×10^5	0.033
快退	反向启动	$p_1 = F_0/A_1 + p_2/2$	2180	$p_2=0$	4.6×10^5		
	加速		1650	$p_2=7\times10^5$	17.5×10^5		
	快退	$q = A_2 v_2$	1090	$p_2=7\times10^5$	16.4×10^5	0.5	0.8
	制动	$P = p_1 q$	532	$p_2=7\times10^5$	15.2×10^5		

（4）绘制液压缸工况图如图 4-13-6 所示。

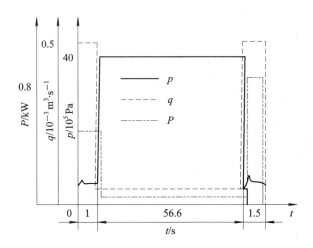

图 4-13-6 液压缸工况图

3. 拟定液压系统图

（1）选择液压回路。

① 调速方式：由工况图知，该液压系统功率小，工作负载变化小，可选用进油路节流调速，为防止钻通孔时的前冲现象，在回油路上加背压阀。

② 液压泵形式的选择：从 q—t 图清楚地看出，系统工作循环主要由低压大流量和高压小流量两个阶段组成，最大流量与最小流量之比 $\dfrac{q_{max}}{q_{min}} = \dfrac{0.5}{0.85 \times 10^{-2}} \approx 60$，其相应的时间之比 $t_2/t_1 = 56$。根据该情况，选叶片泵较适宜，在本方案中，选用双联叶片泵。

③ 速度换接方式：因钻孔工序对位置精度及工作平稳性要求不高，可选用行程调速阀或电磁换向阀。

④ 快速回路与工进转快退控制方式的选择：为使快进快退速度相等，选用差动回路作快速回路。

（2）组成系统在所选定基本回路的基础上，再考虑其他一些有关因素组成图 4 - 13 - 7 所示液压系统图。

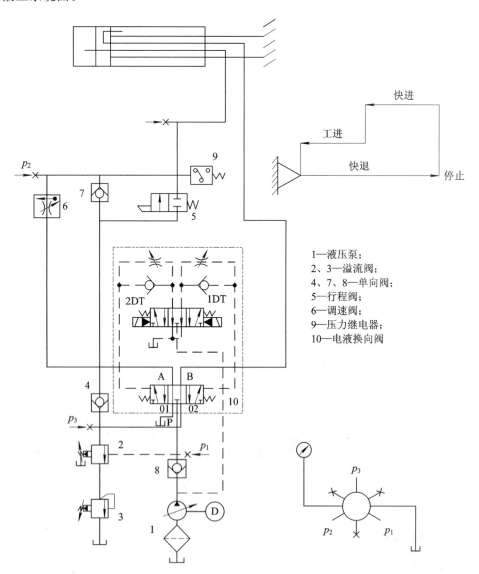

1—液压泵；
2、3—溢流阀；
4、7、8—单向阀；
5—行程阀；
6—调速阀；
9—压力继电器；
10—电液换向阀

图 4 - 13 - 7　液压系统原理图

4. 选择液压元件

（1）选择液压泵和电动机。

① 确定液压泵的工作压力

前面已确定液压缸的最大工作压力为 40×10^5 Pa，选取进油管路压力损失 $\Delta p = 8 \times 10^5$ Pa，其调整压力一般比系统最大工作压力大 5×10^5 Pa，所以泵的工作压力为

$$p_B = (40 + 8 + 5) \times 10^5 = 53 \times 10^5 \text{ Pa}$$

这是高压小流量泵的工作压力。

由图 4-13-7 可知液压缸快退时的工作压力比快进时大，取其压力损失 $\Delta p' = 4 \times 10^5$ Pa，则快退时泵的工作压力为

$$p_B = (16.4 + 4) \times 10^5 = 20.4 \times 10^5 \text{ Pa}$$

这是低压大流量泵的工作压力。

② 液压泵的流量。由图 4-13-7 可知，快进时的流量最大，其值为 30 L/min，最小流量在工进时，其值为 0.51 L/min，取 K=1.2，则

$$q_B = 1.2 \times 0.5 \times 10^{-3} = 6 \text{ L/min}$$

由于溢流阀稳定工作时的最小溢流量为 3 L/min，故小泵流量取 3.6 L/min。

根据以上计算，选用 YYB—AA36/6B 型双联叶片泵。

③ 选择电动机

由 $P-t$ 图可知，最大功率出现在快退工况，其数值如下式计算：

$$P = \frac{10^{-3} p_B (q_1 + q_2)}{\eta_B} = \frac{10^{-3} \times 20.4 \times 10^5 \times (0.6 + 0.1) \times 10^{-3}}{0.7} = 2 \text{ kW}$$

式中：η_B 为泵的总效率，取 0.7；$q_1 = 36$ L/min $= 0.6 \times 10^{-3}$ m³/s，为大泵流量；$q_2 = 6$ L/min $= 0.1 \times 10^{-3}$ m³/s，为小泵流量。

根据以上计算结果，查电动机产品目录，选与上述功率和泵的转速相适应的电动机。

（2）选其他元件。

根据系统的工作压力和通过阀的实际流量选择元、辅件。

（3）确定管道尺寸。

根据工作压力和流量确定管道内径和壁厚。（从略）

（4）确定油箱容量。油箱容量可按经验公式估算，取 $V = (5 \sim 7)q$。本例中：$V = 6q = 6(6 + 36) = 252$ L，有关系统的性能验算从略。

❖ **思考题**

1. 拉门自动开闭系统如图 4-13-8 所示。

（1）气控延时阀在系统中所起的作用是什么？

（2）分析系统的工作原理。

（3）根据图 4-13-8，选择气动元件组建回路。

2. 气动机械手如图 4-13-9 所示。

在自动生产设备和生产线上，可根据各种自动化设备的工作需要，广泛应用能按照设

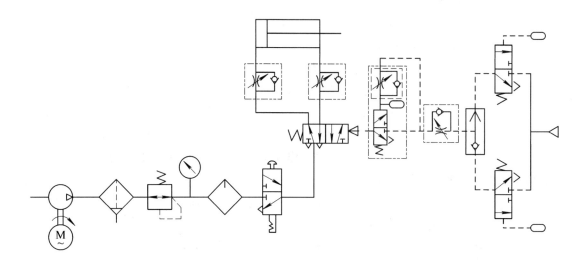

图 4 - 13 - 8　拉门自动开闭系统

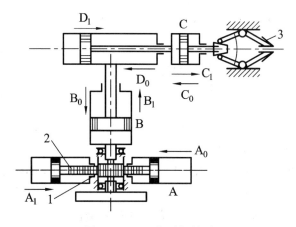

图 4 - 13 - 9　气动机械手

定的控制程序进行顺序动作的机械手。

　　专用设备上采用的气动机械手的结构示意图，如图 4 - 13 - 9 所示。它由四个气缸组成，可在三个坐标内进行工作。图中 C 为夹紧缸，其活塞杆退回时可以夹紧工件；D 缸为长臂伸缩缸；B 缸为立柱升降缸；A 缸为立柱回转缸，该气缸有两个活塞，分别安装在带齿条的活塞杆两端，通过齿条的往复运动带动立柱上的齿轮做旋转运动，从而实现立柱的回转。

　　根据图 4 - 13 - 10 所示机械手的控制回路，分析其气动控制系统。

　　3. 图 4 - 13 - 11 是用来控制汽车车门开关的控制图，当车门在关闭中遇到障碍时，能使车门再自动开启，起到安全保护作用。分析该回路工作原理。

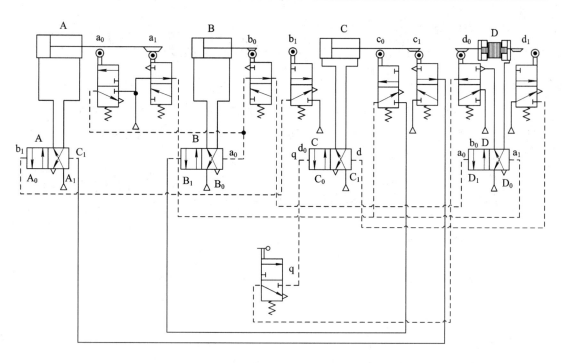

图 4-13-10　气动机械手控制回路

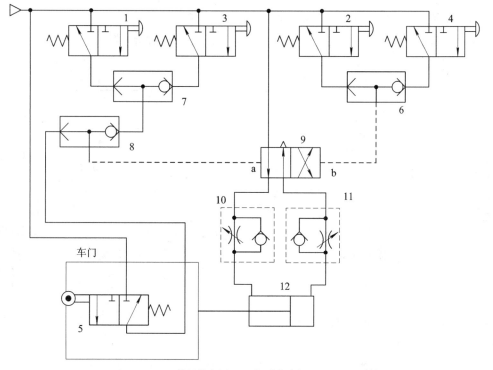

1、2、3、4—按钮换向阀；5—机动换向阀；6、7、8—梭阀；
9—气控换向阀；10、11—单向节流阀；12—气缸

图 4-13-11　汽车车门的安全操作系统

习 题

1. 选择题

(1) 系统中采用了内控外泄顺序阀,顺序阀的调定压力为 P_X(阀口全开时损失不计),其出口负载压力为 P_L。当 $P_L > P_X$ 时,顺序阀进、出口压力 P_1 和 P_2 之间的关系为(   )。

A. $P_1 = P_X$,$P_2 = P_L$($P_1 \neq P_2$)

B. $P_1 = P_2 = P_L$

C. P_1 上升至系统溢流阀调定压力 $P_1 = P_y$,$P_2 = P_L$

D. $P_1 = P_2 = P_X$

(2) 流经固定平行平板缝隙的流量与缝隙值的(   )成正比。

A. 一次方　　　　　B. 1/2 次方　　　　　C. 二次方　　　　　D. 三次方

(3) 没有泄漏的情况下,泵在单位时间内所输出的油液体积称为(   )。

A. 实际流量　　　　B. 公称流量　　　　C. 理论流量

(4) 常用的电磁换向阀用于控制油液的(   )。

A. 流量　　　　　　B. 压力　　　　　　C. 方向

(5) 在回油路节流调速回路中当 F 增大时,P_1 是(   )。

A. 增大　　　　　　B. 减小　　　　　　C. 不变

(5) 顺序阀在系统中作背压阀时,应选用(   )型。

A. 内控内泄式　　　B. 内控外泄式　　　　　C. 外控内泄式　　　D. 外控外泄式

2. 回路分析题

(1) 设计电车、汽车自动开门装置的气动控制回路。

(2) 如题 4-1 图所示液压系统中,液压缸的直径 $D = 70$ mm,活塞杆直径 $d = 45$ mm,工作负载 $F = 16\ 000$ N,液压缸的效率 $\eta = 0.95$,不计惯性力和导轨摩擦力。快速运动时速度为 $v_1 = 7$ m/min,工作进给速度为 $v_2 = 0.053$ m/min,系统总的压力损失折合到进油管路为 $\sum \Delta p_1 = 5 \times 10^5$ Pa。试求:

① 液压系统实现快进→工进→快退→原位停止的工作循环时电磁铁、行程阀、压力继电器的动作顺序表。

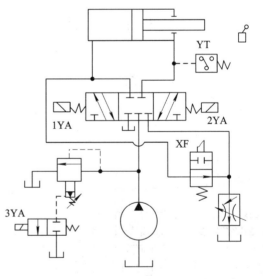

题 4-1 图

② 计算并选择系统所需要的元件,并在图上标明各元件的型号。

(3) 试写出题 4-2 图所示液压系统的动作循环表,并评述这个液压系统的特点。

(4) 如题 4-3 图所示的压力机液压系统,能实现“快进→慢进→保压→快退→停止”的动作循环,试读懂此系统图,并写出包括油路流动情况的动作循环表。

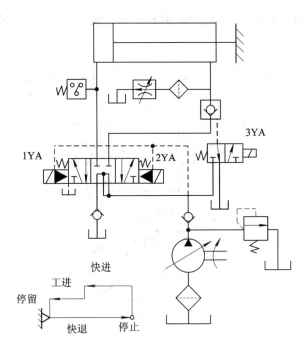

题 4-2 图

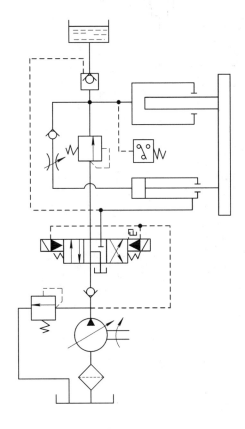

题 4-3 图

（5）题 4 - 4 图所示的液压系统，如按规定的顺序接受电器信号，试列表说明各液压阀和两液压缸的工作状态。

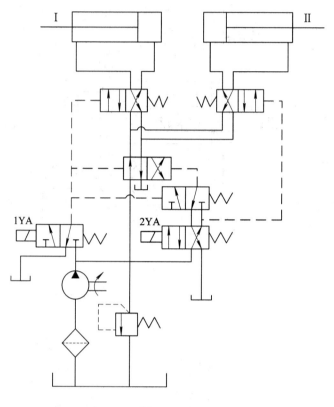

题 4 - 4 图

附录 常用液压与气动元件图形符号

(GB/T 786.1—93 摘录)

表1 基本符号、管路及连接

名 称	符 号	名 称	符 号
工作管路		管路连接于油箱底部	
控制管路泄露管路		密闭式油箱	
连接管路		直接排气	
交叉管路		带连接排气	
柔性管路		带单向阀快换接头	
组合元件线		不带单向阀快换接头	
管口在液面以上的油箱		单通路旋转接头	
管口在液面以下的油箱		三通路旋转接头	

表2 泵、马达和缸

名 称	符 号	名 称	符 号
单向定量液压泵		定量液压泵、马达	
双向定量液压泵		变量液压泵、马达	
单向变量液压泵		液压整体式传动装置	

续表

名　称	符　号	名　称	符　号
双向变量液压泵		摆动马达	
单向定量马达		单作用弹簧复位缸	
双向定量马达		单作用伸缩缸	
单向变量马达		双作用单活塞杆缸	
双向变量马达		双作用双活塞杆缸	
单向缓冲缸		双作用伸缩缸	
双向缓冲缸		增压缸	

表3　控制机构和控制方法

名　称	符　号	名　称	符　号
按钮式人力控制		单向滚轮式机械控制	
手柄式人力控制		单作用电磁控制	
踏板式人力控制		双作用电磁控制	
顶杆式机械控制		电动机旋转控制	
弹簧控制		加压或泄压控制	
滚轮式机械控制		内部压力控制	
外部压力控制		电液先导控制	

续表

名 称	符 号	名 称	符 号
气压先导控制		电气先导控制	
液压先导控制		液压先导泄压控制	
液压二级先导控制		电反馈控制	
气液先导控制		差动控制	

表 4 控 制 元 件

名 称	符 号	名 称	符 号
直动型溢流阀		溢流减压阀	
先导型溢流阀		先导型比例电磁式溢流阀	
先导型比例电磁溢流阀		定比减压阀	
卸荷溢流阀		定差减压阀	
双向溢流阀		直动型顺序阀	
直动型减压阀		先导型顺序阀	
先导型减压阀		单向顺序阀(平衡阀)	
直动型卸荷阀		集流阀	

续表

名　称	符　号	名　称	符　号
制动阀		分流集流阀	
不可调节流阀		单向阀	
可调节流阀		液控单向阀	
可调单向节流阀		液压锁	
减速阀		或门型梭阀	
带消声器的节流阀		与门型梭阀	
调速阀		快速排气阀	
温度补偿调速阀		二位二通换向阀	
旁路型调速阀		二位三通换向阀	
单向调速阀		二位四通换向阀	
分流阀		二位五通换向阀	
三位四通换向阀		四通电磁阀	
三位五通换向阀			

表 5 辅 助 元 件

名　称	符　号	名　称	符　号
过滤器		气罐	
磁性芯过滤器		压力计	
污染指示过滤器		液面计	
水分过滤器		温度计	
空气过滤器		流量计	
除油器		压力继电器	
空气干燥器		消声器	
油雾器		液压泵	
气源调节装置		气压源	
冷却器		电动机	
加热器		原动机	
储能器		气－液转换器	

参 考 文 献

[1]　张宏友. 液压与气动技术. 辽宁：大连理工大学出版社，2006.

[2]　李芝. 液压传动. 北京：机械工业出版社，2003.

[3]　魏俊民. 纺织机械液压与气动技术. 北京：中国纺织工业出版社，1986.

[4]　周士昌主编. 液压系统设计图集. 北京：机械工业出版社，2004.

[5]　宋爱民. 液压传动技术基础. 北京：机械工业出版社，2011.

[6]　徐永生. 液压与气动. 北京：高等教育出版社，2001.

[7]　丁树模. 液压传动. 北京：机械工业出版社，1997.

[8]　许福玲. 陈尧明主编. 液压与气压传动. 北京：机械工业出版社，2000.

[9]　李新德. 液压与气动技术. 北京：中国商业出版社，2006.

[10]　王庭树，余从晞编. 液压及气动技术. 北京：国防工业出版社，1998.

[11]　路甬祥. 液压与气动技术手册. 北京：机械工业出版社，2003.

[12]　陈榕林，张磊. 液压技术与应用. 北京：电子工业出版社，2002.

[13]　姜佩东，液压与气动技术. 北京：高等教育出版社，2000.

[14]　姚新，刘民钢，液压与气动. 北京：中国人民大学出版社，2000.

[15]　贾铭新. 液压传动与控制. 北京：国防工业出版社，2001.